高等职业技术院校染整技术专业教材

印染用水和废水处理

徐长绘　主编

尚润玲　主审

中国劳动社会保障出版社

图书在版编目(CIP)数据

印染用水和废水处理/徐长绘主编. —北京：中国劳动社会保障出版社，2016
高等职业技术院校染整技术专业教材
ISBN 978-7-5167-2844-4

Ⅰ.①印… Ⅱ.①徐… Ⅲ.①印染工业-工业用水-高等职业教育-教材②染整废水-废水处理-高等职业教育-教材 Ⅳ.①TS108.5②X791.03

中国版本图书馆 CIP 数据核字(2016)第 323322 号

中国劳动社会保障出版社出版发行

(北京市惠新东街 1 号　邮政编码：100029)

*

北京北苑印刷有限责任公司印刷装订　新华书店经销

787 毫米×1092 毫米　16 开本　15.75 印张　325 千字

2016 年 12 月第 1 版　2016 年 12 月第 1 次印刷

定价：30.00 元

读者服务部电话：(010) 64929211/64921644/84626437

营销部电话：(010) 64961894

出版社网址：http://www.class.com.cn

简　介

本教材为高等职业技术院校染整技术专业教材。染整在纺织品加工中属后加工环节，是借助机械设备通过一定的整理方法（如物理法、化学法、物理化学法等）对纺织品进行深精加工的处理过程，包括前处理、染色或印花、整理等。在染整加工中，水是重要媒介，水质的好坏直接影响染料和助剂的用量，并直接影响产品质量，如影响织物的白度、牢度、鲜艳度、匀染度等。因此，经过分析、处理且符合要求的水才能作为染整用水。此外，染整加工会产生大量废水，需要对废水按照相关质量标准进行分析、处理，以保护环境不受污染。

本教材根据岗位实际需求及教学实际条件编写。主要内容包括印染用水质量要求、印染用水水质分析、印染生产用水处理、印染废水质量标准、印染废水监测分析、印染生产废水处理等。教材在每章后设有思考与练习，大多数节后配有技能训练，供学生练习和实践，以巩固所学内容。

本教材由徐长绘任主编，王开苗、杨秀稳任副主编，于兰、姜秀娟、梁颜玲、史小娟参加编写；尚润玲任主审。

CONTENTS 目录

第一章　印染用水质量要求

学习目标

1. 了解水质的分类，掌握总盐量的测定方法，会判断评价水质。
2. 熟悉水硬度、氯化物、铁、锰化合物、水质色度等对印染产品的影响。
3. 能够分析判断水质对印染产品质量影响情况。
4. 掌握印染厂用水质量要求标准和用水量要求。

印染行业生产的最大特点是用水量大，且对水的质量要求高。作为一个印染行业工作者，无论从事企业经营和管理，还是从事生产质量控制和管理，都有必要对水及水质要求知识有一定程度的了解和认识。本章着重介绍水质的分类方法和测定方法，水质对印染产品质量的影响，印染用水质量要求等知识。

第一节　印染用水水质分类

水资源有广义和狭义之分。广义水资源是指自然界中以固态、液态和气态形式广泛存在于地球表面和地球的岩石圈、大气圈、生物圈中的水，是包括海水在内的地球水量的总体。狭义水资源是指与人类生活、生产活动和社会活动息息相关的，可供人类直接利用，能不断更新的天然淡水。本节所说的水资源是指狭义水资源。

一、水资源分类

水资源是地表水和地下水的统称。它来源于大气降水，可以通过水循环逐年得到补充和更新，易于为人类所利用。水资源主要是由大气中的水分以雨或雪的形式降落到陆地上，汇集成江河、湖泊及积存在土壤岩石层里，是人类生活不可缺少的重要自然资源。这些地表水和地下水习惯上称为天然水。

1. 地表水

地表水是指流入江河中、湖泊中储存起来的雨水。雨水在流过地面时带走了一些有机和无机物质，当流动减弱后，悬浮杂质发生部分沉淀，但可溶性有机和无机成分仍然残留其中。地表水中的有机物可被细菌转化为硝酸盐，对印染加工过程无大妨碍。一般来说，地表水中无机物含量较地下水要少得多；但有浅泉水流入的地表水中含矿物质较多，有时还具有一定的色泽。

2. 地下水

地下水有浅地下水和深地下水之分。浅地下水主要是指深度为 15 m 以内的浅泉水和井水，它是由雨水从地面往下透过土壤或岩石较短的距离形成的。由于土壤具有过滤作用，浅地下水中含悬浮性杂质极微，但含有一定量的可溶性有机物和较多的二氧化碳，当与岩石接触时，溶解的二氧化碳可使不溶性碳酸钙转变为碳酸氢钙溶入水中，因此浅地下水的杂质含量因雨水流过的地面和土壤情况而有较大的差异。深地下水多指深井水，由于雨水透过土壤和岩石的路程很长，经过过滤和细菌的作用后，一般不含有机物，但却溶解了很多的矿物质。

由此可见，天然水因来源不同而含有不同的悬浮物和水溶性杂质。悬浮物可通过静置、澄清（澄清剂如明矾、碱式氯化铝）或过滤等方法去除，无很大困难。水溶性杂质种类较多，其中最多的是钙、镁的硫酸盐、氯化物及酸式碳酸盐等，有时还有铁、锰、锌等离子，这些离子的存在对印染产品的练漂、染色、整理质量及锅炉的影响很大，必须经过净化后方可使用。

二、水质分类

水质是水体质量的简称。它标志着水体的物理（如色度、浊度、臭味等）、化学（无机物和有机物的含量）和生物（细菌、微生物、浮游生物、底栖生物）特性及其组成的状况。因用途不同，不同工业对水质的要求不同，水体各组成成分对生产加工的影响也不一样。如造纸工业用水含铁量影响较大，含量过多会产生白斑；平炉或高炉的冷却水悬浮物影响较大，过多会导致冷凝管堵塞；而纺织印染工业用水钙、镁离子含量和含盐量对产品质量影响最大。所以，在印染行业生产加工过程中，对水质的要求一般可根据水中含有的钙、镁离子和总盐量多少来进行分类。

1. 硬水

硬水是指含有较多可溶性钙、镁化合物的水，即未经过软化处理的天然水，含有较多的可溶性钙盐和镁盐。它又分为暂时硬水和永久硬水两种。水在煮沸时能把可溶性碳酸氢盐转变成低溶解度的碳酸盐，使水的硬度大部分去除，这种水称为暂时硬水。永久硬水是含有钙、镁等金属离子的硫酸盐及氯化物等杂质的水，经过煮沸后杂质不能去除。

2. 软化水

软化水是经过软化处理、把水的硬度降低到一定程度的水；但在水的软化过程中，仅硬度降低，而总盐量不变。

3. 脱盐水

脱盐水是把水中易去除的强电解质减少到一定程度的水。一般脱盐水的剩余含盐量为 1～5 mg/L（25 ℃）。

4. 纯水

纯水又名去离子水，是把水中易去除的强电解质去掉，再把水中难以去除的硅酸及二氧化碳等弱电解质减少至一定程度的水。纯水含盐量一般是 1.0 mg/L 以下（25 ℃）。

5. 高纯水

高纯水是把水中的强电解质几乎完全去除，又把水中不离解的胶体物质、气体及有机物均减少至很低程度的水。高纯水剩余含盐量在 0.1 mg/L 以下（25 ℃）。

三、水质总盐量的测定

水质总盐量是水质类别和水质控制的第一个重要指标。水的总含盐量是指一升水含盐分的总量。水中的各种盐类一般均以离子形式存在，所以含盐量是表示水中各种阳离子和阴离子的量的总和。水中的含盐量和溶解性固体有所不同，因为溶解性固体除包括水中的溶解盐类外，还包括有机物质。水质总盐量的测定一般有三种方法，即计算法、重量法和电导率法。

1. 计算法

水中主要的阳离子有 Ca^{2+}、Mg^{2+}、K^{+}、Na^{+}，主要阴离子有 Cl^{-}、HCO_3^{-}、CO_3^{2-}、SO_4^{2-} 等。总含盐量可以用 1 L 水中含阴离子和阳离子的总毫克当量数或总质量来表示，为此需要先对各种离子进行定量分析，再求出各主要离子的毫克当量数或质量总和。在水质常规分析中一般不进行钾、钠定量测定，这时可以用计算法求出钾、钠的含量之和，再计算总盐量。

（1）用阴阳离子的总当量浓度（mEq/L）来表示总含盐量。

1）定量分析后，将阴离子 Cl^{-}、HCO_3^{-}、CO_3^{2-}、SO_4^{2-} 的含量全部换算成当量浓度，以 mEq/L 为单位。换算公式为：

$$N=\frac{\rho}{E}$$

式中　N——某离子的当量浓度，mEq/L；

ρ——该离子的质量浓度，mg/L；

E——该离子的当量。

水中阴阳离子的当量＝水中阴阳离子的原子量/化合价（绝对值）。水中阴阳离子的当量见表 1—1—1。

表 1—1—1　　水中阴阳离子的当量

阳离子	当量	阴离子	当量
Ca^{2+}	20.04	Cl^{-}	35.45
Mg^{2+}	12.156	SO_4^{2-}	48.03
K^{+}	39.10	HCO_3^{-}	61.02
Na^{+}	22.90	CO_3^{2-}	30.00

续表

阳离子	当量	阴离子	当量
Fe^{2+}	27.924	NO_3^-	62.005
Fe^{3+}	18.616	SiO_3^{2-}	38.042

注：1. 元素的当量＝元素的原子量/化合价。

2. 酸碱当量是按它们在反应过程中的质子转移数目来确定的，即酸化合物的当量＝酸化合物的分子量/酸分子给出的 H^+ 数，碱化合物的当量＝碱化合物的分子量/碱分子接受的 H^+ 数。

3. 氧化剂（或还原剂）的当量是按它们在反应过程中的电子转移数目来确定的，即氧化剂的当量＝氧化剂的分子量/氧化剂分子给出的电子数，还原剂的当量＝还原剂的分子量/还原剂分子接受的电子数。

2）求出 1 L 水中全部阴离子的毫克当量数的总和（$N_{阴总}$）。

$$N_{阴总}=N_{Cl^-}+N_{HCO_3^-}+N_{CO_3^{2-}}+N_{SO_4^{2-}}$$

3）求出总含盐量。因为水中阳离子总量等于阴离子总量（指毫克当量数相等），所以水的总含盐量＝$N_{阴总}+N_{阳总}=2N_{阴总}$，单位为 mEq/L。

（2）通过计算阴阳离子的质量浓度（mg/L）来表示总含盐量。

1）将各主要离子（Cl^-、HCO_3^-、CO_3^{2-}、SO_4^{2-}、Ca^{2+}、Mg^{2+}）的含量均换算为以毫克当量/升为单位。

2）求 K^++Na^+ 的毫克当量之和。因为 $N_{阳总}=N_{阴总}$，$N_{阳总}=N_{Ca^{2+}}+N_{Mg^{2+}}+N_{K^+}+N_{Na^+}$，$N_{阴总}=N_{Cl^-}+N_{HCO_3^-}+N_{CO_3^{2-}}+N_{SO_4^{2-}}$，所以 $N_{(K^++Na^+)}=N_{阴总}-(N_{Ca^{2+}}+N_{Mg^{2+}})$。

水样中除上述主要离子外，还包括铁、硝酸盐、磷酸盐等离子。根据总盐量的定义（即水中全部离子浓度之和），所有盐分都应包括在内。而在一般天然水中，这些成分的含量与 K^+、Cl^- 等主要离子含量相比非常稀少，可以忽略不计；但当水样中含盐量特别低时，这些离子的含量则不可忽略。

3）求 K^++Na^+ 的质量浓度。

$$\rho_{(K^++Na^+)}=25N_{(K^++Na^+)}$$

式中 $N_{(K^++Na^+)}$——K^++Na^+ 离子的当量浓度，mEq/L；

$\rho_{(K^++Na^+)}$——K^++Na^+ 的质量浓度，mg/L；

25——经验系数，即 K^++Na^+ 的当量。

经验系数 25 是根据多数天然水中 K^+ 的量约为 Na^+ 的量的四分之一确定的，对多数淡水误差不大；而对含盐量较高的水误差可能很大，因这时 K^+ 含量相对地低得多，K^++Na^+ 的平均当量更接近于 24 甚至 23。

4）将水中所有离子的质量浓度（mg/L）相加，即得到水的总含盐量。

计算法测定水的总含盐量数据比较精确，但此法需先对水样中的每一种阴、阳离子进行定量分析，再进行计算，实验操作相对比较烦琐，耗时较长，没有特殊需要时一般应用较少。

2. 重量法

当 100.0 mL 水样中含盐量大于 10 mg/L 时，可选用重量法测定水质总盐量。重量法为我国测定水质总盐量的标准方法。测定方法是：将 100 mL 试样通过孔径 0.45 μm

的滤膜或滤器，并于（105±2)℃烘干至恒重，称得残渣重量，计算出质量浓度。如试样有机物过多，则应先采用过氧化氢进行处理。

用该法测定水质总盐量需要用到的仪器有微孔滤膜过滤器（孔径 0.45 μm)、真空泵、瓷蒸发皿（容积 125 mL)、干燥器（用硅胶作干燥剂)、水浴或蒸汽浴、电热恒温干燥箱、分析天平（感量 0.1 mg)，具体操作步骤如下：

(1) 试样制备。采集有代表性的 500 mL 水样，装入玻璃瓶或塑料瓶中。

(2) 蒸发皿烘干至恒重。将蒸发皿洗净，放在（105±2)℃烘箱中烘 2 h，取出放在干燥器内，冷却后称量。反复烘干、冷却、称量，直至恒重（两次称量的重量差不超过 0.5 mg)，放入干燥器中备用。

(3) 水样过滤、蒸干。将水样上清液通过垫有 0.45 μm 孔径有机微孔滤膜的滤器过滤，开始得到的滤液流出 10～15 mL 弃去不用，然后用干燥洁净的玻璃器皿如试剂瓶接取其余的滤液。用移液管移取过滤后水样 100.0 mL 于瓷蒸发皿内，放在蒸汽浴上蒸干。若测得水中全盐量大于 2 000 mg/L，需根据情况减少取样体积，用蒸馏水（电导率小于 0.5 μS/cm）稀释至 100 mL。若蒸干后发现残渣有色，需在蒸发皿稍冷后加几滴过氧化氢溶液（H_2O_2百分含量 30%，分析纯，与蒸馏水体积比 1 ∶ 1 混合而得)，慢慢旋转蒸发皿至气泡消失，再将蒸发皿置于蒸汽浴上蒸干，进行反复处理，直至残渣变白或颜色稳定不变为止。

(4) 烘干和称量。将蒸干的蒸发皿放入（105±2)℃烘箱内，反复烘干、冷却、称量，直至恒重。水样中若含有大量钙镁氯化物，蒸干后易吸水，使称量的质量变大，测定结果偏高，所以测定时应尽量减少取样量，并快速称重，以此来减小影响。

水质的全盐量按下式计算：

$$\rho=\frac{(W-W_0)\times 10^6}{V}$$

式中　ρ——水质的全盐量，mg/L；

W——蒸发皿及残渣的总质量，g；

W_0——蒸发皿的质量，g；

V——水样体积，mL。

此法为水质全盐量分析中的国家标准方法，比较经典。但该法存在操作烦琐、测定时间长，水中重碳酸盐在蒸发中分解，有些物质的水分不能尽失，实验条件不易控制，实验费用高等缺陷。此法只能近似地表示水中全盐量。

3. 电导率法

水的导电能力与水中溶解离子的浓度有关，溶解离子的浓度越高，水的导电能力越大。通过测定水的电导率可以确定水中溶解离子的含量，这种利用电导率仪测定水质含盐量的方法称为电导率法。由于用到精密仪器——电导率仪，所以此法操作简便、快速、准确。

(1) 测定原理。由于水中含有各种溶解盐类，并以离子的形态存在。当水中插入一对电极通电之后，在电场的作用下，带电的离子就会产生一定方向的移动，阴离子移向阳极，阳离子移向阴极，使水溶液起导电作用。水的导电能力强弱程度称为电导度或称电导，用符号 G 表示。电导的基本单位是 S（西门子）。电导的大小等于电阻值的倒数。因为电导池的几何形状影响电导值，所以标准的测量中用单位电导率来表示，以补偿各种电极尺寸造成的差别。电导率是指电极面积为 1 cm^2、极间距离为 1 cm（即体积为 1 cm^3）时溶液的电导。电导率可通过电导率仪测量，单位为 $\mu S/cm$。

根据欧姆定律可以推导出：

$$G=\frac{1}{R}=\kappa\frac{1}{J}$$

式中 G——电导，μS；

R——电阻，Ω；

κ——电导率，$\mu S/cm$；

J——电极常数。

上式可转化为：

$$\kappa=GJ=\frac{J}{R}$$

由上式可见，当已知电极常数 J，并测出溶液电阻 R 或电导 G 时，即可求出电导率。

水越纯净，含盐量越小，电阻越大，电导率越低。超纯水几乎不导电。电导率随离子浓度的增大而增加，因此，该指标常用于推测水中离子的总浓度或含盐量。不同类型的水有不同的电导率。新鲜蒸馏水的电导率为 0.2～2 $\mu S/cm$，但放置一段时间后，因吸收了 CO_2，增加到 2～4 $\mu S/cm$；超纯水的电导率小于 0.10 $\mu S/cm$；天然水的电导率多在 50～500 $\mu S/cm$ 之间，矿化水可达 500～1 000 $\mu S/cm$；含酸、碱、盐的工业废水电导率往往超过 10 000 $\mu S/cm$；海水的电导率约为 30 000 $\mu S/cm$。

（2）电导率仪。电导率仪主要由机箱、电导电极、温度电极、电极支架四部分构成，如图 1—1—1 所示。机箱上有显示屏和模式按钮。模式按钮主要有“电极常数”键、“温度设置”键等。“电极常数”键是对不同电极进行常数调节，“温度设置”键是对被测溶液进行温度补偿。测定的一般过程为先设置温度，再选择电极、设定电极常数，然后进行电导率的测定。

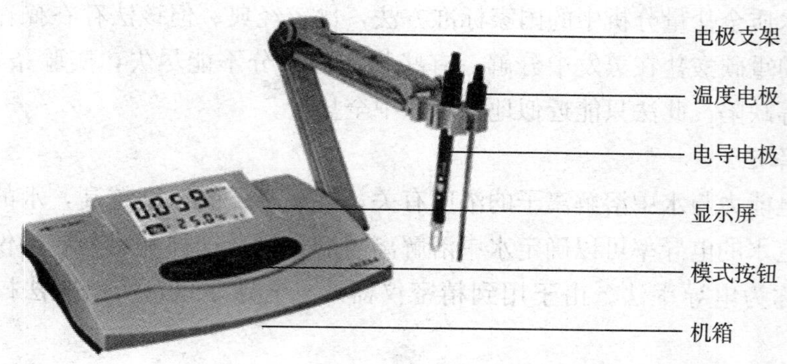

图 1—1—1　电导率仪结构

电导率仪的使用相对简单，可根据使用说明书进行操作。温度对电导率的影响较大，电导率随温度的升高而升高。一般测定的电导率值都需换算为 25 ℃时的数值。若仪器本身带有温度系数校正功能，可直接读取数据不需换算；若仪器无此功能，则需按以下公式换算。

$$\kappa_{25\,℃}=\frac{\kappa_t}{1+0.02\ (t-25)}$$

式中 $\kappa_{25\,℃}$——水样换算为 25 ℃时的电导率；

t——水样的温度；

κ_t——水样在温度为 t 时的电导率。

（3）电导率与总盐量的关系。电导率与盐含量成线性关系，这跟离子的电荷数和盐的离子常数有关。一般对于同一种水源，以温度 25 ℃为基准，其电导率与含盐量大致成正比关系，其比例为 1 μS/cm≙0.55～0.75 mg/L。含盐量在其他温度下则需加以校正，即温度每变化 1 ℃，其含盐量变化 1.5%～2%。温度高于 25 ℃时用负值，温度低于 25 ℃时用正值。

根据水中离子组分的不同，把水分为四种类型：以一价阳离子和一价阴离子为主要组分的水称为Ⅰ－Ⅰ型水，以二价阳离子和二价阴离子为主要组分的水称为Ⅱ－Ⅱ型水，以重碳酸根为阴离子主要成分的水称为重碳酸盐型水，除以上情况外的水为不均价水。需要说明的是，主要组分是指它们的当量浓度占总含盐量 50%左右或以上。

水中含盐量的大小是影响水的电导率的一个重要因素，但是离子的种类不同，它们的导电能力也不同。所以不同类型的水，含盐量与电导率的比值是不同的，见表 1—1—2。

表 1—1—2　　含盐量与电导率的比值

25 ℃时的电导率 κ	含盐量与电导率的比值 α			
μS/cm	Ⅰ－Ⅰ型水	Ⅱ－Ⅱ型水	重碳酸盐型水	不均价水
0.5	0.23	0.20	0.27	0.40
1.0	0.25	0.22	0.29	0.42
1.5	0.27	0.23	0.30	0.44
2.0	0.28	0.24	0.30	0.47
2.0～5.0	0.28～0.31	0.25～0.27	0.30～0.32	0.25～0.48
5.0～10	0.31～0.34	0.27～0.30	0.32～0.34	0.48～0.51
10～50	0.34～0.42	0.30～0.37	0.34～0.38	0.51～0.58
50～100	0.42～0.47	0.37～0.42	0.38～0.40	0.58～0.61
100～500	0.47～0.58	0.42～0.51	0.40～0.45	0.61～0.70
500～1 000	0.58～0.63	0.58～0.56	0.45～0.47	0.70～0.74
1 000～1 500	0.63～0.67	0.56～0.59	0.47～0.49	0.74～0.76
1 500～2 000	0.67～0.70	0.59～0.61	0.49～0.50	0.76～0.78
2 000～3 000	0.70～0.73	0.61～0.65	0.50～0.51	0.78～0.81
3 000～5 000	0.73～0.79	0.65～0.70	0.51～0.53	0.81～0.84
5 000～10 000	0.79～0.86	0.70～0.76	0.53～0.56	0.84～0.89

当温度为 25 ℃时，含盐量可按以下公式计算：

$$\rho=\alpha\kappa$$

式中 ρ——水质的全盐量，mg/L；

α——含盐量与电导率的比值，为常数；

κ——25 ℃时水样的电导率，μS/cm。

一般情况下，先通过分析知道水样属于哪种类型，然后根据水型查表 1—1—2 确定 α 值；若没有弄清水样的离子组成，暂时不能确定水型类别，可根据电导率的大小来确定 α 值（即常温下电导率小于 1 200 μS/cm 时，可按重碳酸盐型水来计算；电导率大于 1 500 μS/cm时，可按Ⅰ－Ⅰ型水来计算；其余按不均价水来计算）。

电导率法测定水质总盐量

一、实验目的

1. 熟悉水质总盐量的测定原理和方法。
2. 掌握电导率仪的构造及使用方法。
3. 能够根据总盐量的含量区分水质。

二、仪器材料

1. 试剂

电导率小于 0.5 μS/cm 的去离子水（或蒸馏水）。

2. 仪器

DDS－307A 型电导率仪、温度计。

三、实验步骤

1. 仪器准备

拧好多功能电极架，将电导电极及温度电极安装在电极架上，用蒸馏水清洗电极。连接电源线，打开仪器开关，仪器进入测量状态。仪器预热 30 min。

2. 设置温度

接温度电极或用温度计测出被测溶液的温度，按温度键后确认，完成当前温度的设置。

3. 选择电极

电导电极的电极常数为 0.01、0.1、1.0、10 四种类型。选择电极时，应先估计待测溶液的电导率，按测量范围选择电极。为保护电极，一般选择电极常数大的电极。若电导率低，需选择电极常数小的电极；若电导率高，需选择电极常数大的电极。

4. 设置电极常数和常数数值

选择其中一种电导电极类型后，根据电极上所标的电极常数值，按“电极常数”键进行设置。如电极常数为“1”的数值设置：按“电极常数”，如果电导电极标贴的电极常数为“1.010”，则选择“1”并按“确认”键；再按“常数数值”，使常数数值显示“1.010”，按“确认”键。其他电极常数设置同上。

5. 电导率的测量

吸取三份水样分别放入三只小烧杯中，按“电导率/TDS”键，使仪器进入电导率测量状态。用蒸馏水清洗电极头部，再用被测溶液清洗两次。将温度电极、电导电极浸入被测溶液中，用玻璃棒搅拌溶液使溶液均匀，在显示屏上读取溶液的电导率值。若无温度电极，可用温度计测出被测溶液的温度，设置温度后如上进行测定。平行测量三次取平均值。

四、记录分析

实验结果填入表1—1—3。

表1—1—3　　电导率法测定水质总盐量记录表

水样	Ⅰ	Ⅱ	Ⅲ
电导率（μS/cm）			
平均值（μS/cm）			
含盐量（mg/L）			

五、注意事项

1. 电极长期不使用时应储存在干燥的地方。电极使用前必须放入蒸馏水中数小时。经常使用的电极可以放在蒸馏水中。

2. 为保证仪器的测量精度，必要时应在仪器使用前，用该仪器对电极常数进行重新标定。应定期进行电导电极常数标定。

3. 高纯水被盛入容器后应迅速测量，否则电导率降低很快，因为空气中的CO_2溶入水里变成碳酸根离子。

4. 盛装被测溶液的容器必须清洁。

第二节　印染用水质量标准

印染厂是蒸汽、水用量较大的企业。在各类印染产品的染色和印花加工过程中，水作为媒介参与其中。所以，水质的好坏直接影响加工过程中染料和助剂的用量，并且直接影响印染产品质量的优劣。在生产实践中，由于水质的原因影响印染产品质量较为常见，如水质影响织物的白度、牢度、鲜艳度、匀染度等。

一、水质对印染产品质量的影响

水质对印染产品质量的影响是多方面的，其中硬度的影响最大。水体质量的影响主要表现在以下几个方面。

1. 硬度的影响

（1）对织物的影响。硬水用于纺织品的练漂、染色加工中，不仅会影响产品质量，而且也会增加各种染化药剂的消耗量。如在煮练过程中使用硬水，则煮练后织物的吸水性就比用软水煮练的差；水中的钙、镁盐和肥皂作用后生成钙、镁皂沉淀在织物上，在碱性溶液中还会生成难溶的水垢，附着在前处理设备上（如机槽内壁、阀门、导辊上），妨碍生产正常进行，还会对织物的手感、色泽产生不良影响，如手感发滞、色泽发黄；同时肥皂的消耗量增加，每立方米每一硬度（德度）的水，要多消耗 165 g 肥皂（70% 的油脂皂）。染色时，若使用硬水，则使染料及某些助剂沉淀而造成色泽鲜艳度和牢度下降，并造成染化料浪费；严重者会造成织物或纱线染色不匀（如条痕、色花），或导致毛织物呢面模糊不清。当用活性染料染中、深色品种时，水硬度的影响不大。而用酸性染料染锦纶时，水质的影响较为突出，过硬的水不仅使所染产品的色泽艳度差，还会造成“碱斑”现象（实际是钙镁离子与 CO_3^{2-} 生成的不溶性沉淀物）。

（2）对设备的影响。印染设备使用硬度较大的水，长时间不加清理，会在设备内壁生成水垢。水垢脱落成片状结构，会使织物染色时产生刮痕、染色不匀等。另外，锅炉中若使用硬水，暂时硬度在加热时会迅速转变为碳酸钙和氢氧化镁沉淀，能在锅体内表面和管子内壁形成较疏松的水垢。硫酸钙虽然是水溶性的，但溶解度不高，能在锅炉的加热面上析出，形成粘着比较牢固的坚硬水垢，会降低热导率，引起锅炉汽包内发生共腾现象并浪费燃料。水中的氧和二氧化碳还会引起锅炉及热力设备金属的腐蚀破坏，水垢沉积严重还会引起锅炉爆炸事故。

2. 铁、锰化合物的影响

水中的铁离子、锰离子一方面来自于水流过的土壤及岩石，另一方面来自于输水管道（我国目前普遍使用的输水管道是铸铁管道）。这些铁离子和锰离子会使丝织物练白、棉纱煮练及毛织物白坯煮呢后织物色泽泛黄，甚至在织物或棉纱局部产生锈斑，影响产品的白度和外观质量。水中若含有较多的铁、锰等离子，在漂白过程中易漂白不匀，影响织物洁白度；同时铁、锰盐会催化分解漂白剂，引起纤维的脆损，使织物强力下降，影响产品的服用性能。在染色时，会使染物色光萎暗，还会使有些染料发生色淀，影响摩擦牢度，浪费染料。

3. 色度及纯净度的影响

印染产品的色泽鲜艳度在很大程度上取决于练白绸的白度。对于白度不高的织物，即使使用品质再好的染料加工也得不到漂亮的产品。而练白绸的白度与练漂用水的水质色度和纯净度密切相关，如使用色度较高、杂质含量较高的水质加工，会使练白织物色泽发黄、白度降低，使染色产品的鲜艳度下降。

4. 氯的影响

生产实际表明，水中含有较多的氯离子会使真丝织物的手感发涩、纹路不清，这可能是由于氯化物盐类被吸附到织物上所致。另外，水中氧化性氯会与织物上的化学物质发生反应，从而对织物的某些性能产生不良影响。如会对蛋白质类纤维织物的白度产生影响，使白织物泛黄；会使树脂整理等化学整理的织物发生脆损，导致织物强力下降，影响服用性能等。

总之，使用不合格的水进行染整加工，不仅直接影响产品质量，还会明显增加染化料的用量，延长生产加工周期，从而不同程度地增加生产加工成本。

二、印染用水质量要求

1. 印染新鲜水用水质量要求

印染厂用水量很大，平均每生产 1 km 印染布约消耗水 20 t，因此印染厂必须建立在水源丰富或有充沛的自来水供应，水质良好，并有污水排放条件的地区。我国 2008 年发布的印染行业准入条件规定，缺水或水质较差地区原则上不得新建印染项目。水中杂质对印染产品质量可能产生各种不良影响，所以印染厂对水质的要求较高，除了无色、无臭、透明、pH 值为 6.5～8.5 外，还要满足表 1—2—1 的要求。

表 1—2—1　　印染厂对水质的要求

项目	标准
透明度	＞30 cm
总硬度（以 $CaCO_3$ 计）	＜25 mg/L
颜色	＜10 度（无混浊悬浮固体）
耗氧量	＜10 mg/L
铁	＜0.1 mg/L
锰	＜0.1 mg/L
溶解的固体物质	65～150 mg/L
总碱度	35～64 mg/L
氯离子	＜80 mg/L（蚕丝一般要求）
pH 值	6.5～8.5

注：1. 原水硬度小于 150 mg/L 可全部用于生产。

2. 原水硬度在 150～325 mg/L，大部分可用于生产，但溶解性染料应使用小于或等于 17.5 mg/L 的软水，皂洗和碱液用水硬度最高为 150 mg/L。

3. 喷射冷凝器冷却水一般采用总硬度小于或等于 17.5 mg/L 的软水。

4. 水中各指标测定参见第二章。

从原则上来说，印染用水满足所列各项指标就能保障练染质量，如练白绸的手感，染色绸的匀染性、鲜艳度等。同时，水的总硬度越低，水中含杂越少，水的色度越低，练、染、整的生产工艺也越容易控制，练、染产品质量越好。但是，因为软化水的总盐量没有减少，且水质所含氯化物还会随软化程度的提高而增加，从而使漂白或树脂整理的织物强力下降较大，使练白绸的白度较差，甚至引起黄色练斑。事实上，水质硬度越大的地区此现象越严重。所以，目前部分印染企业为提高产品竞争力，追求长期经济效益，正在以脱盐水或纯水取代软化水。

2. 印染废水回用水质要求

织物印染加工中，煮练、漂白、染色工序用水少，排水水质污染严重；但洗涤环节用水量大，而且排水水质污染程度较轻，有处理回用的潜力。收纳污染程度较轻的后续洗涤污水，净化后可回用于生产，这样不仅可以减少废水的排放，也可以降低生产成本，同时能避免水资源的浪费。所以，为节约水资源、保护生态环境，我国要求印染企业按照环境友好和资源综合利用的原则，实行生产排水清浊分流、分质处理、分质回用，水重复利用率要达到35%以上。不同水处理工艺的回用水可以用于退浆、煮练、漂洗、丝光等前段工序，也可与新鲜水混合用于后段工序，或水质好可用于印染整个工艺段。由于回用水处理工艺还不成熟，水质含有一定盐量，对印染产品的加工质量不及新鲜水。我国印染废水回用水质要求见表1—2—2。

表1—2—2　印染废水回用水质要求

项目	标准
透明度	>30 cm
总硬度（以 $CaCO_3$ 计）	≤450 mg/L
颜色（稀释倍数法）	≤25倍（无混浊悬浮固体）
耗氧量	<50 mg/L
铁	<0.3 mg/L
锰	<0.2 mg/L
悬浮物	30 mg/L
电导率	≤2 500 μS/cm
pH值	6.0～9.0

三、印染用水水量要求

为加快印染行业结构调整，推进印染行业节能减排，促进印染行业可持续发展，国家有关部门多次修订印染行业加工过程中的新鲜水取水量标准，将节约用水作为重点来抓，制定了符合企业实际的用水额度，见表1—2—3、表1—2—4。单位产品用水量不仅与产品有直接关系，并且与企业生产规模、生产工艺、管理水平有关。

表1—2—3　2010年新建或改扩建印染项目印染加工新鲜水取水量

分类	棉麻化纤混纺机织物	纱线、针织物	真丝绸机织物（含练白）	精梳毛织物
用水量	≤2 t/100 m	≤100 t/t	≤2.5 t/100 m	≤18 t/100 m

注：1. 机织物标准品为布幅宽度152 cm、布重10～14 kg/100 m的棉染色合格产品，真丝绸机织物标准品为布幅宽度114 cm、布重6～8 kg/100 m的染色合格产品，当产品不同时可按相关标准进行换算。

2. 针织或纱线标准品为棉浅色染色产品，当产品不同时可按相关标准进行换算。

3. 精梳毛织物印染加工是指从毛条经过条染复精梳、纺纱、织布、染整、成品入库等工序加工成合格毛织品精梳织物的全过程。粗梳毛织物单位产品能耗按照精梳毛织物1.3系数折算，新鲜水取水量按照1.15系数折算。

表 1—2—4　　2010 年现有印染项目印染加工新鲜水取水量

分类	棉麻化纤混纺机织物	纱线、针织物	真丝绸机织物（含练白）	精梳毛织物
用水量	≤2.5 t/100 m	≤130 t/t	≤3.0 t/100 m	≤20 t/100 m

注：1. 机织物标准品为布幅宽度 152 cm、布重 10～14 kg/100 m 的棉染色合格产品，真丝绸机织物标准品为布幅宽度 114 cm、布重 6～8 kg/100 m 的染色合格产品，当产品不同时可按相关标准进行换算。

2. 针织或纱线标准品为棉浅色染色产品，当产品不同时可按相关标准进行换算。

3. 精梳毛织物印染加工是指从毛条经过条染复精梳、纺纱、织布、染整、成品入库等工序加工成合格毛织品精梳织物的全过程。粗梳毛织物单位产品能耗按照精梳毛织物 1.3 系数折算，新鲜水取水量按照 1.15 系数折算。

不同水质对印染产品质量的影响

一、实验目的

1. 掌握不同电导率的水质对印染产品色牢度的影响。

2. 掌握不同 pH 值的水质对印染产品色牢度的影响。

3. 根据印染产品质量，分析水质影响情况。

二、仪器材料

1. 试剂

活性染料、相应的染色助剂（化学纯规格 C.P. 级或分析纯规格 A.R. 级）；硬水、软化水、纯水等不同水质（也可用矿泉水、自来水、蒸馏水、饮用纯净水等代替）；0.1 mol/L HCl 溶液，0.1 mol/L NaOH 溶液。

2. 仪器

恒温水浴锅、染杯、评定变色用灰色样卡、电脑测配色仪、电导率仪、摩擦牢度仪等。

3. 材料

漂后纯棉织物。

三、实验步骤

1. 用电导率仪测定硬水、软化水、纯水的电导率。

2. 用 0.1 mol/L HCl 或 0.1 mol/L NaOH 调节 pH 值分别为 5、7、9 的软化水。

3. 准备六份不小于 5 cm×20 cm 的漂后纯棉织物，染色前必须用沸蒸馏水浸透，然后挤干（含水率约为纤维含量的 150%，纤维中的水分不算在染液体积内）。分别按表 1—2—5 所示实验方案染色。

表 1—2—5 **实验方案**

水质	不同电导率的水质			不同 pH 值的水质		
	1号	2号	3号	4号	5号	6号
	硬水	软化水	纯水	5	7	9
染料（owf）	1%					
助剂	根据各染料要求添加					
温度（℃）	根据各染料染色性能确定					
浴比	1 : 50					

4. 染毕，同时取出，水洗、干燥。

5. 用摩擦牢度仪进行干磨、湿磨测定，用评定变色用灰色样卡评价干、湿摩擦布的沾色牢度。

6. 用电脑测配色仪测量评价染色试样的色差和鲜艳度。染色鲜艳度规定为微艳、稍艳、微暗和稍暗四级，其中微艳和稍艳为合格，微暗和稍暗为不合格。

四、记录分析

将实验结果填入表 1—2—6。

表 1—2—6 **不同水质染色效果比对**

试样	1号	2号	3号	4号	5号	6号
贴样						
鲜艳度						
色差						
干磨（级）						
湿磨（级）						
评价						

五、注意事项

1. 染液中的各种染化料助剂均按纤维重量的百分率计算，一般均需配制成溶液后再加入。

2. 所用染料必须是同一厂商、同一化学结构，并且染色条件完全一致，包括染色温度、染色时间、染后体积和助剂用量。

3. 染色后的纤维在干燥后放在暗处，使染样在室温恢复半小时后再进行评价。

4. 染色后的试样和标准应在室内北窗光线下或在标准光源下，用目测进行比色、评价，视线应与染样垂直。注意房屋内及周围建筑物应不带有反射的颜色。

5. 染色织物在评价时，必须使两块织物在同一正反面、同一织纹平行条件下进行评价。

思考与练习

一、判断题

(　　) 1. 软化水不仅硬度降低，而且总盐量也下降。

(　　) 2. 水越纯净，含盐量越小，电阻越大，电导率越低。

(　　) 3. 目前，部分印染企业为提高产品竞争力，追求长期经济效益，正以软化水取代硬水。

(　　) 4. 硬水不仅会影响印染产品质量，而且也会增加各种染化药剂的消耗量。

(　　) 5. 印染厂对水质的要求中，其 pH 值应为 6.0～7.0。

(　　) 6. 印染厂必须建立在丰水区。

(　　) 7. 水质主要影响织物的白度、牢度、鲜艳度、匀染度等。

(　　) 8. 高纯水是把水中的强电解质几乎完全去除，又把水中不离解的胶体物质、气体及有机物均减少至很低程度的水。

(　　) 9. 纺织印染工业用水的钙、镁离子含量和含盐量对产品质量影响不大。

(　　) 10. 印染废水回用水质色度要求≤10 倍（无混浊悬浮固体）。

二、简述题

1. 对本地区水资源概况、水质情况进行调查，分析是否可以新建印染厂。

2. 天然水中的悬浮物和水溶性杂质能否除去，对印染产品影响程度如何？

3. 试比较暂时硬水、永久硬水、软化水、脱盐水、纯水、高纯水之间的差异。

4. 简述水的硬度对印染产品质量的影响。

5. 简述印染厂对新鲜水水质的要求。

第二章　印染用水水质分析

学习目标

1. 了解印染用水水样的采集和保存方法。
2. 了解透明度、pH 值的测定方法，熟悉酸度计的使用，会测定印染用水的 pH 值。
3. 掌握印染用水色度的测定原理和方法。
4. 会检测印染用水的碱度。
5. 能够正确评价印染用水的总硬度。
6. 掌握莫尔法测定氯离子的方法和原理。
7. 能够正确评价印染用水溶解氧的含量。
8. 掌握分光光度法测定锰离子，会用邻二氮菲法测定水样中的微量铁。

作为印染企业，对水质进行准确分析，为生产管理部门和用水部门提供准确的水质指标，是保障印染产品质量的一个重要方面。本章对常用水质指标的检验和分析进行论述，在实际生产中，可根据企业的需要选择测试水质指标。

第一节　印染用水色度和透明度测定

色度、透明度是反映水体外观的指标。纯水无色透明；天然水中存在腐殖质、泥土、浮游生物和无机矿物质，使其呈现一定颜色。有颜色的水可减弱水体的透光性，影响水生生物生长。对于印染企业来说，色度和透明度影响漂白织物白度，特别是会造成筒子纱的内外层差，鲜艳亮丽颜色的鲜艳度会降低。

一、印染用水水样采集与保存

水样的采集与保存在水质分析过程中是极其重要的环节。供化验分析用的水样必须有足够的代表性和准确性。水样的代表性是指样品中各种组分的含量都符合被测水体的真实情况。印染用水分析时，必须使用正确的采样方法和水样保存方法并及时送样进行化验分析。从水样取出后，到分析结束之前，应尽量避免水中原有成分发生明显变化。

否则，即便分析时操作规范细致、准确无误，其结果也是错误而毫无意义的。所以，水样采集和保存主要遵循以下原则：水样必须具有足够代表性和不受任何意外的污染。

印染用水水样的采集涉及原水水样的采集和原水处理后水样采集。

1. 原水水样的采集

印染厂所用原水一般为自来水和井水。了解原水水质及污染物质的状态，并对其做出评价，可作为印染厂生产用水处理工艺设计数据分析的基础。

（1）自来水的采集。采集自来水时，应注意采样的时间和程序。夜间水停用时，管道附着物易析出，使一些组分含量发生变化，微生物增加。先用塑料瓶采集理化水样，后用无菌玻璃瓶采集微生物水样。

1）理化指标水样的采集。将水龙头完全打开，放水数分钟，排出管道中的陈旧水。用塑料瓶采样，一般放水时间为 3～5 min，也可根据情况适当延长到 10 min。

2）微生物水样的采集。关闭水龙头并用酒精棉球对水龙头从中心向周围消毒后再将水龙头完全打开，放水 3～5 min，用无菌玻璃瓶采样。当水样量为采样瓶的 80%左右时，迅速盖好瓶塞，再用瓶塞的外套包好固定。在此过程中，注意手指和其他物品不得接触瓶口和瓶塞内侧。

（2）井水的采集。从井中采集水样，常利用抽水机设备。启动后，先放水数分钟，将积留在管道内的陈旧水排出，然后用已预先洗净的采样容器接取水样。对于无抽水设备的水井，可选择适合的采水器采集水样，如深层采水器、自动采水器等。这类装置在下沉过程中水从采样器中流过，当达到预定深度时容器能自动闭合而汲取水样。

2. 原水处理后水样采集

原水处理后水样是指印染厂水处理车间经过处理工艺过程完成的水。采样点应设在处理后，进入输送管道以前处。采集方法同自来水的采集。采集时应注意水流速度保持恒定。采集前应将盛水容器洗涤 2～3 次。一般单项测定采集水样体积为 0.5～1 L，全项理化分析检测需 3 L 水，若检测项目浓度很低，需浓缩预处理后分析，所采集水样会更多。采集水样时，应进行气温、水温、pH、色度、浑浊度、电导率、溶解氧的现场测定。测溶解氧可采取现场固定。各项目测定按规定的方法进行。

3. 水样的保存

水样保存的基本要求是抑制微生物作用，减缓化合物或配合物的水解及氧化还原作用，减少组分的挥发和吸附损失。水样保存方法有冷藏法和化学法两种。

（1）冷藏法。原则上，从采样到分析的时间间隔应越短越好。若不能及时进行分析，水样应在 2～5 ℃条件下保存，一般冰箱的冷藏室可满足此要求。在低温暗室保存，能抑制微生物的活动，减缓物理作用和化学作用的速度，且不会妨碍后续的分析测定。清洁水样保存最多不超过 72 h，轻度污染的水样不超过 48 h。

（2）化学法。化学法分为加生物抑制剂法和加化学试剂法两种。加生物抑制剂法是指在水样中加入生物抑制剂可以阻止微生物的作用，常用的试剂有氯化汞（$HgCl_2$），加入量为每升水样 20～60 mg。此法应用中需注意试剂本身有毒，要小心使用。加化学试剂法，是指可加入某些化学试剂来防止水样中某些金属元素或有机物质在保存期间发生变化。如加硝酸（HNO_3）调节水样 pH 值，使其中的金属元素呈稳定状态；加硫酸可抑制细菌生长和有机碱（氨和胺类）形成盐，加入 NaOH 与挥发性化合物形成盐类。

二、色度

1. 水的颜色

（1）真色。真色是指去除悬浮物后水的颜色。没去除悬浮物的水所具有的颜色为表色。对于清洁或浊度很低的水，其真色和表色相近；对于着色很深的水，两者差别较大。水的色度一般是指真色。在水质分析中测定的色度应是真色。

（2）表色。当水样浑浊时，应放置澄清后取上层清液，或用离心机分出悬浮杂质，但不能用滤纸过滤，因为滤纸能吸附溶解于水中的部分颜色。如果水样中有泥土或其他分散很细的悬浮物，用澄清、离心等方法处理仍不清时，则测定“表色”。

2. 色度的测定方法

测定清洁的天然水、饮用水、处理过的天然水或黄色色调的水的色度，通常采用比色法。比色法分为铂钴比色法和铬钴比色法两种。

（1）铂钴比色法。铂钴比色法是用 K_2PtCl_6 和 $CoCl_2$ 的混合液作为比色标准溶液，规定每升水中含相当于 1 mg 铂和 0.5 mg 钴时，所具有的颜色为 1 色度单位，简称 1 度。测定时，配制一系列梯度色度的铂钴标准溶液，然后将水样与铂钴色度标准溶液颜色相比较，当水样颜色与其中一铂钴标准溶液颜色相当时，这时铂钴标准溶液的色度值便是所测定水样的色度值。铂钴标准溶液的色度稳定，若保存适宜，可以长期使用。但氯铂酸钾的价格较贵，大量使用时不经济。

（2）铬钴比色法。因 $K_2Cr_2O_7$ 价格相对便宜，常用 $K_2Cr_2O_7$ 代替 K_2PtCl_6，称为铬钴比色法。铬钴比色法是用 $K_2Cr_2O_7$ 和 $CoSO_4 \cdot 7H_2O$ 的混合液作为比色标准溶液。标准色度溶液制备与水样色度测定同铂钴比色法，但不用蒸馏水稀释，改用浓盐酸 1 mg/L 溶液稀释，而且色度标准溶液不能长期保存。

3. 色度的表示

色度的表示如下式所示：

$$色度（度）=\frac{AV_1}{V_0}$$

式中 A——稀释后的水样相当于铂钴标准溶液的色度；

V_1——水样稀释后的体积，mL；

V_0——水样的体积，mL。

三、透明度

透明度是指水样的澄清程度，洁净的水是透明的。透明度与浊度相反，水中悬浮物、颗粒物越多，其透明度就越低，对印染产品质量影响越大。测定透明度的方法有铅字法、塞氏盘法、十字法等，测定仪器如图 2—1—1 所示。

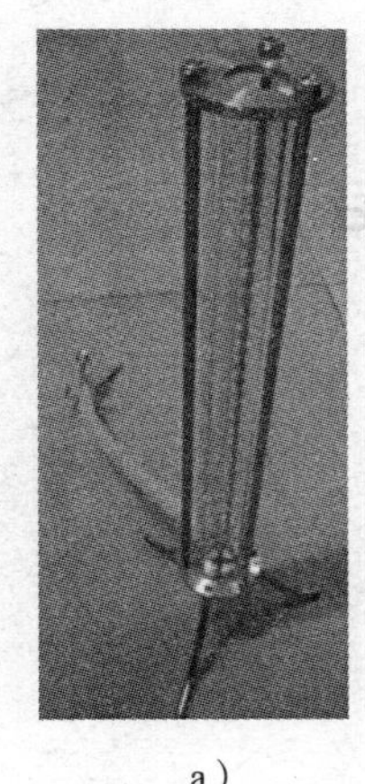

a）

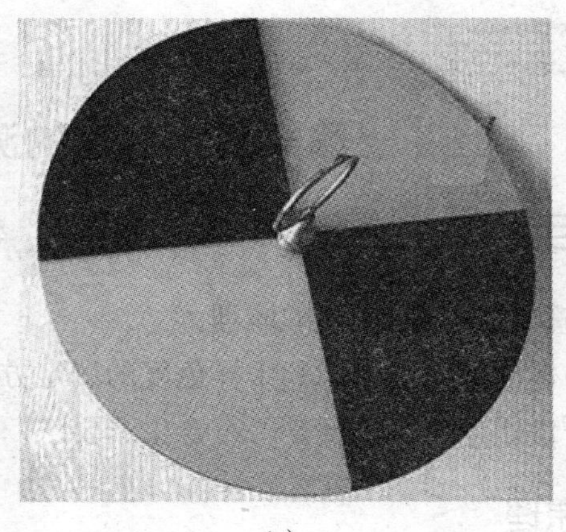

b）

图 2—1—1　透明度测定仪器

a）透明度计　b）塞氏盘

1. 铅字法

铅字法适用于天然水或处理后的水，所用仪器为透明度计。透明度计是一种长 33 cm、内径 2.5 m 的具有刻度的玻璃筒，筒底有一磨光玻璃片，上面 4 cm 处有标准铅字印刷符号。铅字法的测定是检验人员在光线充足房间，距有直射日光的窗户约 1 m 处，将水样充分摇匀后，立即导入筒内 30 cm 处，从透明度计的筒口垂直向下观察如不能看清印刷符号，则慢慢放出水至刚好能清楚地辨认出筒底部的标准铅字印刷符号时，记录水柱高度，为该水的透明度，并以厘米数表示。透明度超过 30 cm 时为透明水。印染用水要求透明度在 30 cm 以上。

铅字法测定透明度时，由于受检验人员的主观影响较大，在保证照明等条件尽可能一致的情况下，应尽量进行多次或多人测定，取多次测定结果的平均值。

2. 塞氏盘法

塞氏盘法是一种现场测定透明度的方法。塞氏盘为直径 200 mm 的白铁片圆板，板面从中心平分为四个部分，黑白相间，中心穿一带铅锤的铅丝，上面是用 cm 标记的细绳。

测定时，将塞氏盘平放入水中，逐渐降低下沉，直至从上方观察刚好看不到盘面的白色时，测量浸没的细绳长度，记录深度（cm），即为水的透明度。观测时，重复实验几次取平均值。

3. 十字法

测定透明度还可以用十字法。在内径为 30 mm，长为 0.5 m 或 1.0 m 的具刻度、特制玻璃筒的底部放一白瓷片，瓷片中部有宽度为 1 mm 的两条粗黑线交叉成十字形，并在四格内各有直径为 1 mm 的黑色圆点（共四个）。将混匀的水样倒入筒内，从筒下部徐徐放水，直至明显地看到十字、看不到四个黑点为止，以此时水柱高度（cm）表示透明度。当高度达 1 m 以上时即算透明。这种方法的精确度略高，但水层所需高度甚大，使用不便。

技能训练

印染用水色度的测定

一、实验目的

1. 了解铂钴比色法测定色度的原理。
2. 掌握铂钴标准溶液的配制和水样色度的测定方法。
3. 会正确评价印染用水色度是否符合生产要求。

二、实验原理

色度的测定是将水样与已知浓度的有色溶液相比较，通常使用铂钴标准色度，在1 L水样中含有相当于1 mg铂（以氯铂酸离子状态存在）所造成的色度，称为1色度单位。

三、仪器材料

1. 仪器

50 mL具塞比色管，其刻线高度应一致，光学透明玻璃底部无阴影。

2. 试剂

铂钴标准溶液：精确称取1.245 g六氯铂酸钾（K_2PtCl_6）（内含0.5 g铂）及1.000 g氯化钴（$CoCl_2 \cdot 6H_2O$）（内含0.248 g钴）溶于500 mL蒸馏水中，加100 mL浓盐酸，用蒸馏水稀释到1 L，此标准溶液色度为500度。将试剂保存在密封玻璃瓶中，存放暗处，温度不超过30 ℃，最多保存6个月。

3. 光学纯水

将0.2 μm滤膜（细菌学研究中所采用的）在100 mL蒸馏水或去离子水中浸泡1 h，用它过滤250 mL蒸馏水或去离子水，弃去最初的250 mL，以后用这种水作为稀释水。

四、实验步骤

1. 采样和试料

将所有与样品接触的玻璃器皿用盐酸或表面活性剂溶液清洗，再用蒸馏水或去离子水洗净、沥干。将废水采集到容积至少1 L的玻璃瓶内备用。将样品倒入250 mL或更大的量筒中，静置15 min，倾倒出上层液体作为试料进行测定。

2. 标准色列的配制

取10只50 mL比色管，分别加入0 mL、0.50 mL、1.00 mL、1.50 mL、2.00 mL、2.50 mL、3.00 mL、3.50 mL、4.00 mL、4.50 mL、5.00 mL、6.00 mL和7.00 mL铂钴标准溶液，用水稀释至标线，混匀。各管的色度依次为0度、5度、10度、15度、20度、25度、30度、35度、40度、45度、50度、60度和70度。将各管密封保存。

若水样颜色较浅，可取10支100 mL比色管，分别加0.4 mL、0.8 mL、1.2 mL、

1.6 mL、2.0 mL、2.4 mL、2.8 mL、3.2 mL、3.6 mL 和 4 mL 铂钴标准溶液，分别用蒸馏水稀释到刻度，混匀，则各管色度依次为 2 度、4 度、6 度、8 度、10 度、12 度、14 度、16 度、18 度和 20 度。

若色度大于 70 度，用光学纯水将试料适当稀释，使色度落入标准溶液范围之内再行测定。

3. 水样的测定

(1) 分取 50 mL 澄清透明水样于比色管中。如水样色度较大，可酌情少取水样，用水稀释至 50 mL。

(2) 将水样与标准色列溶液进行目视比较。观察时，要将比色管放置于白瓷板或白纸上，使光线被反射从管底部向上通过液柱，目光自管口垂直向下观察，记下与水样色度相同的铂钴标准溶液色度。

因溶液 pH 值对颜色影响很大，在测定颜色时应同时测定 pH 值。

五、记录分析

将色度测定数据分析填入表 2—1—1。

表 2—1—1　　色度测定

项目	Ⅰ	Ⅱ	Ⅲ
水样体积 V(mL)			
稀释后水样体积 V(mL)			
稀释后水样色度（度）			
原水样色度			
是否符合印染用水要求			

六、注意事项

1. 可用重铬酸钾代替氯铂酸钾配制标准色列溶液。方法是：称取 0.0437 g 分析纯重铬酸钾及 1 g 分析纯硫酸钴（$CoSO_4 \cdot 7H_2O$）溶于少量蒸馏水中，加入 0.5 mL 浓硫酸，稀释到 500 mL，此溶液色度为 500 度。这种溶液不宜久存。

2. 如果样品中有泥土或其他分散很细的悬浮物，虽经预处理而得不到透明水样时，则只测其表色。

第二节　印染用水 pH 值测定

一、印染用水 pH 值要求

pH 值是最常用的水质指标之一。pH 值与酸度、碱度既有区别又有联系。pH 值表示水的酸碱性的强弱，而酸度或碱度是水中所含酸或碱物质的含量。

天然水的 pH 值多为 6～9；饮用水的 pH 值要求为 6.5～8.5；某些工业用水的 pH 值应保证为 7.0～8.5，否则将对金属设备和管道有腐蚀作用。水质中的 pH 值的变化预示了水污染的程度。

对于印染企业而言，印染企业用水的 pH 值要求为 6.5～8.5。用水水质 pH 值高，会影响浅色织物的匀染性，因为在碱性条件下，加入的染料会固着，导致匀染性不好，出现色花；pH 值过高，在皂洗工序会使染料水解，重现性差。所以印染企业用水 pH 值的测定是十分必要的。水的 pH 值测定方法有 pH 试纸比色法和电位测定法（用 pH 电位计）两种。

二、pH 试纸比色法

pH 试纸比色法是一种简单的粗略测定方法。常用的 pH 试纸有两种：一种是广泛 pH 试纸，可以测定的 pH 值范围为 1～14；另一种是精密 pH 试纸，可以比较精确地测定一定范围的 pH 值，测量精度可分为 0.2 级、0.1 级。

测定步骤：

1. 取一条试纸剪成 4～5 块，放在干净、干燥的玻璃板上。
2. 用干净的玻璃棒分别蘸少许待测水样于 pH 试纸上。
3. 片刻后，观察试纸颜色，并与标准色卡对照，确定水样的 pH 值。

三、电位测定法

电位测定法测定 pH 值常用的仪器设备是酸度计（pH 电位计），主要用来精密测量液体介质的酸碱度值，配上相应的离子选择电极也可以测量离子电极电位值，是印染水质分析的必备检验设备。电位测定法测 pH 值准确、快速，受水体色度、浊度、胶体物质、氧化剂、还原剂及盐度等因素的干扰小。

酸度计按测量精度可分为 0.2 级、0.1 级、0.01 级或更高精度，按仪器体积可分为笔式（迷你型）、便携式、台式、在线连续监控测量的在线式。便携式和台式 pH 电位计测量范围较广，它们都是常用仪器，不同点是便携式采用直流供电，可携带到现场。酸度计按用途分为实验室用 pH 电位计和工业用 pH 电位计。实验室用 pH 电位计测量范围广，功能多，测量精度高；工业用 pH 电位计的特点是要求稳定性好、工作可靠，有一定的测量精度，在较差的环境条件下进行长期连续的测试，环境适应能力和抗干扰能力强。

1. 测定原理

酸度计主要由参比电极（甘汞电极）、测量电极（玻璃电极、复合电极）和电流计三个部分组成。

饱和甘汞电极由金属汞、Hg_2Cl_2和饱和 KCl 溶液组成。甘汞电极的电极电势不随溶液 pH 值的变化而变化，在一定温度下有定值。25 ℃时饱和甘汞电极的电势为 0.245 V。

玻璃电极的电极电势随溶液 pH 值的变化而变化。它的主要部分是头部的球泡，这是由特殊的敏感玻璃膜构成的。薄膜对 H^+ 较敏感，当它浸入溶液时，被测溶液的 H^+ 与玻璃电极球泡表面的水化层进行离子交换，球泡内层也同样产生电极电势。由于内层 H^+ 浓度不变，而外层 H^+ 浓度在变化，因此内外层的电势差也在变化，所以该电极电势随待测溶液的 pH 值不同而改变。在 25 ℃时，每相差一个 pH 单位，产生 59.1 mV 的电位差，在仪器上直接以 pH 读数表示，可以直接测得水样的 pH 值，精确度达 0.01 pH 单位。

电流计能在电阻极大的电路中测量出微小的电位差。其功能就是将原电池的电位放大若干倍，放大了的信号通过电表显示出，电表指针偏转的水平表示其推动信号的强度。为了使用上的需要，pH 电流表的表盘刻有相应的 pH 数值，而数字式 pH 计则直接以数字显示出 pH 值。由于采用最新的电极设计和固体电路技术，现在最好的 pH 计可分辨出 0.005 pH 单位。

2. 酸度计的使用

(1) 电极的浸泡活化。老一代的酸度计配套的电极为玻璃电极和参比电极。目前酸度计（pH 计）上配套使用的电极大多数采用的是复合电极。复合电极是把 pH 玻璃电极和参比电极组合在一起的电极。在进行操作前，应首先检查电极的完好性，检查玻璃球是否有裂痕、破碎。因为电极上的玻璃球泡是一种特殊的玻璃膜，在玻璃膜表面有一很薄的水合凝胶层，它只有在充分湿润的条件下，才能与溶液中的 H^+ 保持良好的交换。所以，pH 电极使用前必须浸泡活化。不同类型电极的活化药剂和方法略有差异。

1) 玻璃电极和参比电极的活化。pH 玻璃电极一般可以用蒸馏水或 pH 值为 4 的缓冲溶液浸泡，浸泡时间为 8～24 h 或更长（浸泡时间可根据玻璃球泡玻璃膜厚度、电极老化程度而不同）。参比电极需要 3.3 mol/L 的 KCl 溶液或饱和 KCl 溶液浸泡，浸泡时间为几小时即可。参比电极（甘汞电极）的浸泡液与参比电极的外参比溶液一致。

2) 复合电极的活化。复合电极分为封闭型和非封闭型两种。

封闭型复合电极，其活化方法是在 4%氟化氢溶液中浸 3～5 s，取出用蒸馏水进行冲洗，然后在 0.1 mol/L 的盐酸溶液中浸泡数小时，最后用蒸馏水冲洗干净即可。

非封闭型复合电极，其电极经蒸馏水清洗后，应在 3 mol/L 的氯化钾溶液中浸泡数小时，以使电极达到最好的测量状态。里面要加 3 mol/L 的氯化钾溶液作为外参比溶液，使用时电极里的氯化钾溶液应保持在 1/3 以上、小孔位置以下。在使用过程中，剥下电极上面的橡胶塞，使小孔露在外面；测量完成后应把橡胶塞复原，封住小孔。

(2) pH 标准缓冲溶液的配制和保存。pH 标准缓冲溶液是一种能使 pH 值保持稳定的溶液。标准缓冲溶液的 pH 值是已知的，并达到规定的准确度，溶液的制备方法简单。

1) 一般 pH 标准缓冲溶液的配制。按表 2—2—1 准确称取各试剂（分析纯），用新煮沸并冷却的蒸馏水溶解，稀释至 1 L。配好的溶液应储存在聚乙烯瓶中或硬质玻璃瓶中。

表 2—2—1　**pH 标准缓冲溶液的配制方法**

pH 标准缓冲溶液	pH 值（25 ℃）	1 000 mL 溶液称取所含药品质量
25 ℃饱和酒石酸氢钾	3.559	6.4 g $KHC_4H_4O_6$
0.05 mol/L 柠檬酸二氢钾	3.776	11.4 g $KH_2C_6H_5O_7$
0.05 mol/L 邻苯二甲酸氢钾	4.008	10.12 g $KHC_8H_4O_4$
0.025 mol/L 磷酸二氢钾和 0.025 mol/L 磷酸氢二钠	6.865	3.388 g KH_2PO_4＋3.533 g Na_2HPO_4
0.008 695 mol/L 磷酸二氢钾＋0.030 43 mol/L 磷酸氢二钠	7.413	1.179 g KH_2PO_4＋4.302 g Na_2HPO_4
0.01 mol/L 硼砂	9.182	3.8 g $Na_2B_4O_7 \cdot 10H_2O$
0.025 mol/L 碳酸氢钠＋0.025 mol/L 碳酸钠	10.012	2.092 g $NaHCO_3$＋2.640 g Na_2CO_3
辅助标准 0.05 mol/L 四草酸钾	1.679	12.61 g $KH_3C_4O_8 \cdot 2H_2O$
25 ℃饱和氢氧化钙	12.460	1.5 g $Ca(OH)_2$

2）成套的 pH 标准缓冲试剂的配制。剪开塑料袋将试剂倒入烧杯中，应使用适量预先煮沸 15～30 min、除去溶解的二氧化碳的去离子水溶解，并冲洗包装袋，再倒入 250 mL容量瓶中，稀释至刻度，充分摇匀即可。

3）缓冲溶液的保存与使用。缓冲溶液配制后，应装在玻璃瓶或聚乙烯瓶中，贴好标签，严密盖紧瓶盖。碱性 pH 标准缓冲溶液应装在聚乙烯瓶中。缓冲溶液应在 5～10 ℃低温保存，可放于冰箱中，一般可使用两个月左右。如发现有混浊、发霉或沉淀等现象，应停止使用，重新配制。使用时，将大瓶中缓冲溶液倒入 50 mL 聚乙烯小瓶中，放置 1～2 h，与环境温度一致后再使用。使用后应弃去，不得再倒回大瓶中，以免污染。

（3）酸度计的校准。酸度计的校准方法分为一点校准和两点校准两种。

1）一点校准法。即采用一种标准溶液，一般采用 pH＝7 的标准缓冲液，进行定位旋钮的校准即可。但此法准确度不高。

2）两点校准法。为准确测量 pH 值，校准方法均采用两点校准法，即选择两种标准缓冲液：一种是 pH＝7 的标准缓冲液，另一种是 pH＝9 或 pH＝4 的标准缓冲液。如果待测溶液呈酸性，则选用 pH＝4 的标准缓冲液；如果待测溶液呈碱性，则选用 pH＝9 的标准缓冲液。先用 pH＝7 的标准缓冲液对酸度计进行定位，再根据待测溶液的酸碱性选择第二种标准缓冲液进行校准斜率。若是手动调节的酸度计，应在两种标准缓冲液之间反复操作多次，直至不需再调节其定位和斜率旋钮，酸度计即可准确显示两种标准缓冲液的 pH 值，校准过程结束。此后，在测量过程中定位和斜率旋钮就不应再动。

特别需要注意的是，不同的温度下，标准缓冲溶液的 pH 值是不一样的（见表 2—2—2）。所以，在校准前应用温度计测定标准缓冲溶液的温度，然后调节酸度计面板上的温度补偿旋钮，使其与标准缓冲溶液的温度一致。

表 2—2—2　　不同温度下五种标准缓冲溶液的 pH 值

温度 t（℃）	酒石酸氢钾（25 ℃饱和）	邻苯二甲酸氢钾 0.05 mol/kg	磷酸二氢钾 0.025 mol/kg+磷酸氢二钠 0.025 mol/kg	磷酸二氢钾 0.008695 mol/kg+磷酸氢二钠 0.03043 mol/kg	硼砂 0.01 mol/kg
0		4.003	6.984	7.534	9.464
5		3.999	6.951	7.500	9.395
10		3.998	6.923	7.472	9.332
15		3.999	6.900	7.448	9.276
20		4.002	6.881	7.429	9.225
25	3.557	4.008	6.865	7.413	9.180
30	3.552	4.015	6.853	7.400	9.139
35	3.549	4.024	6.844	7.389	9.102
38	3.548	4.030	6.840	7.384	9.081
40	3.547	4.035	6.838	7.380	9.068
45	3.547	4.047	6.834	7.373	9.038
50	3.549	4.060	6.833	7.367	9.011
55	3.554	4.075	6.834		8.985
60	3.560	4.091	6.836		8.962
70	3.580	4.126	6.845		8.921
80	3.609	4.164	6.859		8.885
90	3.650	4.205	6.877		8.850
95	3.674	4.227	6.886		8.833

校准工作结束后，对使用频繁的酸度计一般在 48 h 内仪器不需再次标定。如遇到下列情况之一，仪器则需要重新标定：溶液温度与标定温度有较大的差异时；换过电极后；定位或斜率调节器被误动；电极在空气中暴露过久，如半小时以上时；测量过酸（pH<2）或过碱（pH>12）的溶液后；当所测溶液的 pH 值不在两点标定时所选溶液的中间，且距 pH=7 又较远时。

印染用水 pH 值的测定

一、实验目的

1. 了解酸度计的构造和使用方法。
2. 会配制 pH 标准缓冲溶液。
3. 掌握印染用水 pH 值的测定方法。

二、实验原理

电位分析法测定水样的 pH 值是以饱和甘汞电极为参比电极，以玻璃电极为指示电极，或用复合电极（将 pH 玻璃电极和参比电极组合在一起的电极），与被测水样组成工作电池，再用 pH 计测量工作电动势，由 pH 计直接读取 pH 值。

玻璃电极基本上不受色度、浊度、游离氯、氧化剂、还原剂以及高含盐量的影响。但 pH 值在 10 以上时有钠误差，可用“低钠误差”电极减少这种误差。温度影响 pH 值的测定，测定时应进行温度补偿。不可在含油或脂的溶液中使用玻璃电极，可用过滤法除去油或脂。

三、仪器材料

1. 仪器

酸度计，玻璃电极、饱和甘汞电极或复合电极。

2. 试剂

邻苯二甲酸氢钾标准缓冲溶液、混合磷酸盐标准缓冲溶液、硼砂标准缓冲溶液。

四、实验步骤

1. 采样

按采样要求，采取具有代表性的水样。测定水样的 pH 值最好在现场进行，否则，应在采样后把样品保持在 0～4 ℃，并在采样后 6 h 之内进行测定。

2. 标准缓冲溶液的配制

（1）邻苯二甲酸氢钾标准缓冲溶液（pH＝4.008，25 ℃）。称取已在 110～130 ℃条件下干燥 2～3 h 的邻苯二甲酸氢钾（$KHC_8H_4O_4$）10.12 g，在容量瓶中稀释至 1 L。

（2）混合磷酸盐标准缓冲溶液（pH＝6.865，25 ℃）。分别称取已在 110～130 ℃条件下干燥 2～3 h 的磷酸二氢钾（KH_2PO_4）3.388 g 和磷酸氢二钠（Na_2HPO_4）3.533 g，溶于水并在容量瓶中稀释至 1 L。

（3）硼砂标准缓冲溶液（pH＝9.180，25 ℃）。为了使晶体具有一定的组成，应称取与饱和溴化钠（或氯化钠加蔗糖）溶液（室温）共同放置，在干燥器中平衡两昼夜的硼砂（$Na_2B_4O_7 \cdot 10H_2O$）3.80 g，溶于水并在容量瓶中稀释至 1 L。

3. 仪器准备

玻璃电极应预先用蒸馏水浸泡 24 h。按照仪器使用说明书的要求安装及启动仪器，预热 30 min。

4. 仪器校准

（1）标准缓冲溶液的选择。先用 pH 试纸测定水样大概 pH 值，然后用第一种标准缓冲溶液校正仪器（该标准缓冲溶液与水样 pH 值相差不超过两个 pH 单位）。从标准缓冲溶液中取出电极，彻底冲洗并用滤纸吸干，再将电极浸入第二种标准缓冲溶液中（其

pH 值大约与第一种标准缓冲溶液相差三个 pH 单位)，如果仪器响应的示值与第二种标准缓冲溶液的 pH（S）值之差大于 0.1pH 单位，就要检查仪器电极或标准缓冲溶液是否存在问题。当三者均正常时，方可用于测定样品。

（2）仪器校准。将 pH 标准缓冲溶液分别倒入 50 mL 小烧杯中，依次用两种 pH 标准缓冲溶液校正仪器。充分冲洗玻璃电极，用滤纸吸干，将玻璃电极的玻璃泡分别浸入 pH 标准缓冲液中，轻轻摇动小烧杯 1 min，分别调整定位和斜率旋钮，使其分别位于该 pH 标准缓冲溶液的 pH 值处。反复几次，直至准确显示两种标准缓冲溶液 pH 值，停止校准。注意甘汞电极内要有结晶氯化钾，用时要拔掉下面的橡胶塞。

5. 测定水样

在测定前，用温度计测定水样的温度，然后调节酸度计面板上的温度补偿旋钮，使其与水样温度一致。先用蒸馏水冲洗电极 3～5 次，再用水样冲洗 3～5 次，然后将电极浸入样品中，小心摇动试杯或进行搅拌至少 1 min，以加速电极平衡（注意不要剧烈摇动电极，以免打碎玻璃泡)，静置，等待读数稳定，记下 pH 值。平行测定三次，取平均值。

五、记录分析

将实验结果填入表 2—2—3。

表 2—2—3　　pH 值测定数据分析

项目	Ⅰ	Ⅱ	Ⅲ
水样温度			
pH 值			
平均值			
是否符合要求			

六、注意事项

1. 玻璃电极表面受到污染时，需进行处理。如果是附着无机盐结垢，可用温稀盐酸溶解；对钙镁等难溶性结垢，可用 EDTA 二钠溶液溶解；沾有油污时，可用丙酮清洗。电极按上述方法处理后，应在蒸馏水中浸泡一昼夜再使用。注意忌用无水乙醇、脱水性洗涤剂处理电极。

2. 测定 pH 值时，为减少空气中二氧化碳的溶入和水样中二氧化碳的挥发，在测水样之前不应提前打开水样瓶。

3. 记录被测溶液的 pH 值时，应同时记录被测溶液的温度值。因为离开温度值，pH 值几乎毫无意义。

4. 分析人员把复合电极当作玻璃电极来处理，放在蒸馏水中长时间浸泡，是不正确的，这会使复合电极内的氯化钾溶液浓度大大降低，导致在测量时电极反应不灵敏，最终导致测量数据不准确，因此不应把复合电极长时间浸泡在蒸馏水中。

第三节　印染用水碱度测定

水的碱度是指水中所含能与强酸定量作用的物质总量，即能接受质子 H^+ 的物质总量。对于印染用水的碱度要求在 35～64 mg/L（以碳酸钙计）。印染用水的碱度不能过高，否则会和织物如蛋白质纤维发生反应，使纤维强力下降，甚至损坏；纤维素纤维织物染色需在碱性条件下进行，碱度过低，会使织物光萎暗，且浪费染料助剂。碱度对水的凝聚、澄清、软化等处理过程，也是一项重要的指标。

用标准酸滴定水中碱度是各种方法的基础，有两种常用的方法：酸碱指示剂滴定法和电位滴定法。电位滴定法根据电位滴定曲线在终点时的突跃确定特定 pH 值下的碱度，不受水样浊度、色度的影响，适用范围较广；用指示剂判断滴定终点的方法简便快速，适用于控制性试验及例行分析。两种方法均可根据需要和条件选用。

一、碱度分类

强碱、弱碱及强碱弱酸盐三类物质组成水中碱度。在天然水和经处理后的清水中，主要有碳酸盐（CO_3^{2-}）、重碳酸盐（HCO_3^-）和氢氧化物（OH^-）能产生碱度的物质。由于磷酸盐和硅酸盐在天然水和清水中含量甚微，产生的碱度较少，常忽略不计。所以，按照离子种类的不同，可以把水中的碱度分为三类：第一类称为氢氧化物碱度，即 OH^- 的含量；第二类称为碳酸盐碱度，即 CO_3^{2-} 的含量；第三类称为重碳酸盐碱度，即 HCO_3^- 的含量。

碱度的测定值因使用的终点 pH 值不同而有很大的差异，只有当试样中的化学组成已知时，才能解释为具体的物质。对于天然水和未污染的地表水，可直接用酸滴定至 pH 值为 8.3 时消耗的量为酚酞碱度，用酸滴定至 pH 值为 4.4～4.5 时消耗的量为甲基橙碱度，通过计算可求出相应的碳酸盐、重碳酸盐和氢氧根离子的含量。若不区分各种离子，只需以甲基橙为指示剂，甲基橙碱度也叫作总碱度。

二、酸碱指示剂滴定法

水质分析中，碱度的测定通常采用化学分析中的酸碱指示剂滴定法。水样用标准酸溶液滴定至规定的 pH 值，其终点可由加入的酸碱指示剂在该 pH 值时颜色的变化来判断，从而分别测出水样中所含的各种碱度。

酚酞指示剂变色范围为 8.0～10.0，所以酚酞可以指示水中氢氧化物（OH^-）或碳酸盐（CO_3^{2-}）的存在。加入酚酞指示剂水样的颜色呈红色，用盐酸标准溶液进行滴定至水样刚刚为无色时，溶液的 pH 值即为 8.3，指示水中氢氧根离子（OH^-）已被中和，碳酸盐（CO_3^{2-}）均被转化为重碳酸盐（HCO_3^-），此时滴定所消耗的盐酸的体积用 V_1 表示，反应方程式如下：

$$OH^- + H^+ \xlongequal{} H_2O$$

$$CO_3^{2-} + H^+ \xlongequal{} HCO_3^-$$

甲基橙指示剂变色范围为3.1～4.4，所以甲基橙除了可以指示水中含有氢氧化物、碳酸盐外，还可指示重碳酸盐的存在。加入甲基橙指示剂，此时水样的颜色呈黄色。继续用盐酸滴定至水样为橙红色时，溶液的pH值为4.4～4.5，水中所含有的重碳酸盐（包括原有的和由碳酸盐转化成的）全被中和，此时滴定所消耗的盐酸的体积用V_2表示，反应方程式如下：

$$HCO_3^- + H^+ \xlongequal{} CO_2\uparrow + H_2O$$

在碱度的测定中，按上述方法加指示剂酚酞和甲基橙，用盐酸进行连续滴定时，其盐酸溶液的总消耗量用$V_{总}$表示，则有$V_{总}=V_1+V_2$。

在同一水体中，水中碱度的组成可能有以下五种类型及测定，见表2—3—1。

表2—3—1　　水中碱度的类型

类型	V_1与V_2比较	三种碱度			碱度
		OH^-	CO_3^{2-}	HCO_3^-	
Ⅰ	$V_1\neq0$，$V_2=0$	V_1	0	0	V_1
Ⅱ	$V_1>V_2>0$	V_1-V_2	$2V_2$	0	V_1+V_2
Ⅲ	$V_1=V_2\neq0$，	0	$2V_1$	0	V_1+V_2
Ⅳ	$V_2>V_1>0$	0	$2V_1$	V_2-V_1	V_1+V_2
Ⅴ	$V_1=0$，$V_2\neq0$	0	0	V_2	V_2

注：V_1代表滴定试液至酚酞变色所需的酸的体积；V_2代表继续滴定试液至甲基橙变色所需的酸的体积。

由表2—3—1可知，各种情况下水中的碱度都是总碱度$V_{总}=V_1+V_2$。也就是说若不区分各种离子，只需以甲基橙为指示剂，用盐酸标准溶液滴定到化学计量点时，水样由黄色变为橙色即可使水中的各种碱度完全反应。单独用酚酞为指示剂测得的碱度叫作酚酞碱度。单独用甲基橙作为指示剂测得的碱度叫作甲基橙碱度，也叫作总碱度。

根据滴定时盐酸消耗的体积V_1和V_2的多少，可判断水中碱度的成分，并进行含量的计算。

（1）若$V_1\neq0$，$V_2=0$，成分为OH^-。

$$\rho_{OH^-}(mg/L)=\frac{c_{HCl}V_1\times M_{OH^-}\times10^3}{V_{水样}}$$

（2）若$V_1>V_2>0$，成分为OH^-和CO_3^{2-}。

$$\rho_{OH^-}(mg/L)=\frac{c_{HCl}(V_1-V_2)\times M_{OH^-}\times10^3}{V_{水样}}$$

$$\rho_{CO_3^{2-}}(mg/L)=\frac{\frac{1}{2}\times2c_{HCl}V_2\times M_{CO_3^{2-}}\times10^3}{V_{水样}}$$

（3）若$V_1=V_2\neq0$，成分为$CO_3{}^{2-}$。

$$\rho_{CO_3^{2-}}(mg/L)=\frac{\frac{1}{2}\times 2c_{HCl}V_1\times M_{CO_3^{2-}}\times 10^3}{V_{水样}}$$

$$或\ \rho_{CO_3^{2-}}(mg/L)=\frac{\frac{1}{2}\times 2c_{HCl}V_2\times M_{CO_3^{2-}}\times 10^3}{V_{水样}}$$

(4) 若 $V_2>V_1>0$，成分为 CO_3^{2-} 和 HCO_3^-。

$$\rho_{CO_3^{2-}}(mg/L)=\frac{\frac{1}{2}\times 2c_{HCl}V_1\times M_{CO_3^{2-}}\times 10^3}{V_{水样}}$$

$$\rho_{HCO_3^-}(mg/L)=\frac{c_{HCl}(V_2-V_1)\times M_{HCO_3^-}\times 10^3}{V_{水样}}$$

(5) 若 $V_1=0$，$V_2\neq 0$，成分为 HCO_3^-。

$$\rho_{HCO_3^-}(mg/L)=\frac{c_{HCl}\times V_2\times M_{HCO_3^-}\times 10^3}{V_{水样}}$$

三、碱度表示方法

碱度的单位常用两种方法表示，即物质的量浓度、质量浓度。

1. 以物质的量浓度（mmol/L）表示碱度

根据上述反应方程式，可知反应物质量的比为 1 ∶ 1，所以

$$碱度=\frac{c_{HCl}\times V_{HCl}}{V_{水样}}\times 1\,000(mmol/L)$$

式中 c_{HCl}——HCl 标准溶液的浓度，mol/L；

V_{HCl}——HCl 标准溶液的体积，mL；

$V_{水样}$——水样的体积，mL。

2. 以碳酸钙（mg/L）表示碱度

以碳酸钙（mg/L）表示碱度如下：

$$碱度=\frac{c_{HCl}\times V_{HCl}\times M_{CaCO_3}}{V_{水样}}\times 1\,000(mg/L)$$

式中 c_{HCl}——HCl 标准溶液的浓度，mmol/L；

V_{HCl}——HCl 标准溶液的体积，mL；

M_{CaCO_3}——碳酸钙的摩尔质量，g/mol；

$V_{水样}$——水样的体积，mL。

四、电位滴定法

电位滴定法测定水样的碱度，用玻璃电极为指示电极，甘汞电极为参比电极，用酸标准溶液滴定，其终点通过 pH 计或电位滴定仪指示。以 pH=8.3 表示水样中氢氧化物被中和及碳酸盐转为重碳酸盐的终点，与酚酞指示剂刚刚褪色时的 pH 值相当；以

pH 4.4～4.5 表示水中重碳酸盐（包括原有重碳酸盐和由碳酸盐转化成的重碳酸盐）被中和的终点，与甲基橙刚刚变为橘红色的 pH 值相当。

电位滴定法可以绘制成滴定时 pH 值对酸标准滴定液用量的滴定曲线，然后计算出相应组分的含量或直接滴定到指定的终点。

印染用水碱度的测定

一、实验目的

1. 掌握水中总碱度和酚酞碱度的测定及计算方法。
2. 学会判断水中碱度的成分。
3. 会分析评价印染用水碱度的指标。

二、实验原理

水的碱度是指水中含有能够接受［H^+］与强酸进行中和反应的物质的含量。

碱度可分为酚酞碱度和总碱度两种。酚酞碱度是以酚酞作为指示剂时所测出的量，其终点的 pH 值为 8.3；总碱度是以甲基橙作为指示剂时测出的量，终点的 pH 值为 4.2。若碱度很小时，总碱度宜以甲基红—亚甲基蓝作为指示剂，终点的 pH 值为 5.0。

三、仪器材料

1. 仪器

酸式滴定管、移液管、锥形瓶、量筒等。

2. 试剂

碳酸钠、浓盐酸、酚酞指示剂、甲基橙指示剂。

四、实验步骤

1. 试剂的准备

（1）碳酸钠标准溶液（0.012 5 mol/L）配制。称取 1.324 0 g（于 250 ℃烘干 4 h）无水碳酸钠（Na_2CO_3），溶于无 CO_2 的去离子水中，转移至 1 000 mL 容量瓶中，用水稀释至标线，摇匀。溶液储存于聚乙烯瓶中，保存时间不要超过一周。

（2）0.025 0 mol/L 的盐酸标准溶液配制与标定。

1）配制盐酸标准溶液（0.025 0 mol/L）。用刻度吸管吸取 2.1 mL 浓盐酸（ρ=1.19 g/mL），并用蒸馏水稀释至 1 000 mL，此盐酸浓度约为 0.025 mol/L。

2）盐酸标准溶液准确浓度标定。用 25.00 mL 移液管吸取 Na_2CO_3 标准溶液于 250 mL锥形瓶中，加除去 CO_2 的蒸馏水稀释至 100 mL，加入 3 滴甲基橙指示剂，用 HCl

标准溶液滴定至由橘黄色刚变为橘红色，记录 HCl 标准溶液的用量，平行滴定三次。

（3）1%酚酞指示剂。称取 1 g 酚酞溶于 100 mL 95%乙醇溶液中。

（4）1%甲基橙指示剂。称取 0.10 g 甲基橙，溶于 70 ℃的水中，冷却，稀释至100 mL。

2. 酚酞碱度的测定

用 100 mL 移液管吸取水样于 250 mL 锥形瓶中，加入 4 滴酚酞指示剂，摇匀。若溶液无色，不需用 HCl 标准溶液滴定，认为酚酞碱度为 0。若加酚酞指示剂后溶液变为红色，用 HCl 标准溶液滴定至红色刚刚退为无色（pH＝8.3），记录 HCl 标准溶液消耗的体积 V_1。

3. 总碱度的测定

在上述锥形瓶中，滴入 1～2 滴甲基橙指示剂，摇匀。用 HCl 标准溶液滴定，滴定时要剧烈振荡使 CO_2逸出，滴定至溶液由橘黄色刚刚变为橘红色为止，记录 HCl 标准溶液消耗的体积 V_2。

重复步骤 2～3，平行滴定三次。

五、记录分析

1. HCl 标准溶液的浓度计算

$$c_{HCl}=\frac{2\times c_{Na_2CO_3}\times V_{Na_2CO_3}}{V_{HCl}}=\frac{2\times 25.00\times 0.0125}{V_{HCl}}$$

式中 c_{HCl}——盐酸标准溶液的准确浓度，mol/L；

V_{HCl}——消耗盐酸标准溶液的体积，mL；

$c_{Na_2CO_3}$——碳酸钠标准溶液的浓度，mol/L；

V_{NaCO_3}——碳酸钠的体积，mL。

将实验结果填入表 2—3—2。

表 2—3—2 盐酸标液浓度的数据分析

项目	Ⅰ	Ⅱ	Ⅲ
V_{HCl}（mL，L）			
c_{HCl}（mol/L）			
c_{HCl}（mol/L）平均值			
绝对偏差			
平均偏差			
相对平均偏差			

2. 碱度的计算

以碳酸钙（mg/L）表示碱度的计算公式：

$$酚酞碱度=\frac{c_{HCl}\times V_1\times M_{CaCO_3}}{V_{水样}}\times 1\,000\ (mg/L)$$

$$总碱度=\frac{c_{HCl}\times (V_1+V_2)\times M_{CaCO_3}}{V_{水样}}\times 1\,000\ (mg/L)$$

式中 c_{HCl}——HCl标准溶液的浓度，mol/L；

V_1——用酚酞作指示剂消耗HCl标准溶液的体积，mL；

V_2——用甲基橙作指示剂消耗HCl标准溶液的体积，mL；

M_{CaCO_3}——碳酸钙的摩尔质量，g/mol；

$V_{水样}$——水样的体积，mL。

将实验结果填入表2—3—3。

表2—3—3 印染用水碱度的分析

实验内容	项目	Ⅰ	Ⅱ	Ⅲ
实验数据	c_{HCl}(mol/L)			
	V_1(mL)			
	V_2(mL)			
酚酞碱度	酚酞碱度(以碳酸钙计，mg/L)			
	酚酞碱度(以碳酸钙计，mg/L) 平均值			
	绝对偏差			
	平均偏差			
	相对平均偏差			
总碱度	总碱度(以碳酸钙计，mg/L)			
	总碱度(以碳酸钙计，mg/L) 平均值			
	绝对偏差			
	平均偏差			
	相对平均偏差			

3. 水中碱度成分的判断和含量计算

若 V_1=______，V_2=______，V_1______V_2，成分为__________________。各碱度成分含量计算结果填入表2—3—4。

表2—3—4 印染用水中各碱度成分含量计算

ρ_{OH^-}的计算	ρ_{OH^-}(mg/L)			
	ρ_{OH^-}平均值(mg/L)			
	绝对偏差			
	平均偏差			
	相对平均偏差			
$\rho_{CO_3^{2-}}$的计算	$\rho_{CO_3^{2-}}$(mg/L)			
	$\rho_{CO_3^{2-}}$平均值(mg/L)			
	绝对偏差			
	平均偏差			
	相对平均偏差			

续表

$\rho_{HCO_3^-}$的计算	$\rho_{HCO_3^-}$ (mg/L)			
	$\rho_{HCO_3^-}$平均值 (mg/L)			
	绝对偏差			
	平均偏差			
	相对平均偏差			

六、注意事项

1. 用酚酞作指示剂滴定CO_3^{2-}时，滴加盐酸的速度不可太快，并且应不断摇荡锥形瓶，使加入的盐酸尽快分散，免得局部生成过多的CO_2。由于CO_2易逸出，使CO_3^{2-}测定偏高。

2. 过去用酚酞作指示剂测定碱度时，一般都滴定到红色褪去，这时 pH 值已接近 8.0。现在一般都根据酚酞指示剂的滴定结果来计算CO_3^{2-}的含量，这样做则使CO_3^{2-}的测定结果偏高。因此，改为以 pH＝8.3 为终点。

3. 若水样总碱度小于 20 mg/L，可以改用 0.01 mol/L 的盐酸标准溶液滴定，或改用 10 mL 容量的微量滴定管，以提高测定精度。

4. 实验中，为使终点观察更敏锐，可用甲基红一溴甲酚绿混合指示剂替代甲基橙。加甲基红一溴甲酚绿混合指示剂 10 滴，用盐酸标准溶液滴定，至溶液由绿色变为紫红色，煮沸约 2 min，冷却至室温（或旋摇 2 min），继续滴定至暗紫色，记下所消耗的标准溶液的体积。

5. 若水样中含有游离二氧化碳，则不存在碳酸盐，可直接以甲基橙作指示剂进行滴定。

第四节　印染用水总硬度测定

印染用水的水质硬度对染色的影响与所加工产品的品质和加工产品的种类有关系。当用活性染料染中、深色品种时，水硬度的影响不大；而用酸性染料染锦纶时，水质的影响较为突出，过硬水不仅使所染产品的色泽艳度下降、染化料消耗量增加，而且会导致换热器结垢，能源损耗大，还会造成碱斑现象（实际是钙镁离子与CO_3^{2-}生成的不溶性沉淀物），影响洗染质量。所以，印染用水总硬度是衡量水质好坏的重要指标之一。印染用水总硬度的测定是印染水质分析非常重要的部分，测定方法有 EDTA 滴定法和原子吸收分光光度法两种。

一、水的硬度分类

水的硬度是指水中含有能与肥皂作用生成难溶物或与水中某些阴离子作用生成水垢

的金属离子。实际上，水的硬度就是水中除去碱金属以外的所有金属离子的总量。天然水和处理后的水中 Ca^{2+}、Mg^{2+} 含量相对较多，其他 Fe^{3+}、Al^{3+}、Mn^{2+}、Sn^{2+}、Zn^{2+} 等金属离子尽管也会造成硬度，但一般情况下它们的存在量很少，对硬度影响不大，所以水的总硬度由 Ca^{2+}、Mg^{2+} 来决定，一般将水中 Ca^{2+}、Mg^{2+} 的含量称为水的总硬度。水的硬度可以按照水中含有的金属离子类型的不同来分类，即水中 Ca^{2+} 的含量称为钙硬度，Mg^{2+} 的含量称为镁硬度。也可以按照水中阴离子的不同分为暂时硬度（又称碳酸盐硬度）和永久硬度（又称非碳酸盐硬度）。

1. 暂时硬度

天然水中常含有二氧化碳，当与岩石接触时，能使不溶于水的碳酸钙和碳酸镁转变为能溶于水的重碳酸钙 $Ca(HCO_3)_2$ 和重碳酸镁 $Mg(HCO_3)_2$，形成水的暂时硬度。

$$CaCO_3 + CO_2 + H_2O \longrightarrow Ca(HCO_3)_2$$

$$MgCO_3 + CO_2 + H_2O \longrightarrow Mg(HCO_3)_2$$

重碳酸盐在加热沸煮时，能重新分解为二氧化碳和不溶于水的碳酸盐，例如：

$$Ca(HCO_3)_2 \longrightarrow CaCO_3 + CO_2 + H_2O$$

由重碳酸盐所造成的硬度，在沸煮后会除去，所以称为暂时硬度。含有暂时硬度的水用于锅炉中，将有碳酸钙或氢氧化镁沉淀出来，形成水垢。

2. 永久硬度

溶于水的钙、镁氯化物、硝酸盐或硫酸盐（如硫酸钙 $CaSO_4$，硫酸镁 $MgSO_4$），它们在沸煮时不会发生沉淀，仍保留在水中，故称为永久硬度。

暂时硬度（碳酸盐硬度）和永久硬度（非碳酸盐硬度）的总和，称为总硬度。水里含有的固体杂质越多，总硬度也就越高。

3. 硬水与软水

水的硬、软无截然界限，仅是含钙、镁量多少而已，见表 2—4—1。

表 2—4—1　硬水和软水的区分

以碳酸钙的含量分（$CaCO_3$）		以总固体的含量分（总固体量）		以德度表示（°）	
mg/L	水质	mg/L	水质	德度	水质
<15	极软水	<100	软水	0～4	极软水
15～50	软水	100～200	中软水	4～8	软水
50～100	略硬水	200～500	硬水	8～16	中硬水
100～200	硬水	>500	盐水	16～30	硬水
>200	极硬水			>30	最硬水

鉴别硬水和软水的简便方法：用试管取待测水样 5～6 mL，注入少量肥皂水，观察现象。泡沫多、无沉淀生成的为软水，泡沫少、有絮状沉淀物生成的为硬水。

二、EDTA 滴定法

水的总硬度（Ca^{2+}、Mg^{2+} 含量）的测定一般采用配位滴定法。本方法测定的最低浓度为 0.05 mmol/L。

1. 标准溶液 EDTA 的配制和标定

配位滴定法常用的标准溶液为 EDTA，化学名称为乙二胺四乙酸。EDTA 可以与大多数金属离子（化合价≤4 的金属离子）1 ∶ 1 配位。乙二胺四乙酸难溶于水，实际工作中，因 EDTA 的溶解度很小，通常用它的二钠盐配制标准溶液。100 mL 水中能溶解 EDTA 的二钠盐 11.1 g，可以配成浓度为 0.3 mol/L 以下的溶液。乙二胺四乙酸二钠盐（也简称 EDTA）是白色微晶粉末，易溶于水，经提纯后可作为基准物质，直接配制标准溶液，但提纯方法较复杂。

配制 EDTA 溶液时，蒸馏水的质量不高也会引入杂质，因此实验室中使用的标准溶液一般采用间接法配制。用于标定 EDTA 标准溶液的基准试剂有很多，例如 Zn、ZnO、$CaCO_3$、Bi、Cu、$MgSO_4 \cdot 7H_2O$、Ni、Pb 等。为避免引起系统误差，一般选择标定条件尽可能与测定条件一致，所以尽可能用待测元素的纯金属或化合物作为基准物，以减小系统误差。标定 EDTA 的常用基准试剂见表 2—4—2。

表 2—4—2　　标定 EDTA 的常用基准试剂

基准试剂	基准试剂处理	滴定条件			终点颜色变化	
		pH 值	缓冲溶液	指示剂	MIn	In
Cu	稀 HNO_3溶解，除去氧化膜，用水或无水乙醇充分洗涤，在 105 ℃烘箱中烘 3 min，冷却后称量，以 1 ∶ 1 HNO_3溶解，再以 H_2SO_4蒸发除去 NO_2	4.3	$HAc-Ac^-$	PAN	红	黄
Pb	稀 HNO_3溶解，除去氧化膜，用水或无水乙醇充分洗涤，在 105 ℃烘箱中烘 3 min，冷却后称量，以 1 ∶ 2 HNO_3溶解，加热除去 NO_2	10	$NH_3-NH_4^+$	铬黑 T	红	蓝
		5～6	六亚甲基四胺	二甲酚橙	红	黄
Zn	用 1 ∶ 5 HCl 溶解，除去氧化膜，用水或无水乙醇充分洗涤，在 105 ℃烘箱中烘 3 min，冷却后称量，以 1 ∶ 1 HCl 溶解	10	$NH_3-NH_4^+$	铬黑 T	红	蓝
		5～6	六亚甲基四胺	二甲酚橙	红	黄
$CaCO_3$	在 105 ℃烘箱中烘 120 min，冷却后称量，以 1 ∶ 1 HCl 溶解	≥12.5	KOH	钙指示剂	紫红	蓝
MgO	在 1 000 ℃灼烧后，以 1∶1 HCl 溶解	10	$NH_3-NH_4^+$	铬黑 T K−B	红	蓝

注：终点颜色变化是由 MIn 的颜色变为 In 的颜色。

由于金属锌的纯度高，金属锌、碳酸钙稳定，所以实验室中常用金属锌、氧化锌或碳酸钙为基准物，水的总硬度测定多用碳酸钙为基准物。由于摩尔质量不大，标定时通常采用“称大样”法，即先准确称取基准物，溶解后定量转移到一定体积的容量瓶中，配制成标准溶液，然后再移取一定量的溶液进行标定。

2. 总硬度的测定

测定水的总硬度是用铬黑 T（EBT）为指示剂，在碱性溶液 pH=10 时，用 EDTA

标准溶液滴定，根据 EDTA 标准溶液的浓度和用量，计算出水的总硬度。

铬黑 T（HIn^{2-}）和 EDTA 都能与 Ca^{2+}、Mg^{2+} 发生配位反应，配离子的稳定性大小顺序为 $CaY^{2-} > MgY^{2} > MgIn^{-} > CaIn^{-}$。

（1）水样中加入铬黑 T 指示剂。滴定前，在水样中加入铬黑 T 指示剂时，铬黑 T 与水中 Mg^{2+}、Ca^{2+} 发生配位反应，先后形成紫红色的配合物。反应式如下：

$$HIn^{2-} + Mg^{2+} \rightleftharpoons MgIn^{-} + H^{+} \quad (pH=10)$$

$$\underset{(蓝色)}{HIn^{2-}} + Ca^{2+} \rightleftharpoons \underset{(紫红色)}{CaIn^{-}} + H^{+}$$

（2）用 EDTA 滴定。EDTA 先与游离的 Ca^{2+}、Mg^{2+} 发生配位反应，所以滴定开始至化学计量点前，其反应如下：

$$H_2Y^{2-} + Ca^{2+} \rightleftharpoons CaY^{2-} + 2H^{+}$$

$$H_2Y^{2-} + Mg^{2+} \rightleftharpoons MgY^{2-} + 2H^{+}$$

（3）滴定终点。最后，EDTA 依次夺取 $CaIn^{-}$、$MgIn^{-}$ 配合物中的 Ca^{2+}、Mg^{2+}，发生置换反应，铬黑 T 游离出来。当溶液由紫红色变为蓝色时，即为滴定终点。

$$H_2Y^{2-} + CaIn^{-} \rightleftharpoons CaY^{2-} + HIn^{2-} + H^{+}$$

$$H_2Y^{2-} + \underset{(紫红色)}{MgIn^{-}} \rightleftharpoons MgY^{2-} + \underset{(蓝色)}{HIn^{2-}} + H^{+}$$

滴定时，若存在干扰离子，需先掩蔽。如 Fe^{3+}、Al^{3+} 等干扰离子用三乙醇胺掩蔽，Cu^{2+}、Pb^{2+}、Zn^{2+} 等重金属离子可用 KCN、Na_2S 或巯基乙酸掩蔽。

3. 钙硬度与镁硬度的测定

在印染用水测定硬度时，一般只测定总硬度即可。在水质分析中，若需分析是哪种离子引起的硬度时，需测定钙硬度和镁硬度。

（1）测定钙硬度。与测定总硬度的原理相同，用 EDTA 标准溶液滴定，指示剂为钙指示剂（NN）。为不影响 Ca^{2+} 的测定，需先除去水中的 Mg^{2+}［加入氢氧化钠溶液，将水样的 pH 值调到 12 以上，Mg^{2+} 会发生水解反应，生成 $Mg(OH)_2$ 沉淀，从而除去］。滴定前，钙指示剂与 Ca^{2+} 形成红色配合物；终点时，溶液由紫红色变为蓝色。反应式如下。

滴定前：

$$\underset{(蓝色)}{HIn^{2-}} + Ca^{2+} \rightleftharpoons \underset{(紫红色)}{CaIn^{-}} + H^{+} \quad (pH>12)$$

滴定开始至化学计量点前：

$$H_2Y^{2-} + Ca^{2+} \rightleftharpoons CaY^{2-} + 2H^{+}$$

计量点时：

$$H_2Y^{2-} + \underset{(紫红色)}{CaIn^{-}} \rightleftharpoons CaY^{2-} + \underset{(蓝色)}{HIn^{2-}} + H^{+}$$

（2）测定镁硬度。用测定总硬度时消耗 EDTA 的体积减去测定钙硬度时消耗 EDTA

的体积，即为 Mg^{2+} 消耗 EDTA 的体积，计算可得到镁硬度。

4. 水质硬度单位表示方法

由于水硬度并非是由单一的金属离子或盐类形成的，因此，为了有一个统一的比较标准，有必要换算为同一种盐类来表示，通常用 CaO 或 $CaCO_3$ 来表示。

(1) 以相当于 CaO 或 $CaCO_3$ 的质量浓度（mg/L）计算。在化学分析时常以 CaO 或 $CaCO_3$ 的质量浓度（mg/L）表示，即相当于每升水中含有 CaO 或 $CaCO_3$ 的毫克数。至于水中其他杂质如镁盐等都折合成相当于 $CaCO_3$ 量来计算（如 1 mg 碳酸镁可折算成碳酸钙 1.2 mg）。

1）总硬度。

$$总硬度(CaO\ mg/L) = \frac{c_{EDTA} \times V_{EDTA总} \times M_{CaO} \times 10^3}{V_{水}}$$

或

$$总硬度(CaCO_3\ mg/L) = \frac{c_{EDTA} \times V_{EDTA总} \times M_{CaO_3} \times 10^3}{V_{水}}$$

式中 c_{EDTA}——EDTA 的浓度，mol/L；

$V_{EDTA总}$——用铬黑 T 指示剂消耗 EDTA 的体积，mL；

M_{CaO}——用 CaO 的摩尔质量，g/mol；

M_{CaCO_3}——用 $CaCO_3$ 的摩尔质量，g/mol；

$V_{水}$——取用水样的体积，mL。

2）钙硬度。

$$钙硬度(CaO\ mg/L) = \frac{c_{EDTA} \times V_{EDTA1} M_{CaO} \times 10^3}{V_{水}}$$

或

$$钙硬度(CaCO_3\ mg/L) = \frac{c_{EDTA} \times V_{EDTA1} M_{CaCO_3} \times 10^3}{V_{水}}$$

式中 c_{EDTA}——EDTA 的浓度，mol/L；

V_{EDTA1}——用钙指示剂消耗 EDTA 的体积，mL；

M_{CaO}——用 CaO 的摩尔质量，g/mol；

M_{CaCO_3}——用 $CaCO_3$ 的摩尔质量，g/mol；

$V_{水}$——取用水样的体积，mL。

3）镁硬度。

$$镁硬度(MgO\ mg/L) = \frac{c_{EDTA} \times (V_{EDTA总} - V_{EDTA1}) \times M_{MgO} \times 10^3}{V_{水}}$$

或

$$镁硬度(MgCO_3\ mg/L) = \frac{c_{EDTA} \times (V_{EDTA总} - V_{EDTA1}) \times M_{MgCO_3} \times 10^3}{V_{水}}$$

式中 c_{EDTA}——EDTA 的浓度，mol/L；

$V_{EDTA总}$——用铬黑 T 指示剂消耗 EDTA 的体积，mL；

V_{EDTA1}——用钙指示剂消耗 EDTA 的体积，mL；

M_{MgO}——用 MgO 的摩尔质量，g/mol；

M_{MgCO_3}——用 $MgCO_3$ 的摩尔质量，g/mol；

$V_{水}$——取用水样的体积，mL。

我国饮用水的水质标准中规定硬度不超过 250 mg/L（以 CaO 计）。印染用水水质硬度不能超过 25 mg/L（以 $CaCO_3$ 计）。

（2）德国度（°）。不同国家对水的硬度单位的规定不同，通常单位为度（°），如德国度、法国度。一些国家对水的硬度表示法详见表 2—4—3。我国常采用德国度来表示水硬度。德国度（°），也叫德制硬度，简称德度，即 1 L 水中含有相当于 10 mg CaO 为 1°。

$$总硬度(°)=\frac{c_{EDTA}\times V_{EDTA总}\times M_{CaO}\times 10^3}{V_{水}\times 10}$$

表 2—4—3 一些国家对水的硬度表示法

国家	水硬度 1°的定义	相当于 $CaCO_3$ 的质量浓度(mg/L)
美国	每美加仑水中含 1 格林 $CaCO_3$	17.1
英国	每英加仑水中含 1 格林 $CaCO_3$	14.3
法国	每升水中含 10 mg $CaCO_3$	10.0
德国	每升水中含 10 mg CaO	17.9
俄罗斯	每 10^6 份水中含 1 份 Ca	2.5

三、原子吸收分光光度法

原子吸收分光光度法适用的校准溶液浓度范围与仪器的特性有关，随着仪器的参数变化而变化。钙最低检出浓度 0.02 mg/L，测定范围 0.11～6.0 mg/L；镁最低检出浓度 0.002 mg/L，测定范围 0.01～0.6 mg/L。通过样品的浓缩和稀释还可使实际样品浓度测定范围得到扩展。

1. 测定原理

将试液喷入火焰中，使钙镁原子化，在火焰中形成的基态原子对特征谱线产生选择性吸收，由测得的样品吸光度和校准溶液的吸光度进行比较，确定样品中被测元素的浓度，用 422.7 nm 共振线的吸收测定钙，用 285.2 nm 共振线的吸收测定镁。

2. 测定步骤

（1）采样和预处理。采集代表性水样储存于聚乙烯瓶中。采样瓶先用洗涤剂洗净，再在 1+1 硝酸溶液中浸泡至少 24 h，然后用去离子水冲洗干净。采集后立即加浓硝酸酸化至 pH 值为 1～2。

（2）测定水样。准确吸取经预处理的试样 1.00～10.00 mL（含钙不超过 250 μg，镁不超过 25 μg）于 50 mL 容量瓶中，加入 1 mL 1+1 硝酸溶液和 0.1 g/mL 镧溶液，用水稀释至标线、摇匀。根据表 2—4—4 选择波长和调节火焰至最佳工作条件，测定试样的吸光度，根据吸光度在校准曲线上查出（或用回归方程计算出）试料中的钙、镁浓度。

表 2—4—4　　波长及火焰类型

元素	特征谱线波长（nm）	火焰	类型
钙	422.7	乙炔一空气	氧化型
镁	285.2	乙炔一空气	氧化型

（3）标准曲线的绘制。参照表 2—4—5，在 50 mL 容量瓶中，依次加入适量的含有 50 mg/L 钙和 5.0 mg/L 镁的钙、镁混合标准溶液，配制至少 5 个校准溶液（不包括零点）。同步骤 2 测定吸光度，用减去空白的校准溶液吸光度为纵坐标，对应的校准溶液的浓度为横坐标作图。

表 2—4—5　　配制钙、镁标准溶液

序号	1	2	3	4	5	6	7	8
混合标准溶液体积（mL）	0	0.50	1.00	2.00	3.00	4.00	5.00	6.00
钙含量（mg/L）		0	0.50	1.00	2.00	3.00	4.00	5.00
镁含量（mg/L）		0	0.05	0.10	0.20	0.30	0.40	0.50

3. 结果计算

$$X=fc$$

式中　X——钙或镁含量，以 Ca 或 Mg 计，mg/L；

f——试样定容体积与试样体积之比；

c——由校准曲线查得的钙、镁浓度，mg/L。

印染用水总硬度的测定

一、实验目的

1. 掌握测定水硬度的原理和方法。
2. 熟悉金属指示剂变色原理及滴定终点的判断。
3. 能够正确评价印染用水的总硬度。

二、实验原理

在 pH 值约为 10 的氨性缓冲溶液中，指示剂铬黑 T 的颜色为蓝色，能与钙、镁离子生成稳定性较差的紫红色配合物；乙二胺四乙酸二钠盐能从铬黑 T 配合物中夺取钙、镁离子生成稳定的无色配合物，使铬黑 T 游离出来，溶液从紫红色变为蓝色。

三、仪器材料

1. 仪器

酸式滴定管、250 mL 锥形瓶、250 mL 容量瓶、分析天平。

2. 试剂

$CaCO_3$固体（A. R.）、0.01 mol/L EDTA 标准溶液、NH_3-NH_4Cl缓冲溶液；0.5%铬黑 T、HCl 溶液 1∶1。

四、实验步骤

1. 试液的配制

（1）缓冲溶液。称取 27 g 分析纯氯化铵溶解于少量蒸馏水中，再加入 175 mL 浓氨水，用蒸馏水稀释至 500 mL。

（2）铬黑 T 指示剂。1 g 铬黑 T 与 100 g 无水氯化钠固体混合，研磨均匀，放入干燥的磨口瓶中，保存于干燥器内。也可配成 0.5%的溶液使用，配制方法如下：0.1 g 铬黑 T 加 2 mL 三乙醇胺和 18 mL 乙醇，充分搅拌使其溶解完全。配制的溶液不稳定，不宜久放，应现用现配。

（3）0.01 mol/L 乙二胺四乙酸钠标准溶液配制与标定。

1）配制。称取 3.72 g 乙二胺四乙酸钠，溶于 1 000 mL 蒸馏水中，摇匀。

2）锌粒基准物标定。称取 0.653 7 g 分析纯锌粒，溶于 1∶1 盐酸中，用蒸馏水稀释至 1 L，即为 0.010 00 mol/L 锌基准溶液。吸取此液 25 mL 于 250 mL 锥形瓶中，加 25 mL蒸馏水，用氨水中和到微碱性，加 5 mL 缓冲溶液及 5 滴铬黑 T 指示剂，用配制的 EDTA 标准溶液滴定至溶液由紫红色变蓝色为终点，平行滴定三次。

3）$CaCO_3$基准物标定。用差减法准确称取烘干的 $CaCO_3$ 固体 0.2～0.3 g 于烧杯中，用少量蒸馏水润湿，然后慢慢加入 1∶1 HCl 10 mL，待 $CaCO_3$ 溶解后定量转移到 250.0 mL容量瓶中，定容，摇匀，即为 Ca^{2+} 标液。准确吸取 25.0 mL 配好的 Ca^{2+} 标液三份，置于三角瓶中，加入 10 mL pH＝10 的氨性缓冲溶液，摇匀，加少许 EBT 指示剂。用 EDTA 标准溶液滴定，溶液由紫红色变为蓝色，记录消耗 EDTA 的体积，并计算出EDTA标准溶液的体积。平行滴定三次。

2. 水样总硬度的测定

吸取水样 50 mL 于 250 mL 锥形瓶中（若硬度小，可取水样 25 mL），滴加氨水至溶液 pH≈8，加 5 mL 缓冲溶液（控制 pH＝10），再加 3～5 滴铬黑 T 指示液，用 0.01 mol/L乙二胺四乙酸钠滴定至溶液由紫红色变蓝色为终点（如滴定时不出现明显色泽转变，可加少量已知量镁盐，在计算时扣除）。

五、记录分析

1. EDTA 标准溶液的标定

（1）锌粒基准物标定计算公式如下：

$$c_{EDTA}=\frac{c_{Zn}\times V_{Zn}}{V_{EDTA}}$$

式中　c_{EDTA}——EDTA 标准溶液浓度，mol/L；

V_{EDTA}——滴定耗用乙二胺四乙酸钠标准溶液体积，mL；

c_{Zn}——锌标准溶液浓度，mol/L；

V_{Zn}——锌标准溶液体积，mL。

（2）$CaCO_3$基准物标定计算公式如下：

$$c_{EDTA}=\frac{m_{CaCO_3}\times\frac{25.0}{250.0}}{M_{CaCO_3}\times V_{EDTA}\times10^{-3}}$$

式中　c_{EDTA}——EDTA 标准溶液浓度，mol/L；

V_{EDTA}——滴定耗用乙二胺四乙酸钠标准溶液体积，mL；

m_{CaCO_3}——称取 $CaCO_3$ 的质量，g；

M_{CaCO_3}——$CaCO_3$ 的摩尔质量，g/mol。

将实验结果填入表 2—4—6。

表 2—4—6　　EDTA 标准溶液浓度的计算

项目	Ⅰ	Ⅱ	Ⅲ
m_{CaCO_3}（g）或c_{Zn}			
V_{EDTA}（mL）			
c_{EDTA}（mol/L）			
c_{EDTA}平均值（mol/L）			
绝对偏差			
平均偏差			
相对平均偏差（%）			

2. 水总硬度的测定

总硬度计算公式如下：

$$总硬度(CaO，mg/L)=\frac{c_{EDTA}\times V_{EDTA总}\times M_{CaO}\times10^3}{V_{水}}$$

将实验结果填入表 2—4—7。

表 2—4—7　　印染用总硬度的分析

项目	Ⅰ	Ⅱ	Ⅲ
V_{EDTA}（mL）			
总硬度（mg/L）			
总硬度平均值			
绝对偏差			
平均偏差			
相对平均偏差（%）			

六、注意事项

1. 若水样的酸性或碱性较高，应先加入 0.1 mol/L 氢氧化钠或 0.1 mol/L 盐酸中和后再加缓冲溶液，否则缓冲溶液加入后有可能使水样 pH 值不能保持在 10.0±0.1 范围内。

2. 对碳酸盐硬度较高的水样加入缓冲溶液时，应先稀释或先加入所需 EDTA 标准溶液量的 80%～90%（记在所消耗的体积内），否则在加入缓冲溶液后，可能析出碳酸盐沉淀，使滴定终点拖后。

3. 冬季水温较低时，配合反应速度较慢，容易造成滴定过量而产生误差。因此，应将水样预先加温至 30～40 ℃后进行测定。

4. 如果在滴定过程中发现滴不到终点颜色，或指示剂加入后呈灰紫色，可能是 Fe、Al、Cu 或 Mn 等离子的干扰。可在加指示剂前，用 0.2 g 硫脲和 2 mL 三乙醇胺进行联合掩蔽，或先加入所需 EDTA 标准溶液量的 80%～90%（记在所消耗的体积内），即可消除干扰。

第五节　印染用水氯化物测定

氯化物（Cl^-）普遍存在于各种水中。天然水中 Cl^- 的来源主要是地层或土壤中盐类的溶解，一般 Cl^- 含量不会太高。对印染用水而言，若水的 Cl^- 含量过高，对染色和纤维织物有较大影响，会使染色不匀、织物脆损、强力下降，同时会使设备、金属管道和构筑物发生腐蚀；而且水中的 Cl^- 与钙、镁离子结合可构成永久硬度。因此，测定水样中 Cl^- 的含量，是评价印染用水水质的标准之一。氯离子测定有沉淀滴定法、分光光度法、浊度法、离子色谱法、流动注射法等方法。水中 Cl^- 的测定常采用沉淀滴定法，主要用莫尔法，有时也采用佛尔哈德法和法扬斯法，也可用分光光度法。若水样带有颜色则对终点的观察有干扰，此时可采用电位滴定法。

一、莫尔法

1. 测定原理

用莫尔法测定 Cl^-，应在中性或弱碱性介质的溶液中进行，标准溶液为硝酸银，指示剂为铬酸钾。滴定时，硝酸银标准溶液中的 Ag^+ 与水样中的 Cl^- 发生沉淀反应，生成白色沉淀 AgCl。滴定反应为：

$$Cl^- + Ag^+ \longrightarrow AgCl\downarrow \text{（白色沉淀）}$$

当沉淀完全后，稍过量的硝酸银标准溶液与加入的铬酸钾指示剂反应生成铬酸银砖红色沉淀（量少时为橙色），即为滴定终点，反应式如下：

$$2Ag^+ + CrO_4^{2-} \longrightarrow Ag_2CrO_4\downarrow \text{（砖红色沉淀）}$$

2. 测定条件

（1）指示剂用量。莫尔法测定氯离子时，铬酸钾指示剂本身为黄色，用量多会影响终点颜色观察；用量少，达到沉淀析出 Ag_2CrO_4 沉淀时，会使消耗的 Ag^+ 的量增加，产生误差。实验证明，指示剂的最适宜用量为每 100 mL 溶液中应含有 5%铬酸钾指示剂溶液 1～2 mL。

（2）溶液的酸度。莫尔法需在中性或弱碱性（pH＝6.5～10.5）溶液中进行。若溶液酸性太强，CrO_4^{2-} 与 H^+ 发生反应，降低了 CrO_4^{2-} 浓度，导致指示剂灵敏度下降，终点拖后；若溶液碱性太强，Ag^+ 与 OH^- 反应析出 Ag_2O 沉淀，产生误差。如果溶液为酸性或强碱性，可用酚酞作指示剂，以稀 NaOH 溶液或稀 H_2SO_4 溶液调节，至酚酞的红色刚好褪去；也可用 $NaHCO_3$、$CaCO_3$ 或 $Na_2B_4O_7$ 等预先中和，然后再滴定。当溶液中存在铵离子时，pH 值应控制在 6.5～7.2。

（3）沉淀吸附。由于生成的 AgCl 沉淀容易吸附溶液中过量的 Cl^-，使溶液中 Cl^- 浓度降低，以致消耗银标准溶液体积减少，Ag_2CrO_4 沉淀产生过早，终点提前，产生误差。所以滴定时必须剧烈摇动，使被吸附的 Cl^- 释出。

（4）干扰反应。下列离子的存在对测定都有干扰，应预先将其分离：能与 Ag^+ 生成沉淀的 PO_4^{3-}、AsO_4^{3-}、CO_3^{2-}、S^{2-} 和 $C_2O_4^{2-}$ 等阴离子；能与 $Cr_2O_4^{2-}$ 生成沉淀的 Ba^{2+}、Pb^{2+}、Ni^{2+} 等阳离子；在中性或弱碱性溶液中发生水解的 Fe^{2+}、Al^{3+}、Bi^{2+} 和 Sn^{2+} 等离子；大量 Cu^{2+}、Co^{2+}、Ni^{2+} 等有色离子的颜色，影响终点的观察。

二、佛尔哈德法

1. 测定原理

用佛尔哈德法测定 Cl^-，必须在较强的酸性溶液中进行，标准溶液为硝酸银和硫氰化铵，指示剂为铁铵矾。测定时，先加入已知体积量且过量的硝酸银标准溶液于待测水样中，水样中的 Cl^- 再加入铁铵矾指示剂，用硫氰化铵标准溶液返滴定剩余量的硝酸银标准溶液。反应式如下：

$$\underset{\text{(过量)}}{Ag^+} + Cl^- \longrightarrow AgCl\downarrow \text{（白色沉淀）}$$

$$\underset{\text{(剩余量)}}{Ag^+} + SCN^- \longrightarrow AgSCN\downarrow \text{（白色沉淀）}$$

当到达理论终点时，稍过量的 SCN^- 与铁铵矾指示剂反应生成 $[Fe(SCN)]^{2+}$ 红色配合物（量少时为橙色），指示滴定终点到达，反应式如下：

$$Fe^{3+} + SCN^- \longrightarrow [Fe(SCN)]^{2+}\downarrow \text{（红色沉淀）}$$

2. 测定条件

（1）指示剂的用量。Fe^{3+} 的浓度高，使溶液呈现较深的橙黄色，影响终点的观察；Fe^{3+} 的浓度低，$[Fe(SCN)]^{2+}$ 沉淀析出时消耗的 SCN^- 的量会增加，产生误差。故通常保持 Fe^{3+} 的浓度为 0.015 mol/L，则滴定误差不会超过 0.1%。

（2）溶液酸度。指示剂中的 Fe^{2+} 在中性或碱性溶液中将水解生成 $Fe(OH)_2^+$、$Fe(OH)^{2+}$ 等深色配合物，甚至产生 $Fe(OH)_3$ 沉淀，影响终点的确定。因此佛尔哈德法不能在中性或碱性溶液中进行，应该在酸度大于 0.3 mol/L 的溶液中进行。

（3）干扰反应。当到达理论变色点时，溶液呈橙色。如用力振摇沉淀，则橙色消失；再加硫氰酸铵标准溶液时，橙色又出现。如此反复进行，使测定结果产生极大的误差。由于硫氰酸银沉淀的溶解度远小于氯化银沉淀的溶解度，这是因为发生了沉淀转化作用。

$$AgCl + SCN^- \rightleftharpoons AgSCN\downarrow + Cl^-$$

为了避免上述误差，通常可采用以下措施：

1）试液中加入一定过量的 $AgNO_3$ 标准溶液之后，将溶液煮沸，使 AgCl 凝聚，以减少 AgCl 沉淀对 Ag^+ 的吸附。滤去沉淀，并用稀 HNO_3 充分洗涤沉淀，然后用 NH_4SCN 标准溶液返滴定滤液中的过量 Ag^+。

2）试液中加入一定过量的 $AgNO_3$ 标准溶液后，加入有机溶剂（如硝基苯、1,2－二氯乙烷）1～2 mL，用力摇动，使 AgCl 沉淀的表面上覆盖一层有机溶剂，避免沉淀与外部溶液接触，阻止 AgCl 沉淀与 SCN^- 的沉淀转化反应。这个方法较为简便，但硝基苯毒性较强。

（4）溶液的温度。滴定不宜在高温条件下进行，否则会使红色的 $[Fe(SCN)]^{2+}$ 颜色褪去。

三、法扬斯法

1. 基本原理

法扬斯法所用标准溶液为硝酸银，指示剂为吸附指示剂，常用荧光黄作指示剂。荧光黄是一种有机弱酸，可用 HFIn 表示，在溶液中它可离解为荧光黄阴离子 FIn^-，呈黄绿色，容易被相反电荷吸附呈现粉红色。

在化学计算点之前，溶液中存在过量 Cl^-，AgCl 沉淀胶体微粒吸附 Cl^- 而带负电荷，不吸附指示剂阴离子 FIn^- 溶液，溶液呈现 FIn^- 的黄绿色；而在化学计算点之后，AgCl 沉淀胶体微粒吸附 Ag^+ 而带正电荷，形成 $AgCl\cdot Ag^+$，它强烈地吸附 FIn^-，并使其分子结构发生改变，出现由黄绿色变成粉红色的颜色变化，指示终点的到达。其反应过程如下：

$$\underset{\text{(黄绿色)}}{AgCl\cdot Ag^+ + FIn^-} \rightleftharpoons \underset{\text{(粉红色)}}{AgCl\cdot Ag^+FIn^-}$$

此法适合于测定高含量的氯化物。因为氯化物含量太低，产生的 AgCl 沉淀较少，对吸附指示剂的吸附作用就较弱，故使终点变色不明显。

2. 测定条件

（1）指示剂的吸附。在滴定前应将溶液稀释，并加入糊精、淀粉等高分子化合物作为胶体保护剂，以防止 AgCl 沉淀凝聚。吸附指示剂的颜色变化发生在沉淀微粒表面上，应尽可能使卤化银沉淀呈胶体状态，具有较大的比表面积。

（2）溶液酸度。常用的吸附指示剂大多是有机弱酸，而指示作用的是它们的阴离子。若溶液pH值太大，则形成Ag_2O沉淀，且吸附指示剂电离过强，可能在理论终点前被吸附；若溶液pH值太小，H^+与指示剂阴离子结合成不被吸附的分子，不易被正电溶胶所吸附。至于要求的pH值范围随吸附指示剂的不同而异，荧光黄7～10，二氯荧光黄4～6。

（3）被测离子浓度。溶液中被滴定离子的浓度不能太低，因为浓度太低时沉淀量小，确定终点比较困难。用$AgNO_3$溶液滴定Cl^-时，Cl^-浓度要求在0.005 mol/L以上。

四、流动分析电位检测法

1. 工作原理

流动分析电位检测法是电位滴定法与流动注射法相结合的一种方法。使用流动注射分析，试液通过进样阀进入载体流中；使用连续流动分析，试液与载体流混合。含有试液的载体流与缓冲溶液混合，用一个氯离子选择电极测定氯离子。具体过程是将试液与离子强度调节剂分别由蠕动泵引入系统，经过一个三通管混合后进入流动槽，由流通池喷嘴口喷出，与固定在流通池内的离子选择性电极接触，该电极与固定在流通池内的参比电极组成原电池产生电动势，该电动势遵守能斯特方程，随试液中氯离子浓度的变化而变化，计算公式如下：

$$E=常数-\frac{RT}{nF}\lg c_{Cl^-}=常数-\frac{0.059\,2}{2}\lg c_{Cl^-}$$

然后记录稳定电位值（每分钟变化不超过1 mV），由浓度的对数$1\ g c_{Cl^-}$与电位值E的校准曲线计算出Cl含量（mg/L）。

2. 操作步骤

（1）电极流动注射分析仪的实验准备。先将两根泵管连接好，推上压紧板，再将电极套入流通池的电极盖中，调节好离喷嘴口的距离，将电极接口与仪器连接好，接通电源，打开仪器开关，将套在泵管上的两根聚四氟乙烯管插入去离子水中，工作流程如图2—5—1所示。

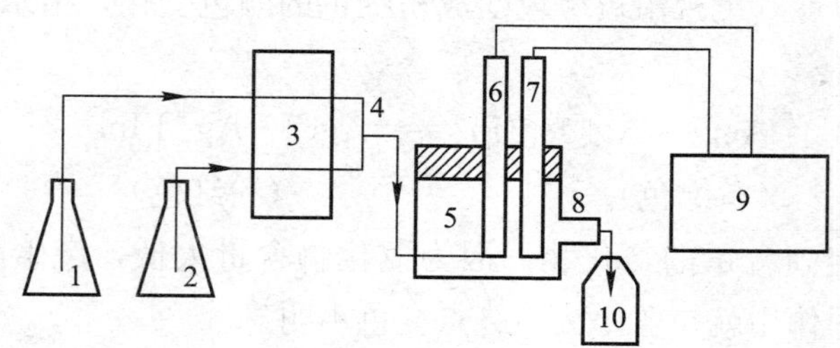

图2—5—1　电极流动法工作流程示意图

1、2—储液瓶　3—蠕动泵　4—三通管　5—流通池　6—指示电极　7—参比电极

8—流动液出口　9—离子计　10—废液瓶

（2）校准曲线的绘制。将一根聚四氟乙烯管插入离子强度调节剂中，另一根依次从稀到浓插入不同浓度的标准液中，读取稳定电位值 E，绘制 $E-\lg c$ 校准曲线。

（3）水样测定。pH 试纸放入水样中，用 1 mol/L HNO_3 或 1 mol/L NaOH 调节控制水样 pH 值在 4.0～8.5。将聚四氟乙烯管插入离子强度调节剂与待测溶液中，记录稳定电位值，每分钟变化不超过 1 mV，由校准曲线查得水样中 Cl 含量(mg/L)，由 $E-\lg c$ 校准曲线直接查得 Cl^- 浓度。

五、分析光度法

1. 测定原理

在酸性介质中，氯离子与硫氰酸汞（注意：有毒）一硝酸铁溶液反应生成红色的配合物，最大吸收波长为 460 nm，氯离子含量在 0.2～10 mg/L 范围内呈良好线性关系，回收率在 95.1%以上，可适用于水中微量氯离子的测定。

2. 测定步骤

（1）校准曲线的绘制。于 7 个 50 mL 容量瓶中分别加入 0.00 mL、1.00 mL、2.00 mL、3.00 mL、4.00 mL、5.00 mL、10.00 mL 的 10 mg/L 氯离子标准操作液，每个容量瓶中依次加入 4 g/L 硫酸汞一乙醇溶液 2 mL、20 g/L 吐温（也称聚山梨酯）－80 溶液 2 mL、（1＋2）硝酸溶液 5 mL、50 g/L 硝酸铁溶液 10 mL，用去离子水稀释至刻度，摇匀，静置 20 min，用 2 cm 比色皿，以试剂空白为参比，于波长 460 nm 处测定其吸光度，记录吸光度值，绘制 $A-C$ 校准曲线。

（2）试样测定。于 3 个 50 mL 容量瓶中加入试样，与步骤 1 相同依次加入上述试剂，用去离子水稀释至刻度，摇匀，静置 20 min，用 2 cm 比色皿，以试剂空白为参比，于波长 460 nm 处测定其吸光度。在校准曲线直接查得 Cl^- 浓度，计算结果取平均值。

此法在水中氯离子含量小于 10 mg/L 时采用。

六、流动分析光度检测法

测定原理是：在使用流动注射分析时，样品通过进样阀被注入连续流动的载体流（水）中；在使用连续流动分析时，利用蠕动泵将样品压入载体流中。根据样品的浓度，用水稀释样品。蠕动泵也将硫氰酸汞一硝酸铁溶液压入，并与样品混合，氯化物释放出的硫氰酸盐与三价铁离子反应，生成红色的硫氰酸铁配合物。

印染用水氯离子的测定

一、实验目的

1. 掌握莫尔法测定氯离子的方法和原理。

2. 熟悉铬酸钾指示剂的正确使用方法。

3. 能够正确评价印染用水的氯离子。

二、实验原理

硝酸银与氯化物生成氯化银沉淀，用铬酸钾作指示剂，当水样中氯化物与全部硝酸银作用后，过量的硝酸银与铬酸钾生成砖红色铬酸银沉淀，它与白色的氯化银沉淀一起，使溶液略带橙红色即为终点。本方法测定范围为 0.2 mg/L 以上。反应式如下：

$$NaCl + AgNO_3 \longrightarrow AgCl \downarrow + NaNO_3$$

$$2AgNO_3 + K_2CrO_4 \longrightarrow Ag_2CrO_4 \downarrow + 2KNO_3$$

三、仪器材料

1. 仪器

酸式滴定管、锥形瓶、烧杯、容量瓶、分析天平等。

2. 试剂

K_2CrO_4指示剂、分析纯 $AgNO_3$、基准试剂 NaCl、酚酞指示剂、NaOH 固体、浓 H_2SO_4。

四、实验步骤

1. 试剂配制

(1) 5% K_2CrO_4指示剂溶液。称取 5 g K_2CrO_4溶于少量水中，滴加 $AgNO_3$溶液至红色不褪，混匀。放置过夜后过滤，将滤液稀释至 100 mL。

(2) 0.025 mol/L $AgNO_3$标准溶液的配制和标定。称取 4.29 g $AgNO_3$溶于 1 000 mL 不含 Cl^-的蒸馏水中，储存于带玻璃塞的棕色试剂瓶中，摇匀，置于暗处，待标定。

准确称取 0.12～0.15 g 基准试剂 NaCl（使用前在高温炉中于 500～600 ℃下干燥 2～3 h）于小烧杯中，用水溶解完全后，定量转移到 100 mL 容量瓶中，稀释至刻度，摇匀。用移液管移取 25.00 mL 此溶液置于 250 mL 锥形瓶中，加 25 mL 水、1 mL 5% K_2CrO_4溶液，在不断摇动下，用 $AgNO_3$溶液滴定至溶液微呈橙红色即为终点，记下所用 $AgNO_3$溶液的体积 V_1，平行三次，计算 $AgNO_3$溶液的准确浓度。同时取 50 mL 蒸馏水于另一锥形瓶中，用 $AgNO_3$溶液滴定至终点，记下所用 $AgNO_3$溶液的体积 V_0，做空白实验。

(3) 0.05 mol/L NaOH 溶液或 0.025 mol/L H_2SO_4溶液。用台秤称取 0.2 g NaOH 固体，溶解，稀释至 100 mL，转移至带橡胶塞的试剂瓶中。用移液管移取 0.65 mL 浓 H_2SO_4，转移、稀释、定容至 500 mL 试剂瓶中。

2. 水样中氯离子的测定

取清洁水样或经预处理的水样，吸取水样 100 mL(或适当量，使氯化物含量在10～80 mg/L）于锥形瓶中，加酚酞指示剂 4 滴。若显红色，用 0.025 mol/L H_2SO_4中和至无色；若不显红色，则用 0.05 mol/L NaOH 溶液中和至显红色后，再用 0.025 mol/L H_2SO_4溶液回滴至无色。用 0.05 mol/L NaOH 或 0.025 mol/L H_2SO_4调节水样 pH 值，使红色刚变为无色。加 1 mL 5% K_2CrO_4溶液，用 $AgNO_3$标准溶液滴定至呈现不消失的淡橘黄色为止。同时用蒸馏水做空白试验。

五、记录分析

1. 硝酸银浓度的计算

硝酸银浓度的计算公式如下：

$$c_{AgNO_3}=\frac{m_{NaCl}\times\frac{25}{100}}{M_{NaCl}\ (V_1-V_0)\ \times10^{-3}}$$

式中　c_{AgNO_3}——硝酸银的物质的量浓度，mol/L；

V_0——蒸馏水消耗硝酸银溶液量，mL；

V_1——氯化钠消耗硝酸银溶液量，mL；

m_{NaCl}——氯化钠的质量，g；

M_{NaCl}——氯化钠的摩尔质量，g/mol。

将数据记录填入表 2—5—1。

表 2—5—1　　硝酸银标准溶液浓度的计算

项目	Ⅰ	Ⅱ	Ⅲ
m_{NaCl}(g)			
V_1(mL)			
V_0(mL)			
c_{AgNO_3} (mol/L)			
c_{AgNO_3} (mol/L) 平均值			
绝对偏差			
平均偏差			
相对平均偏差（%）			

2. 氯化物的含量计算

氯化物的含量计算公式如下：

$$氯化物\ [Cl^-(mg/L)]=\frac{c_{AgNO_3}\times(V_3-V_2)\times35.453\times10^3}{V}$$

式中　c_{AgNO_3}——硝酸银的物质的量浓度，mol/L；

V_2——蒸馏水消耗硝酸银溶液量，mL；

V_3——水样消耗硝酸银溶液量，mL；

V——水样体积，mL。

将数据记录填入表 2—5—2。

表 2—5—2　　印染用水中氯离子含量计算

项目	Ⅰ	Ⅱ	Ⅲ
水样体积 V(mL)			
V_2(mL)			
V_3(mL)			
Cl^- 含量(mg/L)			
Cl^- 含量(mg/L) 平均值			
绝对偏差			
平均偏差			
相对平均偏差(%)			

六、注意事项

1. 当水样中氯离子含量大于 100 mg/L 时，可以按照表 2—5—3 取水样，并用蒸馏水稀释至 100 mL 后测定。当水样中氯离子含量小于 5 mg/L 时，需稀释硝酸银标准溶液的浓度，铬酸钾指示剂的量也要减半。

表 2—5—3　　水样中氯离子含量与取水样多少对照表

水样中氯离子含量（mg/L）	5～100	101～200	201～400	401～1 000
水样体积（mL）	100	50	25	10

2. 若水样中 S^{2-} 含量超过 5 mg/L，Fe^{3+}、Al^{3+} 含量超过 3 mg/L 或颜色很深，需先用过氧化氢进行脱色处理（每升水加 20 mL），并煮沸 20 min，如颜色不消失，可在 100 mL水样中加入 1 g 碳酸钠蒸干，将干涸物用蒸馏水溶解进行测定。

3. 浑浊水样需进行过滤。

4. 若水样中有机物含量高、色度大时，可采用马弗炉灰化法预处理。具体操作方法如下：取适量水样于瓷蒸发皿中，调节 pH 值为 8～9，水浴蒸干，置于马弗炉中 600 ℃ 灼烧 1 h，取出冷却后，加 10 mL 蒸馏水溶解，转移入 250 mL 锥形瓶中，用蒸馏水稀释至 50 mL 左右，再进行测定。

5. 最适宜的 pH 值范围为 6.5～10.5；若有铵盐存在，为了避免生成 $Ag(NH_3)_2^+$，溶液 pH 值范围应控制在 6.5～7.2 为宜。

6. $AgNO_3$ 见光析出金属银（$2AgNO_3 \longrightarrow 2Ag + 2NO_2 + O_2$），故需保存在棕色瓶中；$AgNO_3$ 若与有机物接触则起还原作用，加热颜色变黑，故勿使 $AgNO_3$ 与皮肤接触。

7. 实验结束后，盛装 $AgNO_3$ 溶液的滴定管应先用蒸馏水冲洗 2～3 次，再用自来水冲洗，以免产生 AgCl 沉淀，难以洗净。含银废液应予以回收，切不能随意倒入水槽。

第六节　印染用水耗氧量测定

天然水中主要存在的无机还原性物质有 Fe^{2+}、NO_2^-、S^{2-}、SO_3^{2-}等；而有机还原性物质的组成比较复杂，主要来源于腐烂的动植物体，以及生活污水和工业废水。水中有机物含量高时，不仅会直接影响水的臭味，让人厌恶，而且有毒有害有机物、三致（致畸、致突变、致癌）物质、内分泌干扰物（类激素）对人体健康有着潜在的危害。水中有机物含量高，影响印染产品质量，致使印染产品生态指标不达标。天然水中所含的无机还原性物质很少，一般可用耗氧量间接表示水中有机物的含量。印染用水要求耗氧量小于 30 mg/L。所以水的耗氧量是饮用水和印染工业用水的一项重要水质指标。

一、耗氧量的测定

水的耗氧量是指在一定条件下用强氧化剂处理水样时所消耗氧化剂的量，也就是用来表示饮用水和较洁净的水中所含可被高锰酸钾氧化的物质（以有机物为主，也包括无机还原性物质）消耗高锰酸钾的量。耗氧量以氧的毫克数（mg/L）表示，也称为高锰酸盐指数。简而言之，耗氧量是指水样中可氧化物从氧化剂高锰酸钾所吸收的氧量。水的耗氧量越大，说明水中的有机物含量越高。

1. 酸性高锰酸钾法

耗氧量的测定一般采用酸性高锰酸钾法。测定时必须严格控制反应条件。将被测水样在酸性条件下，加入一定量的 $KMnO_4$ 标准溶液，加热至沸，促进 $KMnO_4$ 的氧化作用。其反应式为：

$$4MnO_4^- + 5C(\text{有机碳}) + 12H^+ = 4Mn^{2+} + 5CO_2\uparrow + 6H_2O$$

水样中污染物质被 $KMnO_4$ 氧化后，再加入一定量的 $Na_2C_2O_4$ 标准溶液还原剩余的 $KMnO_4$，反应式为：

$$2MnO_4^- + 5C_2O_4^{2-} + 16H^+ = 2Mn^{2+} + 10CO_2\uparrow + 8H_2O$$

最后再用 $KMnO_4$ 标准溶液回滴过量的 $Na_2C_2O_4$，使溶液呈粉红色时为止。根据高锰酸钾的用量计算高锰酸盐指数。

2. 碱性高锰酸钾法

当水样中含有大量氯化物（300 mg/L 以上）时，由于 $KMnO_4$ 与 $Na_2C_2O_4$ 的反应，也促进了 $KMnO_4$ 与 Cl^- 的反应：

$$2MnO_4^- + 10Cl^- + 16H^+ = 2Mn^{2+} + 5Cl_2 + 8H_2O$$

从而使耗氧量的测定结果偏高。为此，水样可用蒸馏水稀释，使氯化物浓度降低，或是采用碱性高锰酸钾法。

采用碱性高锰酸钾法时，将被测水样在碱性条件下，加入一定量的 $KMnO_4$ 标准溶液，加热至沸，并准确煮沸一定时间。其反应式为：

$$4MnO_4^- + 3C + 2H_2O = 4MnO_2 + 3CO_2 + 4OH^-$$

待水样中的污染物质被氧化后，再向溶液中加入一定量的 H_2SO_4 溶液和 $Na_2C_2O_4$ 标准溶液。其滴定程序与酸性高锰酸钾法相似。这时加入的 $Na_2C_2O_4$ 除了还原剩余的 $KMnO_4$ 外，还可以使生成的 MnO_2 还原，反应式为：

$$MnO_2 + C_2O_4^{2-} + 4H^+ = Mn^{2+} + 2CO_2 + 2H_2O$$

由上述可见，用高锰酸钾氧化相同量的有机物时，在碱性条件下比在酸性条件下消耗的高锰酸钾的量要多。而多消耗的高锰酸钾的量，被后来从 MnO_2 还原为 Mn^{2+} 时所需消耗的 $C_2O_4^{2-}$ 的量所抵消。因此，同一水样，无论采用酸性法还是碱性法，所测得的耗氧量是相同的。

二、$KMnO_4$ 标准溶液配制与标定

1. $KMnO_4$ 标准溶液的配制

$KMnO_4$ 试剂纯度一般为 99%～99.5%，其中含有少量 MnO_2 和其他杂质；由于蒸馏水中也常含有微量的还原性有机物质，它们可与 $KMnO_4$ 反应析出 $MnO(OH)_2$。MnO_2 和 $MnO(OH)_2$ 又会促进 $KMnO_4$ 进一步分解。因此，不能直接用 $KMnO_4$ 试剂配制标准溶液，通常首先配制一近似浓度的溶液，然后再进行标定。

为了配制较稳定的 $KMnO_4$ 溶液，常采用以下措施。

(1) 称取稍多于理论量的 $KMnO_4$，溶解于一定体积的蒸馏水中；将上述溶液加热至沸，保持微沸 1 h，然后放置 2～3 天，使溶液中可能存在的还原性物质完全氧化；用微孔玻璃漏斗过滤，除去析出的沉淀；将过滤后的 $KMnO_4$ 溶液储存于棕色瓶中，置于暗处，以避免光对 $KMnO_4$ 的催化分解。

(2) 若需用浓度较稀的 $KMnO_4$ 溶液，通常用蒸馏水临时稀释并立即标定使用，不宜长期储存；否则因在光、热等条件下不稳定，浓度变化较大。

2. $KMnO_4$ 标准溶液的标定

标定 $KMnO_4$ 溶液的基准物质很多，如 $Na_2C_2O_4$、$H_2C_2O_4 \cdot 2H_2O$、$(NH_4)_2Fe(SO_4)_2 \cdot H_2O$、$As_2O_3$ 和纯铁丝等。其中最常用的是 $Na_2C_2O_4$，它易于提纯，性质稳定，不含结晶水，在 105～110 ℃烘 2 h 后即可使用。

在 H_2SO_4 溶液中，MnO_4^- 与 $C_2O_4^{2-}$ 的反应如下：

$$2MnO_4^- + 5C_2O_4^{2-} + 16H^+ = 2Mn^{2+} + 10CO_2\uparrow + 8H_2O$$

为使反应定量而又较快地进行，应注意以下滴定条件。

(1) 温度。此反应在室温下速率缓慢，需把溶液加热至 70～80 ℃进行滴定，滴定完毕时温度也不应低于 60 ℃。但温度也不宜过高，若高于 90 ℃，会使 $H_2C_2O_4$ 发生部分分解，导致标定结果偏高。温度高于 90 ℃时的反应式如下：

$$H_2C_2O_4 \rightleftharpoons CO_2 + CO + H_2O$$

(2) 酸度。若 pH 值过高，MnO_4^- 会部分被还原为 MnO_2；若 pH 值过低，则会促使 $H_2C_2O_4$ 分解。一般滴定开始的最适宜条件为 $c(H^+) = 1$ mol/L。为防止诱导氧化 Cl^-

的反应发生，应在 H_2SO_4 介质中进行。

（3）滴定速率。开始滴定时，MnO_4^- 与 $C_2O_4^{2-}$ 的反应速率很慢，此时若滴定速率过快，则使滴入的 $KMnO_4$ 来不及与 $C_2O_4^{2-}$ 反应就在热的酸性溶液中发生分解，导致标定结果偏低，反应式如下：

$$4MnO_4^- + 12H^+ \longrightarrow 4Mn^{2+} + 5O_2\uparrow + 6H_2O$$

（4）催化剂。用 $KMnO_4$ 滴定时，开始加入的几滴溶液褪色较慢，但当这几滴 $KMnO_4$ 与 $C_2O_4^{2-}$ 作用完毕后，由于生成物 Mn^{2+} 的自动催化作用，反应的速率逐渐加快。若在滴定前加入少量 $MnSO_4$ 作催化剂，则在滴定的最初阶段能够以较快的速率进行。

（5）指示剂。MnO_4^- 本身具有颜色，当溶液中有稍微过量的 MnO_4^- 就可以显出粉红色，故一般不需另加指示剂。但若 $KMnO_4$ 标准溶液浓度很低（如≤0.002 mol/L）时，最好采用适当的氧化还原指示剂，如二苯胺磺酸钠、邻二氮菲亚铁等，以确定滴定终点。

（6）滴定终点。用 $KMnO_4$ 溶液滴定至终点时，溶液的粉红色不能持久，这是由于空气中的还原性气体和灰尘都能使 MnO_4^- 缓慢还原，故溶液的粉红色逐渐消失。所以，滴定时溶液中出现的粉红色在 0.5～1 min 内不褪色，即可认为到达滴定终点。

标定好的 $KMnO_4$ 溶液在放置一段时间后，若发现有 MnO_2 沉淀析出，应过滤并重新标定。

3. 浓度的计算

根据 $Na_2C_2O_4$ 的质量（g），消耗的 $KMnO_4$ 标准溶液的体积（mL），按照摩尔比等于系数比，即可求出标准溶液的浓度。

$$c_{KMnO_4} = \frac{2m_{Na_2C_2O_4} \times 10^3}{5M_{Na_2C_2O_4} \times V_{KMnO_4}}$$

式中 c_{KMnO_4}——$KMnO_4$ 标准溶液的浓度，mol/L；

$m_{Na_2C_2O_4}$——基准物质 $Na_2C_2O_4$ 的质量，g；

$M_{Na_2C_2O_4}$——基准物质 $Na_2C_2O_4$ 的摩尔质量，g/mol；

V_{KMnO_4}——$KMnO_4$ 标准溶液的体积，L。

印染用水耗氧量的测定

一、实验目的

1. 进一步理解耗氧量测定的原理和方法。
2. 熟悉耗氧量测定的计算方法。
3. 会用酸性高锰酸钾法测定水的耗氧量。

二、试验原理

在水样中加入一定体积的高锰酸钾溶液，在酸性条件下加热，使高锰酸钾将水中某些有机及无机还原性物质氧化，反应后剩余的高锰酸钾，用过量的标准草酸钠溶液还原，使高锰酸钾的紫色消失。剩余草酸钠可用高锰酸钾标准溶液回滴。根据高锰酸钾及草酸钠的浓度和用量，可求得高锰酸钾耗量，以氧的毫克数（mg/L）表示。

三、仪器材料

1. 仪器

25 mL 酸式滴定管（棕色、无色各 1 支），250 mL 锥形瓶，六孔恒温水浴锅或其他水浴装置，定时钟，玻璃珠数粒。

2. 试剂

（1）$c_{\frac{1}{5}KMnO_4}$ =0.1 mol/L 溶液。溶解 3.2 g 高锰酸钾于 1.2 L 水中，煮沸 0.5～1 h，使体积减少到 1 L 左右，放置过夜，用 G3 玻璃砂芯漏斗过滤后，滤液置于棕色瓶中。

（2）$c_{\frac{1}{5}KMnO_4}$ =0.01 mol/L 溶液。取上述 0.1 mol/L 高锰酸钾溶液 100 mL 于1 000 mL容量瓶中，用蒸馏水定容至刻度，混匀。

（3）1+3 H_2SO_4溶液：将 1 体积浓硫酸（相对密度 1.84）慢慢加入到盛有 3 体积蒸馏水的烧杯中，搅匀，滴加 0.01 mol/L 高锰酸钾溶液至微红色不褪为止，转入棕色瓶。

（4）$c_{\frac{1}{2}Na_2C_2O_4}$ =0.100 mol/L 标准溶液。精确称取 0.670 5 g 预先在 105 ℃烘箱内烘 1 h并在干燥器内冷却的草酸钠（$Na_2C_2O_4$）于烧杯中，加入少量蒸馏水和 25 mL 1+3 硫酸，搅拌溶解，转移至 100 mL 容量瓶并加水稀释至刻度，混匀。

（5）$c_{\frac{1}{2}Na_2C_2O_4}$ =0.010 0 mol/L 标准溶液。取 $c_{Na_2C_2O_4}$ =0.100 mol/L 标准溶液 10 mL 置于 100 mL 容量瓶中，用蒸馏水稀释至刻度，混匀。

四、实验步骤

1. 取 100 mL 充分摇匀的水样（污染较重的水样，可少量取样，用蒸馏水稀释至 100 mL）于 250 mL 锥形瓶中。

2. 加入 5 mL 1+3 硫酸，即 1 体积硫酸沿烧杯内壁缓慢加入 3 体积水中，用玻璃棒搅拌均匀。

3. 自滴定管加入 10.00 mL 0.01 mol/L 高锰酸钾溶液，摇匀，立即放入沸水浴中加热，注意要保持沸水的液面高于瓶内溶液的液面。

4. 30 min 后，从沸水浴中取出锥形瓶，趁热加入 10.00 mL 0.010 0 mol/L 草酸钠标准溶液，摇匀后，立即用 0.01 mol/L 高锰酸钾溶液滴定至溶液呈微红色，记录高锰酸钾溶液的用量（V_1）。

5. 高锰酸钾溶液校正系数的测定。取步骤 4 中滴定完毕的水样，加入 10.00 mL 0.010 0 mol/L 草酸钠标准溶液，再用 0.01 mol/L 高锰酸钾回滴至溶液呈微红色，记录相当于 10.00 mL 0.010 0 mol/L 草酸钠溶液的用量 V_2，则高锰酸钾溶液的校正系数为：

$$K=\frac{10.00}{V_2}$$

注意要使 K 值略小于 1。

6. 如水样用蒸馏水稀释时，需再取 100 mL 蒸馏水，按步骤 1～4 进行空白滴定，记录 0.01 mol/L 高锰酸钾溶液的用量 V_0。

五、记录分析

1. 计算公式

（1）水样未用蒸馏水稀释时，用下式计算：

$$耗氧量（O_2，mg/L）=\frac{[(10.00+V_1)K-10.00]c\times 8\times 1\,000}{V}$$

式中　V——水样用量，mL；

V_1——水样滴定时 0.01 mol/L 高锰酸钾的用量，mL；

c——草酸钠标准溶液的浓度，mol/L；

K——0.01 mol/L 高锰酸钾溶液的校正系数；

8——$\frac{1}{2}O_2$ 的摩尔质量，g/mol。

（2）水样用蒸馏水稀释时，改用下式计算：

$$耗氧量（O_2，mg/L）=\frac{\{[(10.00+V_1)K-10.00]-[(10.00+V_0)K-10.00]c'\}c\times 8\times 1\,000}{V}$$

式中　V——水样用量，mL；

V_0——空白实验滴定时 0.01 mol/L 高锰酸钾溶液用量，mL；

c'——稀释水样时，蒸馏水和溶液总体积 100 mL 的比值。例如：10.0 mL 水样用 90 mL 蒸馏水稀释至 100 mL 时，$c'=0.90$。

其他符号同前。

2. 数据记录与计算

将实验结果填入表 2—6—1。

表 2—6—1　　印染用水耗氧量的测定

项目	Ⅰ	Ⅱ	Ⅲ
水样用量 V(mL)			
高锰酸钾用量 V_1(mL)			
校准草酸钠溶液用量 V_2(mL)			
K			
空白实验 V_0(mL)			
稀释比值 c'			
耗氧量(O_2，mg/L)			

续表

项目	Ⅰ	Ⅱ	Ⅲ
耗氧量平均值(O_2，mg/L)			
绝对偏差			
相对平均偏差			

六、注意事项

1. 水样稀释时所取用的体积，应根据返滴定过程中消耗高锰酸钾标准溶液的量来确定，即保证最后返滴定消耗的高锰酸钾标准溶液量不少于氧化有机物时加入高锰酸钾标准溶液量的20%～50%。如果高锰酸钾溶液的消耗体积过多或过少，都需要重新取适量水样进行测定。因此，在沸水浴中加热完毕后，溶液仍应保持淡红色，如红色很浅或全部褪去，说明高锰酸钾的用量不够，需将水样稀释倍数放大后重新测定。

2. 在酸性条件下，草酸钠和高锰酸钾滴定的反应温度应保持在80 ℃左右，因此滴定操作必须趁热进行。

3. 0.01 mol/L 高锰酸钾溶液的校正系数 K 应略小于1，即所配制的高锰酸钾的浓度应略低于0.01 mol/L，否则取100 mL蒸馏水滴定空白值时，加入10.00 mL高锰酸钾溶液后，再加入10.00 mL 0.010 0mol/L草酸钠标准溶液与过量高锰酸钾反应时，不能全部褪去高锰酸钾的红色，不能得到空白值。

4. 沸水浴温度受大气压影响，高原地区大气压低，沸点降低。如兰州地区大气压为640 mmHg（1 mmHg=133.322 Pa)，水的沸点为96 ℃。因此，在测定水的耗氧量时，必须注明当地的气压及水的沸点。

5. 此法较适用于清洁或轻度污染的水样。

6. 必须严格控制测定的条件，若采用在沸腾水浴锅中加热的方法，其时间应为0.5 h。

第七节　印染用水铁、锰含量测定

在我国，天然水和处理水中含有过量的以二价离子形式存在的铁、锰等矿物质。水中的二价铁离子与空气接触后会容易被氧化，生成不溶于水的$Fe(OH)_3$沉淀，使原本清澈的水质漂浮红色杂质，若杂质较多则会有铁腥味。天然水中含铁量过高，易造成软水器树脂铁中毒，使树脂软化能力下降。对于印染用水而言，铁、锰离子的含量会影响产品质量。铁离子含量高会导致色点、花色，色光萎暗；而锰离子含量高会使漂白织物泛黄。过量的铁离子在传输过程中也会使管道堵塞，造成锅炉、热水器结垢，浪费燃料、危及安全生产。印染用水要求铁、锰离子的含量均应小于0.1 mg/L。所以，测定天然水和处理水的铁、锰离子含量是印染用水水质分析中必不可少的环节。铁、锰含量测定方法有分光光度法和火焰原子吸收分光光度法。

一、分光光度法测定水样中铁含量

1. 测定原理

微量铁的测定根据所用显色剂的不同分为邻二氮菲法、硫代甘醇酸法、磺基水杨酸法、硫氰酸盐法等几种，其中以邻二氮菲法使用最为广泛。此方法可用于天然水、处理水和废水中的总铁的测定，也可用于酸溶和可溶的二价铁和三价铁的测定，一般测定的浓度范围为 0.01～5 mg/L。当铁的浓度高于 5 mg/L 时，可对水样进行适当稀释后再进行测定。

邻二氮菲与 Fe^{2+} 发生显色反应的 pH 值适宜范围为 2～9，在此范围内，反应均能生成稳定的橙红色螯合物。但酸度过高时反应进行缓慢，酸度过低时 Fe^{2+} 发生水解，因此最适宜的酸度为 5～6，用 HAc－NaAc 缓冲溶液作为介质，进行测定。邻二氮菲与 Fe^{2+} 生成的配合物稳定，$\lg K'=21.3$（20 ℃），其溶液在 508 nm 处有最大吸收，摩尔吸光系数为 1.11×10^4 L/(mol · cm)。所以，邻二氮菲法测定微量铁，选择性很高，相当于含铁量 5 倍的 Co^{2+}、Cu^{2+}，20 倍量的 Cr^{3+}、Mn^{2+}、V（V），甚至 40 倍量的 Al^{3+}、Ca^{2+}、Mg^{2+}、Sn^{2+}、Zn^{2+} 都不干扰测定。铁含量在 0.1～6 μg/mL 范围内遵守朗伯－比尔定律。

需要说明的是，邻二氮菲只与 Fe^{2+} 发生显色反应。测定全铁量时，在邻二氮菲与 Fe^{2+} 发生显色前需用盐酸羟胺或抗坏血酸将 Fe^{3+} 全部还原为 Fe^{2+}，然后再加入邻二氮菲，并调节溶液酸度至适宜的显色酸度范围。有关反应式如下：

$$2Fe^{3+}+2NH_2OH\cdot HCl \rightleftharpoons 2Fe^{2+}+N_2\uparrow+2H_2O+4H^{+}+2Cl^{-}$$

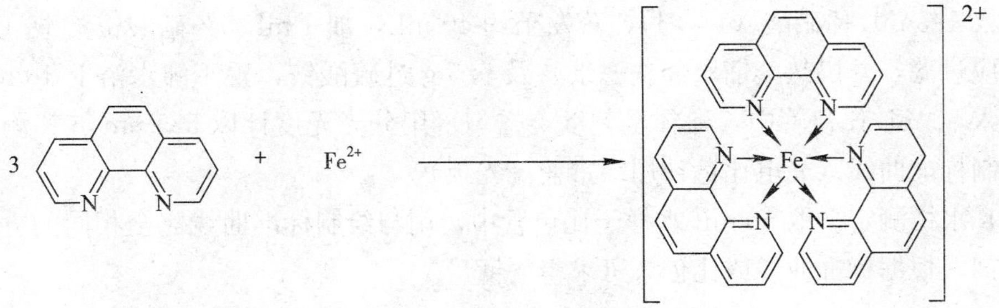

用分光光度法测定物质的含量，一般采用标准曲线法，即配制一系列浓度的标准溶液，在实验条件下依次测量各标准溶液的吸光度（A），以溶液的浓度为横坐标，相应的吸光度为纵坐标，绘制标准曲线。在同样实验条件下，测定待测溶液的吸光度，根据测得吸光度值从标准曲线上查出相应的浓度值，即可计算试样中被测物质的质量浓度。

2. 测定方法

（1）标准曲线的绘制。取 50 mL 比色管 6 只，分别加入 0.00 mL、0.25 mL、0.60 mL、1.00 mL、1.50 mL、2.00 mL 硫酸亚铁铵标准溶液，用蒸馏水稀释至 50 mL。各管中分别加入盐酸（1 ∶ 9）、盐酸羟胺溶液、邻二氮菲溶液各 1 mL，再加入 0.2 mL 浓氢氧化铵溶液（应使刚果红试纸呈红色），摇匀。用分光光度计以 510 nm 波长测定吸光度，绘制标准曲线。

（2）总铁含量和亚铁（Fe^{2+}）含量。

1）总铁含量。取 50 mL 水样于比色管中，用绘制标准曲线完全相同的方法加入试剂，测得吸光度，根据标准曲线求得含铁量。

$$总铁(Fe^{3+}和Fe^{2+}，mg/L)=\frac{V_{FeSO_4(NH_4)_2SO_4\cdot 6H_2O}\times 0.01\times 1\,000}{V_{水}}$$

2）亚铁(Fe^{2+}，mg/L)含量。测定方法与总铁相同，但不加盐酸羟胺溶液。

$$高铁(Fe^{3+}，mg/L)=总铁(mg/L)-亚铁(mg/L)$$

二、分光光度法测定水样中锰含量

1. 测定原理

在硝酸银存在下，以过硫酸铵将可溶性亚锰化合物氧化为高锰酸盐，然后与标准色列进行比色测定。

$$Mn(HCO_3)_2+2HNO_3 \longrightarrow Mn(NO_3)_2+2CO_2\uparrow+2H_2O$$

$$2Mn(NO_3)_2+5(NH_4)_2S_2O_8+8H_2O \longrightarrow 5(NH_4)_2SO_4+5H_2SO_4+4HNO_3+2HMnO_4$$

2. 测定方法

（1）硫酸锰标准溶液配制。称取 0.143 8 g 分析纯高锰酸钾于 50 mL 水中，加 2 mL 浓硫酸，在搅动下滴加 10%亚硫酸氢钠溶液直到溶液红色褪尽。煮沸去除过量的二氧化硫，冷却后稀释至 1 000 mL。取此液 100 mL 再稀释至 500 mL（1 mL≙0.01 mg 锰）。

（2）标准曲线绘制。取 150 mL 锥形瓶 8 个，分别加入 0.0 mL、0.5 mL、2.5 mL、5.0 mL、7.5 mL、10.0 mL、15 mL、20 mL 硫酸锰标准溶液，并补加蒸馏水至 50 mL，再各加入 1.5 mL 稀硝酸（1 ∶ 1），蒸发至约 40 mL，加 1 mL 5%硝酸银溶液（若有沉淀产生应过滤，并以热蒸馏水冲洗滤纸）及 0.5 g 过硫酸铵，置于沸水浴上 10 min，冷却后移入 50 mL 比色管中，稀释至刻度，摇匀。用分光光度计以 525 nm 波长测其光密度，绘制标准曲线（光电比色计用绿带蓝滤光板）。

（3）水样测定。取 50 mL 水样于比色管中，用与绘制标准曲线完全相同的方法操作加入试剂，根据标准曲线或比色，可求得含锰量。

$$锰(Mn^{2+}，mg/L)=\frac{V_{MnSO_4}\times 0.01\times 1\,000}{V_{水}}$$

三、火焰原子吸收分光光度法测定铁、锰

火焰原子吸收分光光度法测定铁、锰，适用于地面水、地下水及工业废水中铁、锰的测定，铁、锰的检测限分别是 0.03 mg/L 和 0.01 mg/L，校准曲线的浓度范围分别为 0.1～5 mg/L 和 0.05～3 mg/L。

1. 测定原理

将样品或消解处理过的样品直接吸入火焰中，铁、锰的化合物易于原子化，可分别于 248.3 nm 和 279.5 nm 处测定铁、锰基态原子对其空心阴极灯特征辐射的吸收。在一

定条件下，吸光度与待测样品中金属浓度成正比。

2. 测定方法

（1）采样和预处理。采样前，所用聚乙烯瓶先用洗涤剂洗净，再用1+1硝酸浸泡24 h以上，然后用水冲洗干净。

测定铁、锰总量时，水样通常需要消解。混匀后分取适量水样于烧杯中，每100 mL水样加5 mL 16 mol/L硝酸（ρ=1.428/mL）置于电热板上，在近沸状态下，将样品蒸至近干，冷却后再加入硝酸重复上述步骤一次，必要时再加入硝酸或高氯酸，直至消解完全，应蒸至近干，加盐酸0.12 mol/L溶解残渣，若有沉淀，用定量滤纸滤入50 mL容量瓶中，加10 g/L氯化钙溶液1 mL，以0.12 mol/L盐酸溶液稀释至标线。

（2）校准曲线绘制。分别取铁、锰混合标准操作液（铁、锰的浓度分别为50.0 mg/L和25.0 mg/L）于50 mL容量瓶中，用0.12 mol/L盐酸稀释至标线，摇匀。至少应配制5个标准溶液，且待测元素的浓度应落在这一标准系列范围内。根据仪器说明书，选择最佳参数，用0.12 mol/L盐酸溶液调零后，在选定的条件下测量其相应的吸光度，绘制校准曲线。

（3）测定水样。在测定标准系列溶液的同时，测定样品溶液及空白溶液的吸光度，由样品吸光度减去空白吸光度，从校准曲线上求得样品溶液中铁、锰的含量。

3. 结果分析

测定结果按以下公式计算铁、锰浓度：

$$c=\frac{m}{V_{水}}$$

式中 c——水样中铁、锰浓度，mg/L；

m——水样中铁、锰含量，μg；

V——分取水样的体积，mL。

邻二氮菲分光光度法测定水样中铁的含量

一、实验目的

1. 掌握邻二氮菲法测定水样中微量铁的原理和方法。
2. 熟悉722N分光光度计的构造和使用方法。
3. 了解分光光度法测定物质含量的一般条件及其选定方法。

二、实验原理

邻二氮菲，又称邻菲罗啉盐酸盐（$C_{12}H_8N_2 \cdot HCl \cdot H_2O$），在pH=3～9的水溶液中与亚铁离子反应，生成稳定的橙红色$Fe(C_{12}H_8N_2)_3^{2+}$离子，溶液色泽在较长时间保持不变，可用分光光度法测定。

水中加入盐酸羟胺，还原高铁为亚铁，以测定水中总铁量。此法最低检出量为2.5 μg。若取 50 mL 水样，则最低检出量为 0.05 mg/L。

三、仪器材料

1. 仪器

722N 分光光度计、容量瓶、吸量管及其他辅助器皿；膜式过滤器，平均孔径0.45 μg。所有玻璃器皿，包括样品容器，在使用前用盐酸清洗并用水冲洗。

2. 试剂

（1）铁标准使用溶液 100 μg/mL。称取 0.702 0 g 硫酸亚铁铵［$FeSO_4(NH_4)_2SO_4 \cdot 6H_2O$］溶于 50 mL 蒸馏水中，加入 20 mL 浓硫酸，稀释至 1 000 mL。使用前吸取10 mL 稀释至 100 mL，1 mL 此溶液含 0.01 mg Fe^{2+}。

（2）盐酸羟胺溶液 10%（新鲜）。称取 10 g 盐酸羟胺，溶于 100 mL 蒸馏水中，此溶液一周内稳定。

（3）邻二氮菲溶液 0.1%（新鲜）。称取 0.1 g 邻菲罗啉，溶于 100 mL 蒸馏水中，加两滴浓盐酸于水中，加热至 80 ℃溶解。此溶液在一周内是稳定的。

（4）醋酸—醋酸盐缓冲液。将 40 g 醋酸铵（CH_3COONH_4）和 5 mL 冰醋酸(CH_3COOH，密度=1.06 g/mL）溶于水并用水稀释到 100 mL。

（5）4%过硫酸钾溶液。将 4 g 过硫酸钾（$K_2S_2O_8$）溶于水并稀释到 100 mL。此溶液在室温下储存在深色玻璃瓶中，在几周内是稳定的。

（6）1 ∶ 7 硫酸。在不停搅拌下缓慢地将 1 体积浓硫酸加到 7 体积水中。

（7）3 mol/L 盐酸。

（8）浓硫酸。

四、实验步骤

1. 水样预处理

吸取 50 mL 水样，置于三角瓶中，加入 1.5 mL 3 mol/L 盐酸，煮沸至水样体积约为40 mL，冷却后移入 50 mL 容量瓶中，加水稀释至刻度。将 50 mL 酸化的水样放入100 mL 烧瓶中，加 5 mL 过硫酸钾溶液，使之轻微沸腾约 40 min，确保体积不少于20 mL。然后将此溶液冷却，并转移到 50 mL 容量瓶中，加水至标线。若溶液在氧化后稀释前呈混浊态，用膜式过滤器将其直接过滤到容量瓶中。用少量水淋洗过滤器，洗涤水并入滤液中，加水至标线。

2. 标准曲线的绘制

吸量管分别移取铁标准溶液 0.0 mL、0.5 mL、1.0 mL、1.5 mL、2.0 mL、2.5 mL 依次放入 50 mL 容量瓶（为使系列标准溶液的吸光度与铁的浓度成线性的范围内能覆盖住试样中预期的铁浓度范围，可适当改变加入铁标准溶液的体积来配制系列标准溶液），分别加入盐酸羟胺 1 mL 摇动，用 6 mol/L 氨水调节至中性，再加入邻二氮菲 3.0 mL 及醋酸盐缓冲液 2 mL，加水稀释至刻度，使 pH 值在 3.5～5.5，摇匀，放置暗处 15 min，以 510 nm 为工作波长、以试剂空白为参比溶液依次测 A 值，以铁的浓度为横坐标，其相应测得的吸光度为纵坐标，绘制标准曲线。

3. 试样分析

取 3 只 50 mL 容量瓶，分别加入 2 mL 处理后水样溶液，加入盐酸羟胺 1 mL 摇动，加入邻二氮菲 3.0 mL 及醋酸盐缓冲液 2 mL，加水稀释至刻度，摇匀按步骤 2 分别测 A 值，求平均值，在标准曲线上查找对应的含量，计算试样中铁的质量浓度。

五、记录分析

1. 铁标准溶液吸光度的测定

将实验计算结果填入表 2—7—1。

表 2—7—1 铁标准溶液吸光度的计算

项目	Ⅰ	Ⅱ	Ⅲ	Ⅳ	Ⅴ	Ⅵ
V_{Fe}(mL)	0.0	0.50	1.00	1.50	2.00	2.50
A						
c(μg/mL)	0.00	1.00	2.00	3.00	4.00	5.00

2. 试样吸光度的测定

将实验计算结果填入表 2—7—2。

表 2—7—2 试样吸光度的计算

项目	Ⅷ	Ⅸ	Ⅹ
V_{Fe}(mL)	2.00	2.00	2.00
A			
A 平均值			
c(μg/mL)			

3. 标准曲线的绘制

根据 A 平均值查找对应 c(μg/mL)值。

4. 原水样微量铁计算

$$\text{总铁}(Fe^{3+}\text{和}Fe^{2+}, \mu g/mL)=\frac{c\times 50}{2}$$

式中 c——从标准曲线中查得的试样含铁量，/mL；

2——测定吸光度时所取水样的体积，mL。

50——测定吸光度时水样稀释到的体积，mL。

六、注意事项

1. 采集水样时，水样要用酸处理（用分光光度法测定总铁时，每 1 000 mL 水样加

2 mL浓硫酸；用原子吸收分光光度法测定总铁时，每 1 000 mL 水样加 2 mL 浓硝酸），使铁保持在酸性溶液中，防止铁在采样瓶瓶壁上的吸附或沉淀。量取分析用的水样时，要考虑加入酸的体积。

2. 铜、钴、铬和锌的浓度比铁浓度高 10 倍时会有干扰，镍浓度超过 2 mg/L 时有干扰，将 pH 值调到 3.5～5.5 可避免这些干扰。铋、银、镉和汞会与邻二氮菲生成沉淀产生干扰，所以实验溶液中应不含这些离子；但如果浓度较低，加入过量的邻二氮菲后，其干扰就不明显了。

3. 氰化物干扰测定，通常在酸化样品时即被除去，但某些络合氰化物除外。酸化水样时，还将焦磷酸盐和多聚偏磷酸盐转化为正磷酸盐，而正磷酸盐在 PO_4^{3-} 浓度高达铁浓度的 10 倍时均无干扰。加入硝酸铝后，可从铁与其他阴离子（如磷酸根）形成的配合物中将铁置换出来，但置换以组合物形态存在的铁的反应很慢。

4. 如采用分光光度计，则用 510 nm 波长，1 cm 比色皿；如铁的浓度低于 10 μg，改用 3 cm 比色皿。光电比色计用绿色滤光片。

思考与练习

一、判断题

（　　）1. 当水样浑浊时，应放置澄清后取上层清液，或用离心机分出悬浮杂质，也可用滤纸过滤。

（　　）2. 铅字法检测水的透明度时，超过 30 cm 时为透明水。

（　　）3. 复合电极应放在蒸馏水中长时间浸泡后再使用。

（　　）4. 一般定量分析的相对平均偏差要求在 0.2%以下。

（　　）5. 测定钙硬度时，与测定总硬度的原理相同，可用铬黑 T 指示剂。

（　　）6. 测定高含量的氯化物的水样时适用莫尔法。

（　　）7. 用莫尔法测定 Cl^-，在中性或弱碱性介质的溶液中进行。

（　　）8. 水样中含有的游离氯大于 0.1 mg/L 时，应预先加入硫代硫酸钠去除。

（　　）9. 耗氧量测定时，草酸钠和高锰酸钾滴定的反应温度应保持在 80 ℃左右。

（　　）10. 测定水样的全铁量时，不需用盐酸羟胺或抗坏血酸等还原剂。

二、简述题

1. 水样的取用程序是什么？

2. 简述色度、pH 值的测定方法。

3. 简述氯化物、耗氧量的测定原理、方法和计算。

4. 什么是色度单位？印染生产用水质分析中色度的测定方法有哪些？如何测定？

5. 简述印染生产用水水质分析中碱度、总硬度的测定原理、仪器、试剂、测定步骤、计算、注意事项。

第三章　印染生产用水处理

学习目标

1. 熟悉用化学软化法、离子交换软化法软化天然水。
2. 了解离子交换树脂法制备纯水的原理。
3. 掌握离子交换树脂类型的鉴别方法。
4. 会进行离子交换树脂总交换容量及工作交换容量的测定。
5. 掌握离子交换树脂制备纯水的方法。
6. 掌握过滤膜的种类和过滤机理。
7. 了解制膜材料、膜的类型、过滤方式及过滤膜冲洗方法。
8. 掌握过滤膜法制备纯水的工艺流程和操作方法。

无论天然水或自来水（经过自来水厂加工后的天然水），由于含杂质较多，不能直接用于印染生产，必须经过净化处理使其达到印染加工的水质要求后，才能输送至车间使用，保证印染加工的顺利进行。印染用水处理包括一般性处理、硬水软化处理和硬水纯化处理三方面。一般性处理就是将水中的悬浮物采用静置、澄清或过滤等方法加以去除；对于硬水的软化处理方法，主要有化学软化法和离子交换软化法两种；某些企业为更好地保证产品质量，防止水中阴离子（如氯离子）的影响，将水处理成纯净水后再使用，即进行纯化处理。

第一节　硬水软化处理

一、硬水的化学软化法

化学软化法就是在水中加入某些软水剂，使水中的钙、镁离子与之结合生成沉淀或稳定的配合物而达到软化水的目的。化学软化法有以下几种。

1. 纯碱法

纯碱与水中的钙、镁盐形成碳酸钙、碳酸镁沉淀，从而将钙、镁盐从水中去除。其反应式如下：

$$Ca^{2+} + Na_2CO_3 \longrightarrow CaCO_3 \downarrow + 2Na^+$$

$$Mg^{2+} + Na_2CO_3 \longrightarrow MgCO_3 \downarrow + 2Na^+$$

2. 磷酸三钠法

磷酸三钠与钙、镁盐形成磷酸钙、磷酸镁疏松沉淀物，从而将钙、镁离子从水中去除。其反应式如下：

$$3CaSO_4 + 2Na_3PO_4 \longrightarrow Ca_3(PO_4)_2 \downarrow + 3Na_2SO_4$$

$$3MgSO_4 + 2Na_3PO_4 \longrightarrow Mg_3(PO_4)_2 \downarrow + 3Na_2SO_4$$

$$3Ca(HCO_3)_2 + 2Na_3PO_4 \longrightarrow Ca_3(PO_4)_2 \downarrow + 6NaHCO_3$$

$$3Mg(HCO_3)_2 + 2Na_3PO_4 \longrightarrow Mg_3(PO_4)_2 \downarrow + 6NaHCO_3$$

$$3CaCl_2 + 2Na_3PO_4 \longrightarrow Ca_3(PO_4)_2 \downarrow + 6NaCl$$

$$3MgCl_2 + 2Na_3PO_4 \longrightarrow Mg_3(PO_4)_2 \downarrow + 6NaCl$$

3. 六偏磷酸钠法

六偏磷酸钠能与水中的钙、镁盐生成稳定的配合物，从而降低了水的硬度。其反应式如下：

$$2CaSO_4 + Na_2[Na_4(PO_3)_6] \longrightarrow Na_2[Ca_2(PO_3)_6] + 2Na_2SO_4$$

$$2MgCl_2 + Na_2[Na_4(PO_3)_6] \longrightarrow Na_2[Mg_2(PO_3)_6] + 4NaCl$$

采用六偏磷酸钠作为软水剂时应注意水的温度，当温度高于 70 ℃以上时，六偏磷酸钠水解成磷酸二氢钠而降低软化效果。

4. 乙二胺四乙酸法

乙二胺四乙酸法简称 EDTA 法。因乙二胺四乙酸在水中的溶解度很小，故常用它的二钠盐。

乙二胺四乙酸钠在水中能与 Ca^{2+}、Mg^{2+} 生成易溶于水的稳定螯合物，软水能力很强，是一种很好的软水剂。

化学软化法不需要专门的软水设备，软化方法简单，经济实用，可根据水质情况调节软水剂用量。

二、硬水的离子交换软化法

离子交换软化法是应用离子交换剂除去水中钙、镁离子的软化方法。常用的离子交换剂有泡沸石、磺化煤和离子交换树脂。

1. 泡沸石

泡沸石是一种多孔砂粒状水化硅酸钠铝，分子式为 $Na_2O \cdot Al_2O_3 \cdot 2SiO_2 \cdot 6H_2O$，有天然的和人造的两种。泡沸石中的钠离子遇到水中的钙、镁离子时即被置换而使硬水得以软化，钠泡沸石变成钙、镁泡沸石。其反应式如下：

$$Na_2O \cdot Al_2O_3 \cdot 2SiO_2 \cdot 6H_2O + CaSO_4 \longrightarrow CaO \cdot Al_2O_3 \cdot 2SiO_2 \cdot 6H_2O + Na_2SO_4$$

$$Na_2O \cdot Al_2O_3 \cdot 2SiO_2 \cdot 6H_2O + MgCl_2 \longrightarrow MgO \cdot Al_2O_3 \cdot 2SiO_2 \cdot 6H_2O + 2NaCl$$

$$Na_2O \cdot Al_2O_3 \cdot 2SiO_2 \cdot 6H_2O + Ca(HCO_3)_2 \longrightarrow CaO \cdot Al_2O_3 \cdot 2SiO_2 \cdot 6H_2O + 2NaHCO_3$$

泡沸石软化硬水时，由于钠离子不断被硬水中的钙、镁离子取代，变为钙、镁泡沸石，使其软化水的能力不断下降，故每使用一定时间后可用1%以上的食盐与纯碱的混合液洗涤，作用数小时后，使其还原为钠泡沸石，再继续使用。其反应式如下：

$$CaO \cdot Al_2O_3 \cdot 2SiO_2 \cdot 6H_2O + 2NaCl \longrightarrow Na_2O \cdot Al_2O_3 \cdot 2SiO_2 \cdot 6H_2O + CaCl_2$$

$$CaCl_2 + Na_2CO_3 \longrightarrow CaCO_3 \downarrow + 2NaCl$$

$$MgO \cdot Al_2O_3 \cdot 2SiO_2 \cdot 6H_2O + 2NaCl \longrightarrow Na_2O \cdot Al_2O_3 \cdot 2SiO_2 \cdot 6H_2O + MgCl_2$$

$$MgCl_2 + Na_2CO_3 \longrightarrow MgCO_3 \downarrow + 2NaCl$$

氯化钙、氯化镁等杂质随盐水流出，以纯碱作用使其成为碳酸钙、碳酸镁沉淀而除去，所以泡沸石可以长期使用。

泡沸石颗粒核心较紧密，故只能进行表面交换，但交换能力低；而且泡沸石易被酸、碱侵蚀。由于泡沸石本身含有硅质，所以交换后的水易被硅污染，因此目前已很少使用。

2. 磺化煤

磺化煤又称碳质离子交换剂，它是将褐煤经浓硫酸在150～180℃处理而制成的产物，因它含有磺酸基，故称磺化煤。磺酸基上含有能被取代的氢离子称H型磺化煤，以$R—SO_3H$表示；如再经碱剂处理则转变为含钠离子的Na型磺化煤，以$R—SO_3Na$表示。

用磺化煤软化水时，被处理的水先滤去悬浮物，再通过磺化煤层，由于离子交换作用而达到软化水的目的。其反应式如下：

$$2R—SO_3Na + Ca^{2+} \longrightarrow (R—SO_3)_2Ca + 2Na^+$$

$$2R—SO_3H + Mg^{2+} \longrightarrow (R—SO_3)_2Mg + 2H^+$$

Na型磺化煤由于含有碱性物质，所以处理后的水偏碱性。H型磺化煤因含有酸性物质，所以处理后的水偏酸性。如果将水分别通过Na型和H型磺化煤而恰当地混合就可得到中性的水。磺化煤使用一定时间后，由于钙、镁离子交换于磺化煤上，使其软化能力下降，此时可用10%食盐或1%～1.5%的稀硫酸处理使之重新活化，得到Na型或H型磺化煤后继续使用。其反应式如下：

$$(R—SO_3)_2Ca + 2NaCl \longrightarrow 2R—SO_3Na + CaCl_2$$

$$(R—SO_3)_2Mg + H_2SO_4 \longrightarrow 2R—SO_3H + MgSO_4$$

磺化煤颗粒核心较疏松，交换反应可在颗粒表面和内部进行，故交换能力比泡沸石强。但由于磺化煤不耐热，强度低，交换能力也较低，再生剂消耗量大，所以已逐渐被有机合成离子交换树脂代替。

3. 离子交换树脂

（1）工作原理。离子交换可以算是一类特殊的固体吸附过程。离子交换树脂是离子交换剂的一种，是人工合成的有机高分子电解质凝胶，是一种高分子聚合物的有机交换剂，具有网状结构，又称有机合成离子交换剂。离子交换树脂实际上是一种不溶于水的固体颗粒状物质，外形为颗粒状（像鱼子一般大小）。不同牌号的离子交换树脂颜色各不相同，有黄色的，有棕色的，如图 3—1—1 所示。

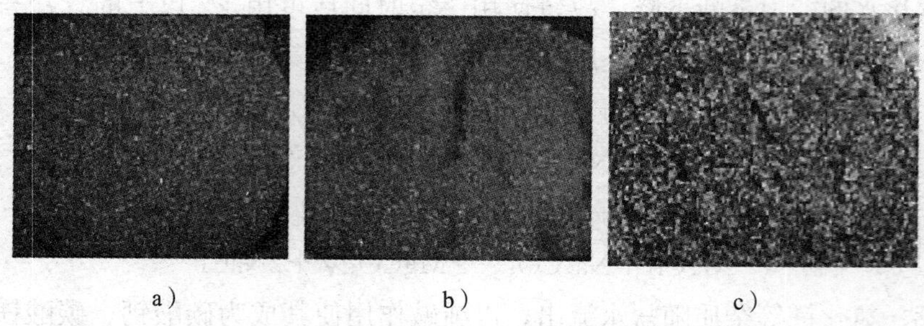

a）　　b）　　c）

图 3—1—1　离子交换树脂颗粒

a）阴离子交换树脂　b）阳离子交换树脂　c）抛光离子交换树脂

离子交换树脂是一种高分子有机聚合物，由树脂本体和交换基团组成。所谓树脂本体就是高分子化合物和交联剂组成的高分子共聚物。交联剂主要是使高分子化合物成为固体并使其具有网状结构，如图 3—1—2、图 3—1—3 所示。所谓交换基团是由能起交换作用的阳（阴）离子和与树脂本体联结在一起的阴（阳）离子基团组成的，又称为化学活性基团。它能够从电解质溶液中吸附某种阳离子或阴离子，而把本身所含的另外一种相同电性符号的离子等量地交换、释放到溶液中去，也就是说在活性基团上的离子能够与水溶液里的同性离子发生交换作用。例如常用的聚苯乙烯型磺酸基阳离子交换树脂，其本体是苯乙烯高分子聚合物和交联剂二乙烯苯组成的共聚体，交换基团是磺酸基（$—SO_3H$）。其中 H^+ 是起交换作用的阳离子，可与水中的钙、镁等阳离子交换；而 SO_3^- 是和树脂本体（实际上只和本体上的苯乙烯）联结在一起的阴离子基团。

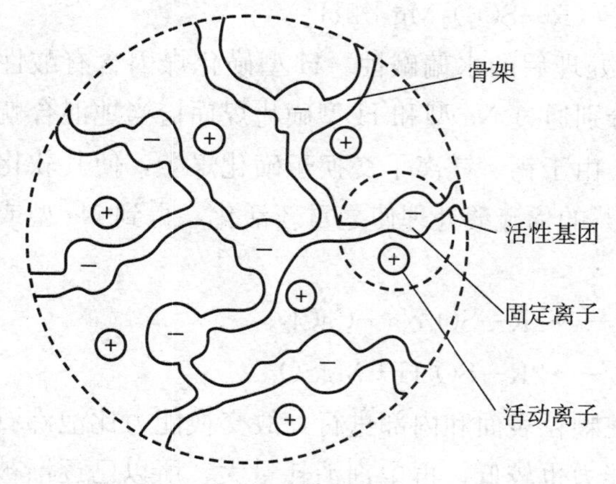

图 3—1—2　离子交换树脂结构示意图

图 3—1—3　离子交换树脂物理结构

（2）离子交换树脂类型。按其所带交换基团的性质，可分为阳离子交换树脂和阴离子交换树脂两类。若离子交换树脂本体中带有酸性交换基，如磺酸基$—SO_3H$、羧基$—COOH$等，即为阳离子交换树脂；若离子交换树脂本体中带有碱性交换基，如季铵基$—N(CH_3)_3Cl$、伯胺基$—NH_2$等，则为阴离子交换树脂。在硬水软化中，仅用阳离子交换树脂，以去除水中的钙、镁离子。常用的阳离子交换树脂为国产 732 型。732 型阳离子交换树脂即属聚苯乙烯型磺酸基阳离子交换树脂，它是苯乙烯和二苯乙烯共聚物的磺化物。反应式如下：

$CH{=}CH_2$　+　$CH{=}CH_2\cdots$ / $CH{=}CH_2\cdots$　$\xrightarrow{\text{催化}}$　$-CH-CH_2-CH-CH_2-\cdots$ / $-CH-CH_2-\cdots$

苯乙烯　　二苯乙烯　　苯乙烯-二苯乙烯共聚物

$\cdots-CH-CH_2-CH-CH_2-\cdots$　$\xrightarrow[\text{磺化}]{H_2SO_4}$　$\cdots-CH-CH_2-CH-CH_2-\cdots$（$SO_3H$，$SO_3H$）/ $\cdots-CH-CH_2-\cdots$

苯乙烯-二苯乙烯共聚物　　磺酸型阳离子交换树脂

阳离子交换树脂中的可交换离子能与水中的钙、镁离子发生离子交换反应，达到软化水的目的。若以 R 代替离子交换树脂的本体，则阳离子交换树脂的结构可简写为 R—SO_3H 或 R—SO_3Na，其离子交换反应式如下：

$$2R{-}SO_3H+Ca^{2+}\longrightarrow(R{-}SO_3)_2Ca+2H^+$$

$$2R{-}SO_3Na+Mg^{2+}\longrightarrow(R{-}SO_3)_2Mg+2Na^+$$

当离子交换树脂中的 H^+ 或 Na^+ 被交换“完”以后，树脂失去软化能力，此时可用盐酸或食盐处理树脂，使树脂重新恢复软化能力，其反应式如下：

$$(R{-}SO_3)_2Ca+2HCl\longrightarrow 2R{-}SO_3H+CaCl_2$$

$$(R{-}SO_3)_2Mg+2NaCl\longrightarrow 2R{-}SO_3Na+MgCl_2$$

离子交换树脂热稳定性好，具有不溶、不熔、耐热等优点，机械强度高，交换能力大，适用于大规模的软化水生产，所以印染厂大多采用此法。

硬水的软化处理

一、实验目的

1. 了解硬水软化的基本原理。
2. 了解暂时硬水和永久硬水的区别。
3. 熟悉硬水的制备。

4. 掌握硬水软化的操作步骤。

二、实验原理

硬水中溶有较多量Ca^{2+}和Mg^{2+}。硬水含有HCO_3^-为暂时硬水，含有SO_4^{2-}、Cl^-为永久硬水。肥皂的主要成分为硬脂酸钠［$Na(C_{18}H_{35}O_2)$］，肥皂与Ca^{2+}和Mg^{2+}反应生成$Ca(C_{18}H_{35}O_2)_2$和$Mg(C_{18}H_{35}O_2)_2$不溶于水的物质。暂时硬水经过煮沸以后，碳酸氢盐分解生成不溶性的碳酸盐，生成的碳酸镁会发生水解反应，生成更难溶的氢氧化镁，硬度可降至8°以下，但仍在3°以上。通过药剂软化法和离子交换法处理硬水，根据滴入肥皂水的数目，观察生成沉淀快慢，与原水进行比较，分析处理效果。

三、仪器材料

1. 试剂

蒸馏水、氢氧化钙、二氧化碳气体、硫酸钙固体、肥皂片、80％酒精、磺化煤或732型阳离子交换树脂。

2. 仪器

试管、滴管、酒精灯、离子交换柱、铁架台等。

四、实验步骤

1. 实验药剂制备

（1）制备暂时硬水。称取2 g氢氧化钙固体，放入盛有100 mL蒸馏水的烧杯里，搅拌使之溶解，然后通入二氧化碳气体。开始时因生成白色的碳酸钙沉淀而使溶液浑浊，继续通入二氧化碳，直至溶液重新达到透明，过滤后就得到含有碳酸氢钙的暂时硬水（硬度约为60°）。直接往澄清的石灰水里通入二氧化碳也可制备暂时硬水。

（2）制备永久硬水。将2 g硫酸钙固体放入200 mL蒸馏水里，搅拌使之溶解，然后过滤除去不溶部分，则得到含有硫酸钙的永久硬水（硬度约为90°）。

（3）制备肥皂液。用10 g肥皂片溶解于100 mL 80％酒精溶液中，静置几天后倾出上层澄清的肥皂液，装入试剂瓶里备用。

2. 水的软化

（1）水的硬度测试。在三支试管里分别加入5 mL蒸馏水、5 mL暂时硬水和5 mL永久硬水，然后用滴管往试管里滴入肥皂溶液，边滴边记数边振荡试管，第一支试管内液体表面最先出现稳定的泡沫，后两支试管因盛有的硬水内分别含有碳酸氢钙和硫酸钙，其中的钙离子完全与肥皂反应生成硬脂酸钙沉淀后，才出现定形的泡沫。记录所用滴数，比较水的硬度大小。

（2）暂时硬水的软化实验。在两支试管里各加入5 mL暂时硬水，将其中的一支放在酒精灯上加热，使溶液煮沸几分钟后冷却，然后往两支试管里滴加肥皂溶液并振荡，观察试管内出现稳定泡沫的先后，并以产生稳定泡沫所需肥皂溶液的滴数之差来比较其硬度。

(3) 药剂软化法软化硬水实验。在两支试管里分别加入 5 mL 暂时硬水和 5 mL 永久硬水，再加入 0.1 g 碳酸钠或磷酸三钠，振荡。同样以肥皂溶液检验经软化处理后水的硬度。记录所用肥皂溶液的滴数，比较药剂处理前、后水的硬度变化情况。

(4) 离子交换法软化硬水实验。将离子交换柱（ϕ50 mm×500 mm 玻璃管）固定在铁架台上。柱内装有离子交换剂（磺化煤或 732 型阳离子交换树脂，事先在蒸馏水中浸泡 24 h)，柱的下方放一只小烧杯。从高位瓶中将硬水从交换柱上方流入柱内，使硬水慢慢地流经离子交换剂。待柱内充满水后，手捏交换柱下端乳胶管中的玻璃珠，缓缓放水至小烧杯里。取 5 mL 经离子交换剂处理过的水，用肥皂溶液检验其硬度，并与未处理的硬水作比较。

五、记录分析

将实验数据填入表 3—1—1。

表 3—1—1 硬水的软化处理

项目	水的硬度实验			暂时硬水的软化实验		药剂软化法软化硬水实验		离子交换法软化硬水实验	
编号	1	2	3	4	5	6	7	8	9
水样类型	蒸馏水	暂时硬水	永久硬水	未加热	加热	暂时硬水	永久硬水	未处理硬水	处理后硬水
滴水									
硬度比较									

六、注意事项

离子交换柱内装入的离子交换剂体积以 3/4 为宜。硬水流入柱内时要缓慢，充满水后柱内应不留有气泡。

第二节 离子交换树脂法纯水制备

脱盐水、纯水及高纯水都是将水中的电解质去除后的水，只是三者去除的程度不同，最终水质含盐量不同，其制作方法基本相同。现以纯水的制备为例，将其离子交换树脂制备方法有关知识作如下介绍。

一、离子交换树脂法纯水制备概述

1. 离子交换树脂制备纯水的工作原理

用离子交换树脂制取纯水与水的软化不同。水的软化主要是降低水中硬度，仅需将水中的钙、镁离子去除到一定的程度，因此，它可以仅用阳离子交换树脂进行交换，而且可以使用盐型（如钠型）树脂。纯水制取则不同，它必须将水中的阳、阴离子都去除到一定的程度，因此，必须同时使用阳、阴两种离子交换树脂，而且必须使用游离酸或游离碱型树脂，不能使用盐型树脂。

离子交换法制纯水的原理是基于游离酸（或游离碱）型树脂能够与天然水中的阳（或阴）离子进行离子交换。游离酸型阳离子交换树脂，活性交换基团中的 H^+ 可与天然水中的各种阳离子进行交换，使天然水中的 Ca^{2+}、Mg^{2+}、Na^+、K^+ 等阳离子结合到树脂上，H^+ 进入水中，除去了水中的金属阳离子杂质；水通过游离碱型阴离子交换树脂时，活性交换基团中的 OH^- 与天然水中的各种阴离子进行交换，将 HCO_3^-、Cl^-、SO_4^{2-} 等离子除去，交换出来的 OH^- 与 H^+ 发生中和反应，从而得到纯水。

离子交换树脂法制纯水的基本反应可以用下列方程式表达。

阳离子交换树脂：

$$R—H + M^+ \longrightarrow R—M + H^+$$

阴离子交换树脂：

$$R—OH + A^- \longrightarrow R—A + OH^-$$

阳、阴离子交换树脂总的反应式即可写成：

$$R—H + R—OH + MA \longrightarrow R—M + R—A + H_2O$$

以上式子中，M^+——水中阳离子（除 H^+ 之外）；

A^-——水中阴离子（除 OH^- 之外）；

MA——水中阴阳离子组成的盐类物质；

R—H——游离酸型离子交换树脂；

R—OH——游离碱型离子交换树脂。

水中的 M^+ 和 A^- 已分别被树脂上的 H^+ 和 OH^- 所取代，反应最终产物只有 H_2O，因此达到了去除水中阴、阳离子的目的。

2. 离子交换树脂制备纯水的工作过程

离子交换树脂法制备纯水的过程包括离子交换树脂的选择、离子交换树脂的初步处理、离子交换树脂与水中阳阴离子的交换及离子交换树脂的再生四个步骤。

二、离子交换树脂的选择

1. 离子交换树脂的类型

离子交换树脂按照所交换离子的种类可分为阳离子交换树脂和阴离子交换树脂两种。离子交换树脂按照其离子基团的性质可分为：

- 离子交换树脂
  - 阳离子交换树脂
    - 强酸型 $R—SO_2—H^+$
    - 弱酸型 $R—COO^-—H^+$、$R—OH^-$
  - 阴离子交换树脂
    - 强碱型 $R \equiv N^+OH^-$
    - 弱碱型 $R \equiv NH^+OH^-$、$R = NH_2^+OH^-$、$R—NH_3^+OH^-$

按照树脂骨架的结构特征，即结构中孔眼的大小，离子交换树脂又可分为大孔型和凝胶型。大孔型树脂不论在干态或湿态，用电子显微镜观察，都可看到孔眼。凝胶型树脂只是在浸入水中时才显示其分子链之间的网状孔眼，不具有物理孔眼。

2. 离子交换树脂的选择性

（1）游离酸型（H 型）阳离子交换树脂的选择性。强酸性阳离子交换树脂对各种阳离子的选择次序为：

$$Fe^{3+} > Al^{3+} > Ca^{2+} > Mg^{2+} > K^{+} > NH_4^{+} > Na^{+} > H^{+}$$

弱酸性阳离子交换树脂对各种阳离子的选择次序为：

$$H^{+} > Fe^{3+} > Al^{3+} > Ca^{2+} > Mg^{2+} > K^{+} > NH_4^{+} > Na^{+}$$

由上述选择次序可见，H 型强酸性阳离子交换树脂可以和水中所有的阳离子进行交换，且 H 型强酸性阳离子交换树脂容易进行交换反应而难以进行再生反应；而 H 型弱酸性阳离子交换树脂中的活性基团，如羧酸基团—COOH 的电离度很小，$—COO^{-}$ 与 H^{+} 的结合能力强，弱酸性树脂非常容易与 H^{+} 进行交换反应，所以弱酸性树脂容易进行再生反应而难以进行交换反应。弱酸性阳离子交换树脂只能与水中的重碳酸钙和重碳酸镁交换，而不能交换中性盐的阳离子。根据这种特性，在实际应用中针对水质情况可以对强弱型树脂进行选择，可在原水碳酸盐硬度比较高的场合与强酸性阳离子交换树脂联合使用。

（2）游离碱型（OH 型）阴离子交换树脂的选择性。强碱性阴离子交换树脂的选择次序为：

$$SO_4^{2-} > NO_3^{-} > Cl^{-} > OH^{-} > HCO_3^{-} > HSiO_3^{-} > OH^{-}$$

弱碱性阴离子交换树脂的选择次序为：

$$OH^{-} > SO_4^{2-} > NO_3^{-} > Cl^{-} > OH^{-} > HCO_3^{-} > HSiO_3^{-}$$

由上述选择次序可见，OH 型强碱性阴离子交换树脂可以和水中所有阴离子进行交换，且 OH 型强碱性阴离子交换树脂容易进行交换反应而难以进行再生反应；而 OH 型弱碱性阴离子交换树脂则是再生容易而交换反应难。OH 型弱碱性阴离子交换树脂不能交换中性盐的阴离子，能与水中的强酸性阴离子如 Cl^{-}、SO_4^{2-} 等交换，常在水中强酸性阴离子比较高的场合，与强碱性阴离子交换树脂联合使用。

3. 制备纯水的离子交换树脂

制备纯水的离子交换树脂首先选择阳型和阴型。

（1）阳离子交换树脂选择。采用上海树脂厂产品牌号 732 离子交换树脂，它是苯乙烯和二苯乙烯共聚物的磺化物。其出厂形式为钠型，结构简式为 $R—SO_3Na$，结构式如下：

··· — CH — CH_2 — CH — CH_2 — ···

SO_3Na　　SO_3Na

··· — CH — CH_2 — ···

（2）阴离子交换树脂选择。采用上海树脂厂产品牌号 717 离子交换树脂，它是苯乙烯的共聚体，经氯甲基化和胺化而制得，具有季胺基团的强碱性阴离子交换树脂。其外观为金黄色球状颗粒，出厂形式为氯型，结构简式为 $R—CH_2(CH_3)_3NCl$，结构式如下：

$$\cdots—CH_2—CH—CH_2—CH—CH_2—\cdots$$

$$-CH_2(CH_3)_3NCl \quad -CH_2(CH_3)_3NCl$$

$$\cdots—CH—CH_2—\cdots$$

三、离子交换树脂的初步处理

为保证交换树脂的稳定性，采购来的阳离子交换树脂为钠型，阴离子交换树脂为氯型，需经初步处理将其转换成游离酸型和游离碱型方可使用。

1. 阳离子交换树脂的处理

将 732 钠型树脂装入交换塔后，先用清水对树脂进行冲洗，再用 4%～5%的 HCl 和 NaOH 在交换柱中依次交替浸泡 2～4 h，在酸碱浸泡的间隙用大量清水淋洗至出水接近中性。如此重复 2～3 次，每次酸碱用量为树脂体积的 2 倍。最后一次用 4%～5%的 HCl 溶液进行处理，将酸液放尽，用清水淋洗至中性，使交换树脂转化为氢型后再使用。反应式如下：

$$R-SO_3Na+HCl \longrightarrow R-SO_3H+NaCl$$

2. 阴离子交换树脂的处理

将 717 氯型树脂装入交换塔后，先用清水对树脂进行冲洗，再用 4%～5%的 NaOH 和 HCl 在交换柱中依次交替浸泡 2～4 h，在碱、酸浸泡的间隙用大量清水淋洗至出水接近中性。如此重复 2～3 次，每次碱酸用量为树脂体积的 2 倍。最后一次用 4%～5%的 NaOH 溶液进行处理，将碱液放尽，用清水淋洗至中性，使交换树脂转化为氢氧型后再使用。反应式如下：

$$R—CH_2(CH_3)_3NCl+NaOH \longrightarrow R—CH_2(CH_3)_3NOH+NaCl$$

四、离子交换树脂与水中阳、阴离子的交换

1. 离子交换常用设备

离子交换树脂与水中阳、阴离子的交换是在离子交换塔中进行的。离子交换塔是充填有离子交换树脂的柱状容器，可由普通玻璃、不锈钢、有机玻璃等不被所盛装流动相腐蚀的材料制成，如图 3—2—1 所示。按盛装在离子交换塔内的树脂种类的不同，将离子交换设备分为阴床、阳床、混床等。

用离子交换树脂制取纯水时，水源（自来水）先经阳离子交换塔除去水中金属离子如钙、镁离子等，然后再通过阴离子交换塔除去氯离子、硫酸根离子、碳酸根离子等，流出的纯水 pH 值在 7 左右。离子交换纯水制备装置如图 3—2—2 所示。

a）

b）

图 3—2—1　离子交换设备

a）有机玻璃离子交换设备　b）碳钢离子交换设备

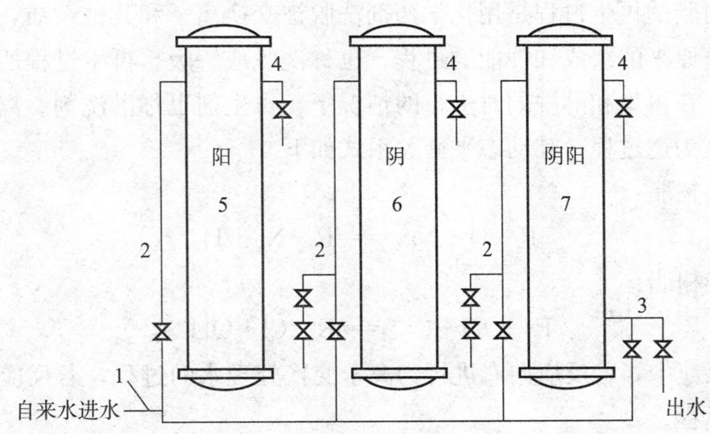

图 3—2—2　离子交换纯水制备装置

1—自来水水管　2—进水管　3—出水管，反冲洗进水管　4—废液排出管

5—阳离子交换塔　6—阴离子交换塔　7—阴阳离子交换塔

2. 离子交换过程

阳离子或阴离子交换树脂分别与水中阳离子或阴离子所起离子交换作用如下：

（1）阳型树脂的交换。当原水通过阳离子交换树脂层时，水中阳离子如钙离子 Ca^{2+}、镁离子 Mg^{2+} 等被树脂吸附，树脂上可交换的阳离子 H^+ 被置换到水中，并和水中阴离子组成相应的无机酸。反应式如下：

$$R—SO_3H+Ca^{2+} \longrightarrow (R—SO_3)_2Ca+2H^+$$

$$R—SO_3H+Mg^{2+} \longrightarrow (R—SO_3)_2Mg+2H^+$$

（2）阴型树脂的交换。含有无机酸的水再通过阴离子交换树脂层时，水中的阴离子如氯离子 Cl^-、碳酸根离子 CO_3^{2-}、硫酸根离子 SO_4^{2-} 等被树脂吸附，树脂上的可交换阴离子 OH^- 被置换到水中，并与水中的 H^+ 结合成水，因此流出的纯水可达到中性（pH 值为 7）。反应式如下：

$$R—CH_2(CH_3)_3NOH+Cl^- \longrightarrow R—CH_2(CH_3)_3NCl+OH^-$$

$$2R—CH_2(CH_3)_3NOH+CO_3^{2-} \longrightarrow [R—CH_2(CH_3)_3N]_2CO_3+2OH^-$$

$$H^+ + OH^- \longrightarrow H_2O$$

五、离子交换树脂的再生

当阳离子或阴离子交换树脂的阳离子（钠型树脂为钠离子，H 型树脂为氢离子）或阴离子（OH 型树脂为氢氧根离子）已几乎全部被硬水中的钙、镁离子或氯离子、硫酸根离子、硝酸根离子、碳酸根离子等阳、阴离子所代替，树脂失去继续交换能力时，必须经再生后才可以恢复其交换能力。所以再生这一环节在离子交换整个过程中具有特殊的意义。再生的进行程度不仅对以后运行时的工作交换容量、出水水质有着直接的影响，而且再生剂的消耗量在很大程度上决定了离子交换系统运行的经济费用。

1. 离子交换树脂的再生原理

离子交换树脂的再生过程是用化学药剂洗脱被交换离子和其他杂质，使交换后的离子交换树脂恢复原来的组成和性能的过程，也称洗脱或解吸。再生过程所用到化学药剂被称为再生剂。在再生和淋洗同时进行的情况下，再生剂也称淋洗剂。离子交换树脂再生与离子交换互为逆过程，其动态平衡关系式如下。

阳离子交换树脂：

$$R—H+Na^+ \rightleftharpoons R—Na+H^+$$

阴离子交换树脂：

$$R—OH+Cl^- \rightleftharpoons R—Cl+OH^-$$

上面两个反应中，若反应向右进行为离子交换处理水的过程，若反应向左进行为交换树脂再生的过程。

2. 离子交换树脂的再生剂种类及其使用参数

树脂类型不同，使用的再生剂不同。Na 型离子交换树脂的再生剂是 8%～10%食盐溶液，H 型离子交换树脂的再生剂是 4%盐酸溶液，OH 型离子交换树脂的再生剂是 4%烧碱溶液。

除了再生方式影响离子交换树脂再生效果外，再生剂用量、浓度、温度和流速等都是影响再生过程的主要因素。再生效果的好坏直接影响交换容量的大小。再生过程中所用溶液的浓度、用量和流速最好通过实验方法求得，做到既经济节约又能达到最高的交换能力。

（1）再生剂用量。理论上，再生剂用量应与树脂工作交换容量相符合，但实际上由于交换反应是可逆的，再生剂用量需远超过理论用量才能满足再生的要求。实际操作中再生剂用量应为理论用量的 3～4 倍，此时树脂的工作交换容量可以恢复到原来的 70%～85%。经实验表明，交换树脂的再生程度随着再生剂用量的增加而提高；但提高到一定程度后，再继续增加再生剂的用量，再生程度提高甚少，再生剂用量过高的反而增加生产成本。

（2）再生剂浓度。实际生产中，需要合理地控制再生剂浓度，通常 HCl 以 3%～

5%为宜，NaOH 以 2%～4%为宜。一般情况下，再生剂的浓度越大，再生程度越高。当再生剂用量固定时，随着再生剂浓度的增大，再生剂的体积会减小，再生时流量减少，与树脂接触时间缩短，产生再生反应不匀，再生效果下降，纯水制备效果不佳，而且再生周期缩短，再生次数增加，再生过程中其他药剂如酸碱用量增大，增加成本。

（3）再生剂流速。再生反应速度不仅取决于离子的扩散速度，也取决于离子的价态。再生剂流速太小，不利于离子扩散，再生效果会受到影响；再生剂流速过快，有利于离子扩散，但与树脂的接触时间缩短，再生效果反而降低。另外，离子价态越低，所需反应时间越短。所以，再生剂的流速应控制适宜以保证再生反应充分，一般以 4～8 m/h为宜。

（4）再生剂温度。提高再生剂的温度，能同时加快内扩散和外扩散，有利于提高树脂再生效果。提高再生剂的温度，也能增强对树脂中的铁、铜以及其氧化物和硅杂质的清除程度。但再生剂温度不能超过树脂允许的最高使用温度，温度过高会导致树脂热稳定性下降。所以，再生剂的温度一般控制在 25～40 ℃为宜。

3. 离子交换树脂的再生方式

树脂失效后的再生方式有多种，大致可分为静态再生和动态再生两种。静态再生指的是在容器内用再生剂浸泡树脂，使之恢复到原来的工作状态的方法。动态再生是指让再生剂不间断地流过装有树脂的容器，使之恢复到原来的工作状态的方法。动态再生根据操作时再生剂的流向与运行时的水流方向，可分为顺流再生、逆流再生和分流再生三种。

（1）顺流再生。顺流再生是指再生剂流向与运行时水流方向一致的再生方式，通常是自上而下流动。顺流再生过程通常分为反洗、再生、淋洗和运用四个步骤。顺流再生方式装备简单，设备造价较低，操作方便，但树脂层底部树脂再生困难。再生后投入运行，硬度高的水首先接触再生程度最好的树脂层，开始处理效果较好；水继续下流，所接触的树脂再生程度逐渐变差，使交换反应逐渐难以进行，造成交换器运行初期出水硬度较高的现象。为保证再生质量，消耗的再生剂较多，运行成本较高。

1）反冲洗。反冲洗的目的是除去树脂层中的气泡、悬浮杂质、破碎的交换剂及积块，以保证再生液能更自由地通过树脂层，提高再生效率。原水自下而上通过树脂层，依靠水力使树脂层的树脂抖松。反洗流速不能过大，一般为 10～15 BV/h（即每小时流量为树脂装填体积量的 10～15 倍），以不流失树脂为度。进水流速开始时宜小，待树脂层翻动时逐步加大流速，至树脂层体积膨胀率增加 30%～50%最为适宜，维持这一流速，直到流出水清澈透明、树脂层中无气泡留存为终点，这一过程需要 30～50 min。反洗时要注意防止树脂被冲出，并在反洗水出口管下放置护网。

2）再生。紧接着反冲洗后的操作就是再生，使树脂恢复交换能力。再生采用正向再生，即再生剂自上而下地流过树脂层。再生剂可用原水稀释，但烧碱（氢氧化钠）一定用纯水稀释，以免产生氢氧化镁 $Mg(OH)_2$ 等沉淀物，污染树脂。食盐溶液应事先过滤澄清，否则会使杂质带入软化器中使交换能力下降。

反洗完毕后，放出树脂层上面过量的存水，一般留存水高 10 cm 左右，然后将预先过滤澄清的再生剂溶液自上而下流过树脂层，使进入的再生剂液量与排出的水保持平衡，流速为 3～5 BV/h（即每小时流量为树脂装填体积量的 3～5 倍）。再生液与树脂接触的时间与树脂类型有关，阳离子树脂一般为 30～60 min，阴离子树脂一般为 60～90 min。用食盐作再生剂时，再生后的废盐水可回收，备下次反洗时应用，可降低盐耗。

3）淋洗。淋洗又称正洗，作用是从上而下顺流通水，洗去离子交换树脂颗粒之间及表面上积存的再生剂。树脂经过再生后，交换塔中留存的再生剂必须淋洗干净，最初阶段的淋洗，实际上还是再生作用的继续，因为树脂层仍与再生剂接触，因为这个原因，一般淋洗流速不能超过再生时的流速。淋洗时，废再生液的去除不可中断，当再生剂置换出来(置换过程需 10～20 min）以后，可以逐步增加流速，直到接近正常运用流速为止。

①淋洗用水的选择。根据树脂类型的不同，选择淋洗用水。

Na 型离子交换树脂，可用原水淋洗，直到硬度符合使用要求。

H 型离子交换树脂，最好用纯水，一般淋洗终点可用酸、碱滴定的方法控制，淋洗废水中酸度或碱度在 30 mg/L(以 $CaCO_3$ 计）以下作为终点。如无纯水作为淋洗液，H 型离子交换树脂可用原水淋洗。当用原水作为淋洗用水时，最初阶段由于塔中留存较多量的酸，因此可看作塔中酸的逐步稀释过程。H 型阳离子交换树脂与原水中的阳离子进行交换，流出的水是酸性的，当淋洗流出液的酸度下降到恒定值时，可作为淋洗终点。

OH 型离子交换树脂，必须用纯水淋洗。

②淋洗终点的测定方法。

软化水硬度，见第二章印染用水水质分析。

纯水 pH 值。取被测水样 100 mL，加酚酞指示剂 3 滴，用 0.02 mol/L NaOH(或 0.01 mol/L H_2SO_4)进行滴定，耗碱(或酸)1 mL，即表示含酸(或碱)10 mg/L(以 $CaCO_3$ 计)。

4）运用。离子交换树脂经过反洗、再生、淋洗处理后，就可进行交换。对 Na 型离子交换树脂来说，再投入运行时还要进行正洗到出水合格为止。对纯水制作设备而言，原水自上而下地流过树脂层，先通过阳离子交换塔，再经过阴离子交换塔，初期出水因树脂层中残留着微量的酸（或碱），所得的纯度较低，但出水的水质就会很快上升。如水质上升速度较慢，说明前三项操作过程不充分，需及时纠正。离子交换软化水设备工作原理，如图 3—2—3 所示。

（2）逆流再生。逆流再生是指再生剂流向与运行时水流方向相反的再生方式。设备运行时处理水由上向下流，再生时再生剂由下向上流经离子交换剂层，再生剂流向与进水相反，树脂层底部树脂与新鲜再生剂接触，再生彻底，再生剂消耗量降低，较顺流方式有较高的再生度；但设备较复杂，操作运行麻烦，对操作生产要求高。与顺流再生相比较，采用逆流再生提高了再生剂利用率，降低再生剂消耗量 30％～50％；提高出水质量；降低清洗水消耗量 30％～50％；降低再生废液排放量与排放浓度，排放再生废液中酸、碱浓度小于 1％。逆流再生后投入运行时，硬度较大的水先接触再生程度差的树脂层，随着水质变好，接触的树脂再生程度越来越好，出水最后经过再生程度最好的树脂层，水质好且稳定。逆流再生过程分为小反洗、放水、顶压、再生、置换、小正洗和大反洗等步骤，如图 3—2—4 所示。

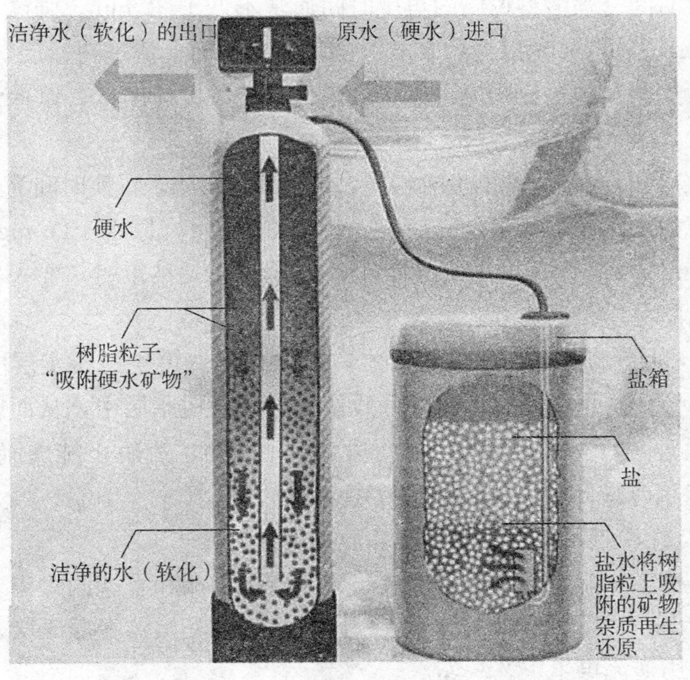

图 3—2—3 离子交换软化水设备工作原理

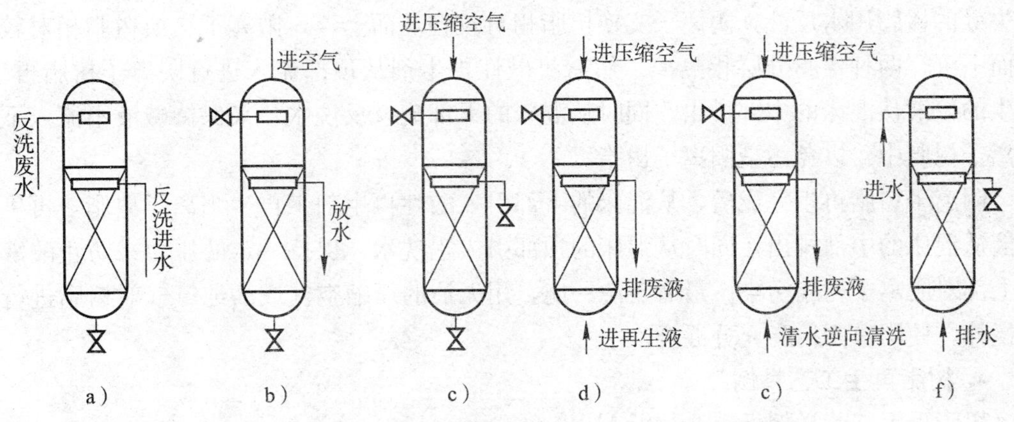

图 3—2—4 气顶压法离子交换树脂逆流再生示意图

a）小反洗 b）放水 c）顶压 d）再生 e）置换 f）正洗

1）小反洗。其作用是清洗树脂压实层中的杂质，疏通支排管滤网，使树脂压实层平整并膨胀成悬浮状态。反洗流速为 10～15 m/h，时间一般为 15～20 min，小反洗至排水清晰时为止。小反洗后放水，打开进气阀，将中排管以上的水由中排管放出，直至中排管无水排出为止。此时树脂层内及以上空间的水全部排尽，保证压实效果。

2）顶压操作。顶压操作是整个再生过程中防止树脂“乱层”的关键。排水后从交换器顶部送入经过净化的压缩空气，使气压维持在 0.03～0.05 MPa。顶压过程要一直维持到置换结束，其间气压应稳定。

3）再生。进再生剂时，逆流再生所需再生剂的量接近于理论值，所以要保证再生剂与树脂的接触时间（强酸型树脂的再生时间通常不低于 30 min，强碱型树脂的再生时间不低于 60 min）。将再生剂以大约 5 m/h 的流速自下而上流过树脂层，由中排管排出。由于逆流再生所用药剂的量比顺流再生少，因此药液浓度应略低，以保证进液时间不少于 30 min。

4）置换。置换时水流与进再生时相同，流速为 5 m/h，置换时间为 25～30 min。置换终点时，钠床的出水硬度＜0.5 mmol/L 或出水 Cl^-＜（原水＋20 mg/L）；阳床的出水酸度＜3～5 mmol/L；阴床的出水碱度＜0.5 mmol/L。结束时，要先关进水阀，然后再停止顶压，以防乱层。

5）小正洗。从上部进水，中排管出水，目的是冲洗再生后压实层中的部分废再生剂和再生产物残留，防止正洗时把这部分残留废液带到树脂层中，从而影响床层的再生效果。小正洗流速为 10～15 m/h，时间为 2～10 min。然后正洗，流速一般为 10～15 m/h，以出水水质符合运行控制指标为终点。

6）大反洗。操作与顺流再生时相同，应定期进行。

（3）分流再生。分流再生是指再生液从交换器的上端和下端同时进入，由树脂层中间的排水装置排出，运行时水自上而下流过床层。这种交换器上部床层采用顺流再生工艺，下部床层采用逆流再生工艺。

对流再生主要是在同时装有阴、阳两种树脂的混床进行再生时应用。首先对混床中已失效的树脂用水反洗，阴离子交换树脂相对较轻从而上浮，阳离子交换树脂相对较重从而下沉，两种树脂分层相隔离。然后将碱性再生剂从顶部流入进行阴离子树脂再生，再生的废液从混床的中部排出。同时从混床的下部流入反洗水，来保持碱液不流入下部阳离子树脂中，以免污染阳离子树脂。

阴离子树脂再生完成后，从混床的下部引入酸性再生剂来再生阳离子树脂，再生的废液从混床的中部排出，同时从混床的顶部引入正洗水，保持一定的压力来防止酸液进入上部对阴离子树脂污染。最后正洗一遍，用无油的压缩空气或高纯氮气对树脂进行充分搅拌，使阴、阳树脂充分混合。

4. 树脂再生工艺举例

树脂再生工艺举例见表 3—2—1。

表 3—2—1　　树脂再生工艺举例

项目	再生工艺
树脂	732 苯乙烯型强酸性阳离子交换树脂 1.2 m^3
原水	自来水，总硬度 6～7 度（德度）
再生剂	工业用精盐 150 kg/周期
软水收量	500 t/周期

续表

项目	再生工艺
软水硬度	0.0度（德度）400 t与0.3度（德度）100 t
再生时间	3～4 h
再生剂耗用量	生产软水1 t耗用食盐约0.3 kg

5. 注意事项

（1）离子交换树脂的使用和补充。离子交换树脂含有一定量的水分，使用及储存时应维持水分，防止风干，密闭保存保持含水湿润，以免水分挥发而再度湿润时体积突然膨胀，导致树脂破碎强度下降。使用或使用间歇期间，要防止冰冻而使树脂破碎强度下降。使用树脂时应防止铁锈、油污、强氧化剂、有机物等，以免氧化降解、污染中毒等现象发生。

运行时，每1～2 h测定水质一次；接近失效时，应加强控制，缩短测定周期。对交换剂使用的损耗和破碎交换剂的流失，应按需要补充。

（2）若离子交换树脂污染较严重，需进行特殊处理。可用酸或碱性食盐溶液反复处理，处理温度约为70 ℃。如先用10%食盐加1%氢氧化钠溶液溶解有机物，然后用4%盐酸或分别用10%氢氧化钠及1%盐酸溶解无机物，再用10%食盐加1%氢氧化钠处理。

若上述处理的效果未达要求，可用氧化法处理。先用水洗涤树脂，再用0.5%次氯酸钠溶液处理，随后用水洗涤，最后用盐水处理。由于氧化处理可能使树脂结构中的大分子连接键被氧化，导致树脂降解，膨胀度增大，使树脂产生碎裂，故不宜常用，通常使用50周期后才进行一次氧化处理。因氯型树脂有较强的耐氧化性，可在树脂氧化处理前先用盐水处理转换为氯型。

六、离子交换容量及相关计算

1. 离子交换容量

离子交换树脂的交换能力有一定的限度，称为离子交换容量。交换容量是表示单位质量干树脂所能交换的离子（相当于一价离子）的物质的量，即每克或每毫升干树脂所能交换的相当于一价离子的物质的量。交换容量描述离子交换树脂的交换能力的大小，是离子交换树脂的重要性能参数。

离子交换容量又分为总交换容量和工作交换容量。总交换容量是单位质量或体积的离子交换树脂中全部活性基团的数量，以mmol/g或mmol/mL表示。总交换容量的大小决定树脂的出厂质量验收是否合格。工作交换容量是表示在实际操作条件下，单位体积树脂实际参与交换的活性基团量，一般为总交换容量的60%～70%。工作交换容量的大小与树脂颗粒大小、交换基团类型、溶液离子浓度，以及树脂床高度、流速有关，所以不是固定不变的。工作交换容量是运行设计的主要参数，它能直接反映设备是否能够正常运行。

2. 离子交换的相关计算

（1）离子交换的基本公式。离子交换树脂处理水的过程中，同样遵循物质守恒定律，即树脂吸附硬度的总量等于软化水去除硬度的总量，公式表示如下：

$$FhE_{工}=QT_{运}H$$

式中 F——离子交换器横截面积，m^2；

h——树脂层的高度，m；

$E_{工}$——树脂工作交换容量，Eq/m^3；

Q——交换器软化水流量，m^3/h；

$T_{运}$——交换器连续运行时间，h；

H——原水硬度，mEq/L。

上式中，左边表示交换器在给定工作条件下离子交换树脂具备的实际交换能力，右边表示离子交换树脂吸着的水的硬度总量。交换器内树脂的总体积 $V=Fh$，交换器连续运行的软化水总量 $q=QT_{运}$，所以上式可推导为：

$$VE_{工}=qH$$

式中 V——交换器内树脂的总体积，m^3；

$E_{工}$——树脂工作交换容量，Eq/m^3；

q——交换器连续运行的软化水总量，m^3；

H——原水硬度，mEq/L。

（2）工作交换容量的计算。在实际生产中，交换器的尺寸及树脂填充高度是一定的，所以交换器内树脂的总体积是固定的。交换器的流量、运行周期是可设定的，原水硬度是可以测定的。因此，常根据上式计算树脂实际工作交换容量，用来评价交换器的运行效果。

$$E_{工}=\frac{qH}{V}$$

（3）工作周期的计算。交换器工作周期简称周期，是指交换器连续工作的时间，包括运行时间和再生时间。一般工作周期为 12～24 h，可以根据时间情况适当延长，但不能超过 40 h。工作周期越长，操作次数减少，劳动强度减小，但交换器设备需增大，生产成本增高。工作周期的计算公式为：

$$T=T_{运}+T_{再}$$

（4）再生剂用量的计算。每台交换器所消耗的再生剂量计算公式为：

$$G=Fha$$

式中 G——每台交换器再生一次消耗的再生剂量，kg；

a——再生水平，kg/m^3；

F——离子交换器横截面积，m^2；

h——树脂层的高度，m。

由于交换器的截面积 $F=\pi(\frac{d}{2})^2=0.785\,d^2$，所以上式可推导为：

$$G=0.785\,d^2ha$$

离子交换树脂测定及纯水制备

一、实验目的

1. 掌握离子交换树脂类型的鉴别方法。
2. 学会离子交换树脂总交换容量及工作交换容量的测定。
3. 熟悉离子交换设备的操作。
4. 熟悉离子交换纯化水的过程。

二、实验原理

1. 离子交换树脂的类型

离子交换树脂按照所交换离子的种类可分为阳离子交换树脂和阴离子交换树脂两种。离子交换树脂按照其离子基团的性质可分为强酸型阳离子交换树脂、弱酸型阳离子交换树脂、强碱型阴离子交换树脂、弱碱型阴离子交换树脂。

2. 离子交换树脂总交换容量及工作交换容量的测定

（1）静态法测定离子交换树脂总交换容量。向H型阳离子交换树脂中加入过量（定量）的一元强碱（如氢氧化钠）标准溶液浸泡，交换达到平衡时：

$$RH+NaOH = NaR+H_2O$$

反应式中，RH表示阳离子交换树脂（氢型），其官能团可以是磺酸基和/或羧基和酚基；RNa表示阳离子交换树脂（钠型）。

用一元强酸（如盐酸）标准溶液滴定剩余的碱，可根据滴定未反应的碱量计算出阳离子交换树脂的全交换容量，计算公式为：

$$\text{总交换容量(mmol/g)}=\frac{c_{NaOH}\times V_{NaOH}-c_{HCl}\times V_{HCl}}{m_{树脂}}$$

（2）动态法测定离子交换树脂工作交换容量。将一定量的H型阳离子交换树脂加入交换柱中，用Na_2SO_4溶液以一定的流速通过交换柱，Na^+离子与RH发生离子交换反应，交换下来的H^+用氢氧化钠标准溶液滴定。

$$RH+Na^+ = NaR+H^+$$

$$H^+ +OH^- = H_2O$$

计算公式为：

$$\text{工作交换容量(mmol/g)}=\frac{c_{NaOH}\times V_{NaOH}}{m_{树脂}}$$

3. 离子交换树脂法制备纯水

利用阴阳树脂共同工作是目前制取纯水的基本方法之一。阳树脂自身可交换的离子与水中阳离子交换，去除阳离子。阴树脂自身可交换的离子官能团与水中阴离子交换，去除阴离子。把两种交换柱串联起来，就能够有效地去除水中绝大部分离子，从而达到制备纯水的目的。水中所含阴阳离子多少，直接影响溶液的导电性能，经阴阳离子交换的水中，离子的含量很少，在工业用水测定时，常常用水的电导率来表示离子交换的水质，也可用检验离子的方法表示纯水水质。

阳离子交换树脂的交换：

$$H_2R + M^{2+} \longrightarrow MR + 2H^+$$

阴离子交换树脂的交换：

$$R(OH)_2 + A^{2-} \longrightarrow RA + 2OH^-$$

反应式中，R 表示树脂，M^{2+} 表示阳离子，A^{2-} 表示阴离子。

三、仪器材料

1. 仪器

试管、烧杯、分析天平、具塞三角烧瓶、移液管、水浴锅、烧杯、离子交换柱（也可用碱式滴定管代替）、铁架台、电导率仪。

2. 实验试剂

（1）阳离子交换树脂、阴离子交换树脂、纯水、1 mol/L HCl、10% $CuSO_4$、5 mol/L NHOH、1 mol/L NaOH、0.1%酚酞、0.1%甲基红。

（2）阳离子交换树脂、纯水、0.1 mol/L NaOH 标准溶液、甲基红－次甲基蓝混合指示液、0.1 mol/L 的 HCl 标准溶液、4 mol/L HCl 溶液、玻璃棉、0.5 mol/L Na_2SO_4、0.1%酚酞。

（3）717（201×7）强碱型阴离子交换树脂、732（001×7）强酸型阳离子交换树脂、纯水、2 mol/L NaOH、2 mol/L HCl、0.1 mol/L $AgNO_3$、NH_3－NH_4Cl 缓冲溶液（pH＝10）、铬黑 T 指示剂、玻璃纤维或棉花。

四、实验步骤

1. 离子交换树脂类型的鉴别

（1）阳离子交换树脂和阴离子交换树脂的鉴别。取待测树脂 2～3 mL 放置于试管中，弃掉树脂上附着的水，向试管中加 1 mol/L HCl 溶液 15 mL，充分摇动 1～2 min 后，弃掉上清液，重复操作 2～3 次。再向试管中加入 10% $CuSO_4$溶液 5 mL，充分摇动，弃掉上清液，重复操作 2～3 次。用纯水洗 2～3 次，观察颜色是否变化。颜色变成浅绿色的为阳离子交换树脂，不变色的为阴离子交换树脂。

（2）强酸性和弱酸性阳离子交换树脂的鉴别。若步骤 1 颜色变为浅绿色，向树脂变色的试管加入 5 mol/L NHOH 溶液 2 mL，充分摇动，弃掉上清液，重复操作 2～3 次。用纯水洗 2～3 次，观察颜色是否变化。颜色变为深蓝色的为强酸性阳离子交换树脂。如不变色，则为弱酸性阳离子交换树脂。

（3）强碱性、弱碱性阴离子交换树脂和非离子交换树脂的鉴别。若步骤1颜色不变，向树脂不变色的试管加入1 mol/L NaOH溶液5 mL，充分摇动，弃掉上清液，重复操作2～3次。用纯水洗2～3次，加0.1%酚酞5滴，充分摇动、洗涤，观察颜色是否变化。若颜色变为粉红色，为强碱性阴离子交换树脂。若树脂不变色，继续加入1 mol/L HCl溶液5 mL，充分摇动，弃掉上清液，重复操作2～3次。用纯水洗2～3次后，加0.1%甲基红5滴，充分摇动、洗涤，观察颜色是否变化。若颜色变为红色，为弱碱性阴离子交换树脂；若不变色，则说明无离子交换能力，证明不是离子交换树脂。

（4）强酸性阳离子交换树脂和强碱性阴离子交换树脂鉴别的简易方法。利用强酸性树脂的密度大于强碱性树脂的密度的性质，将2 mL树脂置于30 mL试管中，加入15 mL饱和食盐水，摇动片刻，若树脂沉于底部便是强酸性树脂，树脂漂浮在饱和食盐水上面则是强碱性树脂。利用上述方法可以将混杂在一起的强型阴、阳离子交换树脂分离开。

2. 离子交换树脂交换容量的测定

（1）阳离子交换树脂总交换容量的测定。在分析天平上用减量法称取阳离子交换树脂1.0～1.5 g（准确至0.000 1 g）一份，置于三角烧瓶中，用移液管加入0.1 mol/L氢氧化钠标准溶液100 mL，摇匀，将瓶塞盖严，在常温（强酸型阳离子交换树脂大于12 ℃，弱酸型阳离子交换树脂需60 ℃水浴锅中）下浸2 h。

用移液管从具塞三角烧瓶中吸取25 mL浸泡液（不得吸出树脂颗粒），置于三角烧瓶中，加入50 mL纯水和3滴甲基红一次甲基蓝混合指示液。用0.1 mol/L盐酸标准溶液滴定至微紫红色保持15 s不褪色，即为终点。平行三次。同时进行空白试验。

（2）离子交换树脂工作交换容量的测定

1）树脂的预处理。精确称取干燥阳离子交换树脂20 g于烧杯中，用4 mol/L HCl溶液100 mL搅拌，浸泡1～2天，使之溶胀、溶解，除去杂质。

2）装柱。将玻璃棉润湿塞在交换柱下端使之平整，加10 mL纯水，将洗净的树脂连水加入交换柱中，注意防止混入气泡。在装柱及之后的过程中，必须使树脂层浸在液面下约1 cm处，柱高15～20 cm。水洗树脂至中性，放出多余的水。为防止在后面的加液中树脂被冲走，在柱的上面也加一层玻璃棉。

3）交换。向交换柱内不断加入0.5 mol/L Na_2SO_4溶液，用250 mL容量瓶收集流出液，调节流速为2 mL/min，流过10 mL Na_2SO_4溶液后，用pH试纸检验，直到滤下溶液呈中性为止。

4）滴定。将收集液稀释至刻度，摇匀。移液管移取25 mL稀释液于250 mL锥形瓶中，加2滴酚酞，用0.1 mol/L NaOH溶液滴定至无色变粉红色，记录消耗的体积。平行三次。

3. 离子交换树脂法制备纯水

（1）树脂的预处理

1）阴离子交换树脂的预处理。将717（201×7）强碱型阴离子交换树脂用纯水浸泡2 h，倾去水；加2 mol/L NaOH浸泡12 h，除去树脂中能够被碱溶解的杂质，倾去碱液，用纯水洗至接近中性；加 2 mol/L HCl 浸泡 12 h，除去树脂中能够被酸溶解的杂质，倾去酸液，用纯水洗至接近中性；加 2 mol/L NaOH 浸泡 12 h，使树脂全部转化成 OH^- 型，倾去碱液，用纯水洗至接近中性；用纯水浸泡备用。

2）阳离子交换树脂的预处理。将 732(001×7) 强酸型阳离子交换树脂用纯水浸泡 2 h，倾去水；加 2 mol/L HCl 浸泡 12 h，除去树脂中能够被酸溶解的杂质，倾去酸液，用纯水洗至接近中性；加 2 mol/L NaOH 浸泡 12 h，除去树脂中能够被碱溶解的杂质，倾去碱液，用纯水洗至接近中性；加 2 mol/L HCl 浸泡 12 h，使树脂全部转化成 H^+ 型，倾去酸液，用纯水洗至接近中性；用纯水浸泡备用。

（2）装柱。将交换柱固定在铁架台上。在一支长约 30 cm，直径 2 cm 的交换柱内，交换柱下面放一团玻璃纤维或棉花，在柱中注入少量蒸馏水，排出管内的玻璃毛和尖嘴中的空气，然后将已处理并混合好的树脂与水一起从上端逐渐倾入柱中，树脂沿水下沉，这样不致带入气泡（混合树脂也是这样装柱）。在整个操作过程中，树脂要一直保持被水覆盖。如果树脂床中进入空气，会产生偏流使交换效率降低，若出现这种情况，可用玻璃棒搅动树脂层赶走气泡。

将乳胶管内空气排尽，一端接到装有混合树脂的交换柱出水口，另一端放入一个装有纯净水的烧杯中，中间固定在蠕动泵上，开启蠕动泵对混合树脂进行反冲，不断调节蠕动泵的转速，使混合树脂中的杂质尽量去除，阴阳离子树脂分层。

（3）纯水制备。将自来水慢慢注入阳离子交换柱中，同时打开螺旋夹，使水成滴流出（流速 1～2 滴/s），等流过约 10 mL 以后，截取流出液作水质检验，直至检验合格。将检验合格的水注入阴离子交换柱中，同样重复以上步骤。将通过阳离子树脂和阴离子树脂的水注入混合树脂柱中，最后检查水的 pH 值。

（4）水质检验

1）检验 Ca^{2+}、Mg^{2+} 离子。分别取 5 mL 交换水和自来水，各加入 3～4 滴 NH_3－NH_4Cl 缓冲液及 1 滴铬黑 T 指示剂，观察现象。交换过的水呈蓝色，表示基本上不含 Ca^{2+}、Mg^{2+} 离子。

2）检验 Cl^- 离子。分别取 5 mL 交换水和自来水，各加入 1 滴 5 mol/L HNO_3 和 1 滴 0.1 mol/L $AgNO_3$ 溶液，观察现象。交换水无白色沉淀。

3）用电导率仪分别测定纯化水和自来水的电导率。水中杂质离子越少，水的电导率就越小，用电导率仪测定电导率可间接表示水的纯度。习惯上用电阻率（即电导率的倒数）表示水的纯度。理想纯水有极小的电导率，其电阻率在 25 ℃时为 $1.8\times10^7\ \Omega\cdot cm$（电导率为 0.056 μS/cm）。普通化学实验用水电阻率为 $1.0\times10^5\ \Omega\cdot cm$（电导率为 10 μS/cm），若纯化水经测定达到这个数值，即合乎要求。

五、实验数据及结果整理

1. 离子交换树脂类型的鉴别

观察实验中树脂颜色变化，记录在表 3—2—2 中。

表 3—2—2　　离子交换树脂类型的鉴别

类型	强酸型阳离子交换树脂	弱酸型阳离子交换树脂	强碱型阳离子交换树脂	弱碱型阳离子交换树脂	非离子交换树脂
现象					
结论					

2. 阳离子交换树脂总交换容量和工作交换容量的计算

（1）总交换容量

1）计算公式：

$$Q(\mathrm{mmol/g})=\frac{c_{\mathrm{NaOH}}\times V_{\mathrm{NaOH}}-c_{\mathrm{HCl}}\times V_{\mathrm{HCl}}\times\frac{100}{25}}{m_{树脂}}$$

式中　Q——每克干阳离子交换树脂总的交换容量，mmol/g；

c_{NaOH}——NaOH 溶液的浓度，mol/L；

V_{NaOH}——NaOH 溶液的体积，mL；

c_{HCl}——HCl 溶液的浓度，mol/L；

V_{HCl}——HCl 溶液的体积，mL；

$m_{树脂}$——树脂干质量，g。

2）数据分析填入表 3—2—3 中。

表 3—2—3　　阳离子交换树脂总交换容量的计算

项目	Ⅰ	Ⅱ	Ⅲ
$m_{树脂}$(g)			
c_{NaOH}(mol/L)			
V_{NaOH}(mL)			
c_{HCl}(mol/L)			
V_{HCl}(mL)			
Q(mmol/g)			
Q 平均值(mmol/g)			
绝对偏差			
平均偏差			
相对平均偏差（%）			

（2）工作交换容量

1）计算公式：

$$E(\mathrm{mmol/g})=\frac{c_{\mathrm{NaOH}}\times V_{\mathrm{NaOH}}}{m_{树脂}\times\frac{25}{100}}$$

式中　E——1 g 干阳离子交换树脂总的工作交换容量，mmol/g；

c_{NaOH}——NaOH 溶液的浓度，mol/L；

V_{NaOH}——NaOH 溶液的体积，mL；

$m_{树脂}$——树脂干质量，g。

2）数据分析填入表 3—2—4 中。

表 3—2—4　　阳离子交换树脂工作交换容量的计算

项目	Ⅰ	Ⅱ	Ⅲ
$m_{树脂}$(g)			
c_{NaOH}(mol/L)			
V_{NaOH}(mL)			
Q(mmol/g)			
Q 平均值(mmol/g)			
绝对偏差			
平均偏差			
相对平均偏差（%）			

3. 离子交换树脂法制备纯水质量检验

观察实验现象，记录在表 3—2—5 中。

表 3—2—5　　水质检验

项目	自来水	纯化水
Ca^{2+}、Mg^{2+}		
Cl^-		
电导率(μS/cm)		
纯化水是否合格		

第三节　过滤膜法纯水制备

一、膜分离技术原理

过滤膜是一种具有特殊选择性分离功能的无机或高分子材料，它能把流体分离成不相同的两个部分，使其中的一种或几种物质透过，而将其他物质分离出来。过滤膜除用作纯水制备外，还可用于超纯水制备和海水淡化，以及城市管道水处理、各种废水处理等。

膜分离技术是近年新开发的一种高效分离技术，它是利用具有微孔的过滤膜来处理液体，将其中很小的微粒甚至溶解的物质截留分离出来的物理分离技术。膜分离技术原理如图 3—3—1 所示。需要特别指出，在给水系统有一种生物膜处理原水的方法，但它与过滤膜分离技术不同。用作膜分离的膜叫作 membrance，用作生物膜处理的膜叫作 film。

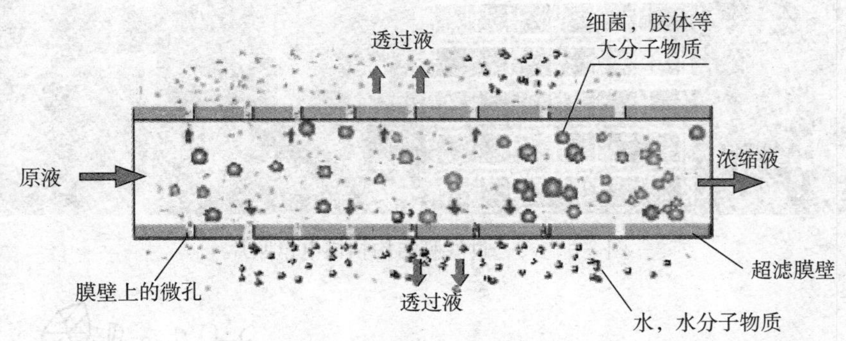

图 3—3—1 膜分离技术原理示意图

由于膜分离技术兼有分离、浓缩、纯化和精制的功能，又有高效、节能、环保、分子级过滤及过滤过程简单、易于控制等特征，因此，已广泛应用于食品、医药、生物、环保、化工、冶金、能源、石油、水处理、电子、仿生等领域，产生了巨大的经济效益和社会效益，已成为当今分离科学中最重要的手段之一。膜技术是环境保护和环境治理的首选产业技术，日益显示出光明前景。

二、过滤膜分类

按照滤膜微孔直径的大小，膜孔从粗到细分为微滤膜（micro filtration，MF）、超滤膜（ultra filtration，UF）、纳诺滤膜（nano filtration，NF）和反渗透膜（reverse osmosis，RO），它们都是用压力差为推动力来进行过滤，就是利用压力使水透过膜。

1. 微滤膜

微滤是以膜材料为过滤介质的一种精密过滤，其使用的微孔膜、微滤膜具有类似筛网状的结构（见图 3—3—2），是由天然或合成高分子材料所形成。微滤膜有形态较整齐的多孔结构，孔径分布较均一，具有过滤精度高、膜的空隙率大、过滤速率高的特点。微滤过滤时近似过筛的机理，使所有直径大的粒子全部拦截在滤膜表面上，通常直接用测得的平均孔径来表示其截留特性。微滤膜的孔径分布较广（为 0.02～10 μm），膜厚 50～250 μm。微滤膜平均孔径为 0.02～0.1 μm，能截留直径 0.05～0.2 μm 的微粒或分子量大于 1 000 000 的高分子溶质、细菌和细小的悬浮颗粒，所用压差为 0.01～0.2 MPa，压力波动不会影响它的过滤效果。由于过滤只限于表面，因此便于观察、分析和研究截留物。微滤膜过滤介质薄，颗粒容纳量小，因此在使用时宜设置预过滤装置。

微滤膜的分离原理可分为机械截留、吸附截留、架桥截留、膜内部网络中截留四种，如图 3—3—3 所示。机械截留是在静压差作用下，小于膜孔的粒子通过滤膜，大于膜孔的粒子被截留。吸附截留是由于膜表面的吸附作用截留杂质粒子。架桥截留与表面过滤相似，由于架桥作用使小于膜孔的粒子被截留。膜内部网络中截留是指杂质微粒不仅在膜表面被截留，在网络内部也被截留。

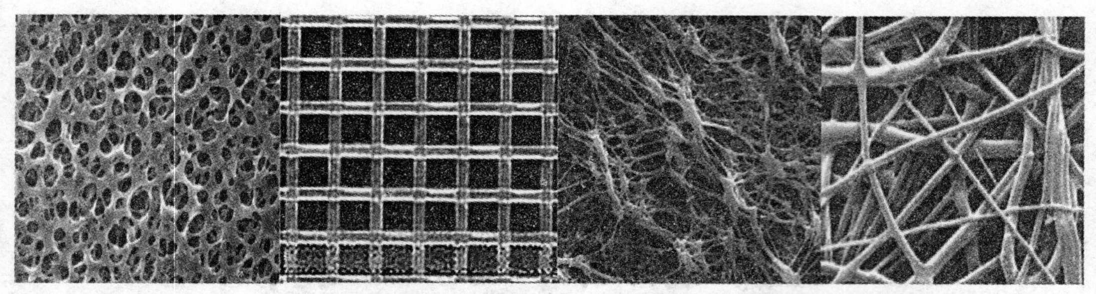

图 3—3—2　过滤膜结构扫描电镜照片

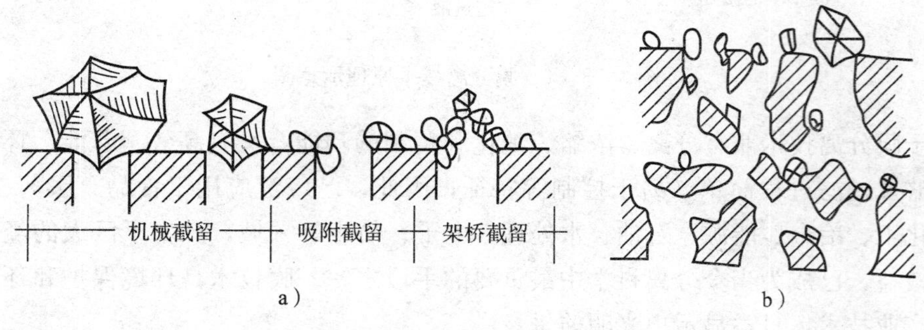

图 3—3—3　膜的截留作用

a）在膜表面截留　b）在膜内部截留

微孔过滤为静态过滤，一般采取搅拌溶液的方法消除过滤过程中产生的浓差极化层。

2. 超滤膜

超滤使用非对称性膜，由表面活性层和支撑层两层组成，表面活性层很薄，厚度 0.1～1.5 μm，有孔径为 1～20 nm 的微孔，孔径较均匀，排列有序，能够截留分子量为 300～300 000 的各种蛋白质分子，或相应分子量的大分子和胶体微粒。超滤所用压差为 0.1～0.5 MPa。膜支撑层厚度 200～250 μm，支撑着表面活性层，使膜有足够的强度，能承受压力。由于支撑层疏松、孔径大，所以流通阻力小。

超滤的机理并不能简单地用筛分作用解释，粒子被截留的原因还可能是在过滤膜的表面上和膜孔内部发生的吸附行为。超滤过程是动态过滤，如图 3—3—4 所示。当超滤膜在分离溶质与溶剂时，膜表面不断受到流动溶液的冲刷，所以不易形成浓差极化层。

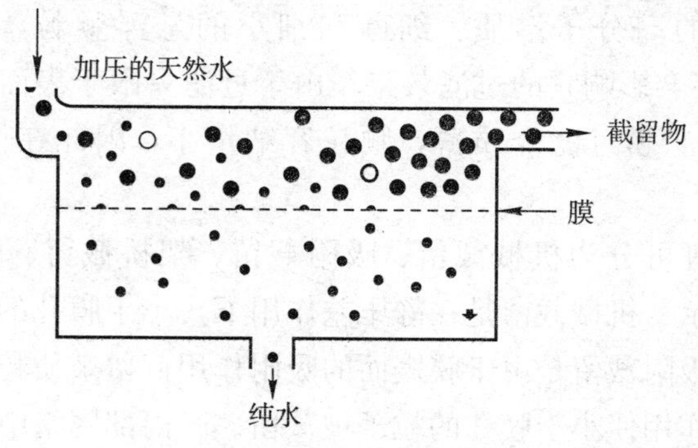

图 3—3—4　超滤膜的分离原理

3. 纳诺滤膜

纳诺滤膜简称纳滤膜，由于在渗透过程中截留率大于95%的最小分子为1 nm，即该工艺适宜于分离大小为1 nm以上的溶解组分，因此被命名为“纳滤”。纳滤的分离性能介于超滤和反渗透之间，它能透过被反渗透膜截留的无机盐分子，也能截留透过超滤膜的小分子量的有机物。实验表明，90%的NaCl可透过膜，而99%的蔗糖分子会被截留。纳诺滤膜分离分子量小于100的物质，以去除三卤甲烷、异味、色度、农药、可溶性有机物、钙、镁等。纳滤过程是以压力差为推动力的膜分离过程，是一个不可逆过程。纳诺滤膜分离需要的跨膜压差一般为0.5～2.0 MPa。纳诺滤膜组件的操作压力一般为0.7 MPa左右，最低的为0.3 MPa。

在用水处理中，当水源水质严重污染的情况下，纳滤技术具有相当优势。作为高级处理手段，纳滤已出现在用水处理流程中，特别是法国多家水厂已实现应用。

4. 反渗透膜

反渗透是研究较早的膜分离技术，应用较广泛。反渗透所用的膜称为半透膜，由于其微孔更小，只能通过水或有机溶剂，不能通过盐类和其他溶解的物质。

物质溶解在水中成为溶液，它有渗透压，溶液浓度高时渗透压较大。渗透压的数值还与溶解物的种类有关。在一定的温度下，多数物质的溶液的渗透压近似地正比于溶质的摩尔分数。几种常见物质在浓度为1 g/L、温度为25 ℃时的渗透压见表3—3—1。

表3—3—1　几种常见物质在浓度为1 g/L、温度为25 ℃时的渗透压　MPa

溶质	NaCl	蔗糖	$NaHCO_3$	Na_2SO_4	$MgSO_4$	$MgCl_2$	$CaCl_2$
渗透压	0.076	0.006 9	0.089	0.041	0.028	0.069	0.055

如果在半透膜的一侧为纯水，另一侧为某种物质的溶液，则由于渗透压的作用，水会透过半透膜进入溶液中，将溶液稀释，并使溶液的液面升高，液面升高所增加的静液压就等于溶液在该浓度下的渗透压。如果在溶液一侧施加较大的静压力（超过渗透压），则溶液中的水就会透过半透膜进入另一侧的水中，使溶液浓度升高，这种作用称为反渗透。利用反渗透可以将溶液中的水分分离出来，如图3—3—5所示。

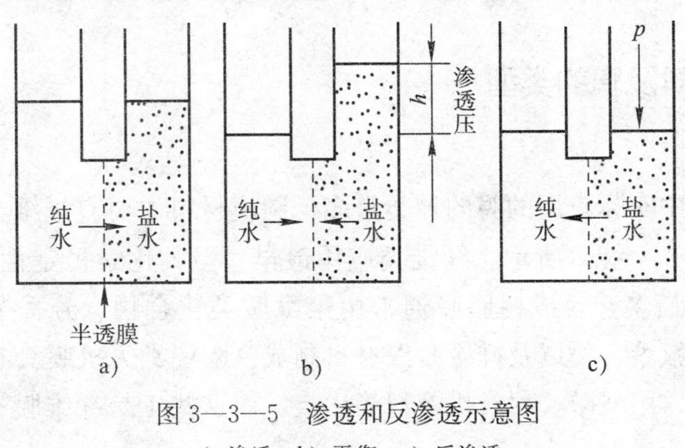

图3—3—5　渗透和反渗透示意图

a）渗透　b）平衡　c）反渗透

反渗透膜主要是非对称性膜、复合膜和中空纤维膜。非对称性反渗透膜的表层有很微细的微孔，直径约 2 nm，厚度为 0.2～0.5 μm；底层为海绵结构，孔径为 0.1～1 μm，从上到下逐渐扩大，该层厚度为 50～100 μm。这种膜的透水速率为 0.2～0.6 $m^3/(m^2$ · 天)。复合膜的表层是超薄膜，厚度约为 0.04 μm，其下用多孔支撑层和纺织物加强，透水速率更高，可达 1 $m^3/(m^2$ · 天)。中空纤维反渗透膜的直径很小，外径 25～150 μm，表层厚 0.1～1 μm，壁厚取决于工作压力，外径与内径之比一般为 2。由于它的壁厚与管径之比较大，不需要支持就能承受较高的外压，故设备结构可以简化，一定容积内的膜面积较大。

反渗透只透过水（或有机溶剂），截留无机离子和一些分子量低于 300 的有机物，截留粒径为 0.1～1 nm。这种方法主要用以分离水（或溶剂）。反渗透所用的工作压力高于超滤和微滤，一般为 2～10 MPa。

综上所述，过滤膜各项指标性能比较见表 3—3—2。

表 3—3—2　过滤膜各项指标性能比较

过程	符号	膜	孔径(nm)	厚度(μm)	截留	压差(MPa)
微孔	MF	多孔膜	20～100	50～250	悬浮颗粒	0.01～0.2
超滤	UF	非对称膜	1～20	0.1～1.5	大分子和胶体微粒等	0.1～0.5
纳诺滤	NF	非对称膜	1～10	—	小分子有机物，Ca、Mg 离子	0.7 左右
反渗透	RO	非对称膜或复合膜	0.1～1	最薄 30 nm	溶质、盐等(悬浮颗粒、大分子和胶体微粒)	2～10

根据水中物质直径范围和膜孔径的大小，微滤、超滤和反渗透三种方式截留和透过物质的基本类型如图 3—3—6 所示（虚线的上方为截留，下方为透过）。

悬浮固体微粒、分子量大于10^6的高分子物质、细菌等

微滤膜 --

蛋白质和多数胶体物质

超滤膜 --

蔗糖及各种可溶性物质

反渗透膜 ---------------------------

水

图 3—3—6　微滤、超滤和反渗透三种方式截留和透过物质的基本类型

三、制膜材料及膜的类型

1. 制膜材料

在生产和生活中实际应用的膜的种类繁多，制膜材料主要有纤维类、合成树脂类和陶瓷类三种，如图 3—3—7 所示。纤维类应用最早，但其化学稳定性、耐久性都较差。合成树脂膜类应用最多，合成树脂膜通常由聚酰胺类化合物、芳香杂环类化合物、聚砜、聚烯烃类、含氟聚合物以及硅橡胶等材料制成。陶瓷类无机膜具有高温下热稳定性好、化学稳定性好、耐酸碱、耐有机溶剂等优点，而这些正是纤维膜、合成树脂膜所欠缺的。

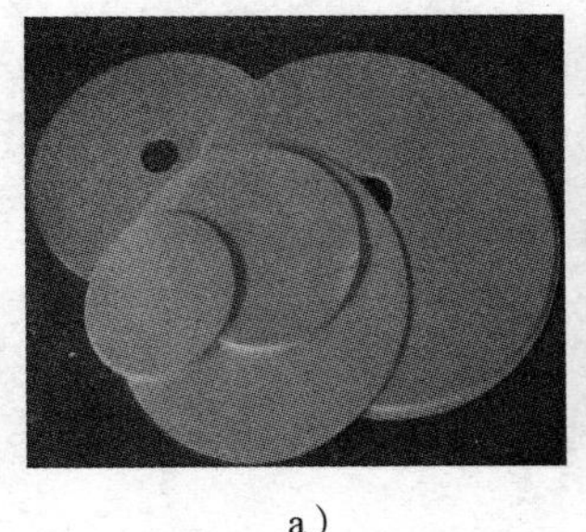
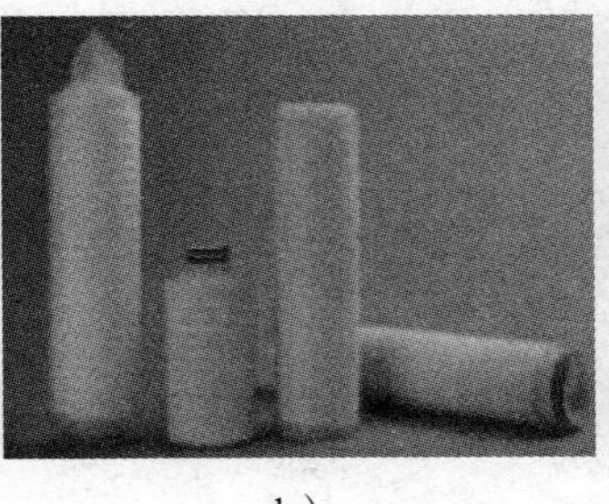
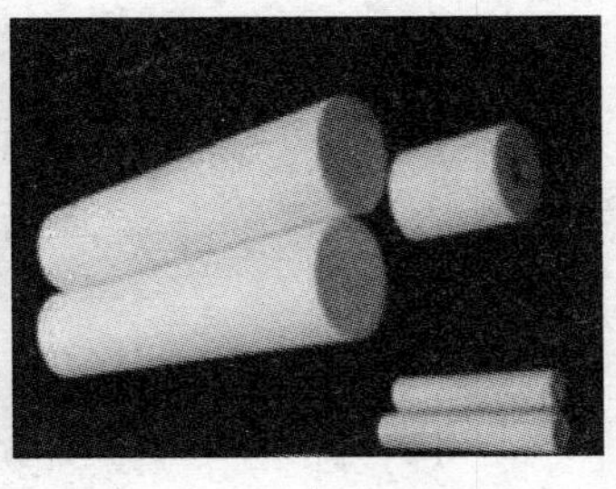

a）　　b）　　c）

图 3—3—7　制膜材料

a）纤维类　b）合成树脂类　c）陶瓷类

膜的化学组成不同，表现出的性能不同，应用的场合也就有很大差异。如聚酰亚胺、聚砜类膜多用于反渗透、超滤膜和气体分离膜，而聚丙烯则多用于微滤膜。目前无机膜主要在反渗透、超滤和微滤中有应用，用于食品的澄清过滤。无机膜的应用是当前膜技术的一个研究开发热点，特别在生物、环保和催化反应器等领域应用前景十分广阔。

国内外使用的过滤膜主要是东丽和三菱人造丝等日本厂家生产的。国外生产滤膜的型号如 MF－Milipore、Fluoropore、Mitex、Polyvic、CelotateSelectron 等，每类型号都有多种不同孔径的产品（制造商如 Dupond、Dow、Rhone－Pouleng 和 Schleicher 等）。国内的产品也在发展，上海、北京、大连、苏州、无锡等地都有多个厂商提供各种不同孔径的滤膜产品。

2. 膜的类型

膜是膜技术的核心。水体透过膜流速不大，因此为通过需要的水量，膜装置的单位面积要大，要在一个小的空间内装入很多根膜细管。另外，厚度 100 μm 以下的薄膜因承受高压，还必须有耐压能力，应设法制造各种耐强压的膜。因此需将膜制成膜组件，膜组件为膜的应用也就是实际分离操作提供了必要条件。按制成膜组件后膜的几何形状，将膜分为板框式、管式、螺旋式、中空纤维式和桥式五种。

（1）板框式。多孔透水板的单侧或两侧贴上膜构成板式膜元件，再将膜元件紧粘在用不锈钢或环氧玻璃钢制作的承压板两侧。板框式膜组件的主要优点是构造比较简单，操作灵活，可根据需要增减膜片的数量以适应处理量的要求，可以单独更换膜片；缺点是对零部件的加工精度要求较高，装填密度较小。

（2）管式。把膜装在或者将铸膜液直接涂在耐压微孔承压管内壁或外壁，制成管状膜元件，膜处于支撑管的内壁称为内压型膜管，处于支撑管的外壁称为外压型膜管。内压型膜管的使用原理是原料从膜管一端流入，另一端流出，透过液透过膜管，在支撑体中汇集后，从耐压管上的细孔流出，如图 3—3—8 所示。外压型膜管装置与内压型相反，水的透过方向是由管外到管内，如图 3—3—9 所示。管式组件的优点是：水力条件好，适当调节水流状态就能防止膜沾染污物和堵塞，能够处理含悬浮物的溶液，安装、清洗、维修都比较方便。它的缺点是：单位体积的膜面积小、装置体积大，制造费用较高。

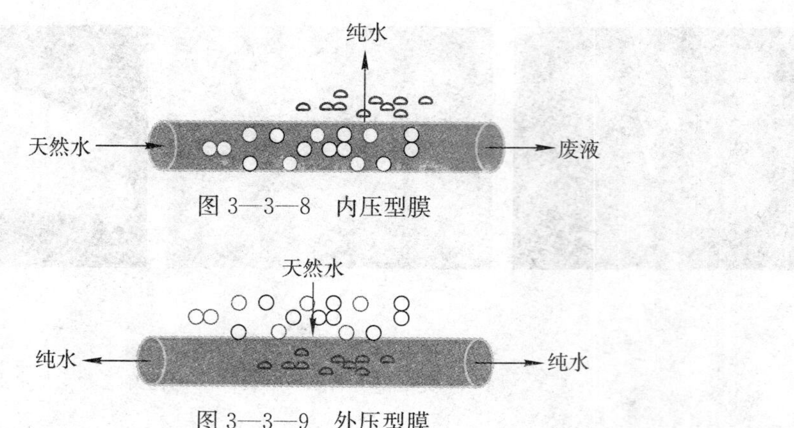

图 3—3—8　内压型膜

图 3—3—9　外压型膜

（3）螺旋式。螺旋式膜组件是在两层膜中间夹一层多孔支撑材料（柔性格网），并将三端密封起来，再在下面铺上一层供浓缩液通过的多孔透水格网，然后将它们的一端粘贴在多孔集水管上，绕管卷成螺旋卷筒便形成一个卷式膜组件。其优点是单位体积内膜的装载面积大，结构紧凑；缺点是容易堵塞，清洗困难。

（4）中空纤维式。中空纤维是由制膜液空心纺丝而成的中空纤维管，管的外径为50～100 Am，壁厚12～25 μm，外径与内径之比约为2 ∶ 1。将几十万根中空纤维膜弯成U字形组成纤维束膜组件。天然水走中空纤维外侧，在纤维束外侧包以网布促使原料液流动；纯水透过纤维的管壁后沿纤维中空内腔排出；浓缩液从容器的另一端排掉。中空纤维系统有原水从中空系统内侧通过的内压式，以及从外部加压的外压式两种。中空纤维式膜组件的优点是单位体积的膜表面积大，装备紧凑；缺点是清洗困难，只能采用化学清洗，且液体在管内流动阻力较大。

（5）桥式。桥式也称为折叠式，是在折叠成小的体积中塞入大面积的膜。对于大量液体的过滤，采用一种折叠型筒式过滤，其特点是单位体积中的膜面积大，因而过滤效率高。

通常根据膜过滤过程的不同来选用不同类型的膜。不同过程适用的膜组件见表3—3—3。

表 3—3—3　　不同过程适用的膜组件

过滤	板框式	管式	螺旋式	中空纤维式	桥式
微滤	+	++	−	−	++
超滤	++	++	+	−	+
纳滤	+	++	++	++	−
反渗透	+	+	++	++	−

四、膜的使用

使用过滤膜装置不需凝絮等化学处理，也不需蒸发分离作用，只需要压力使水中固液分离，这是过滤膜处理的一大特点。

1. 膜的过滤方式

膜的过滤方式有全量过滤和横流过滤两种。

（1）全量过滤方式。全量过滤是指液体流动方向与过滤方向一致的过滤形式，流动液体全部垂直地透过膜孔，将液体内杂质截留，如图 3—3—10 所示。随着过滤的进行，过滤膜表面形成的滤饼层厚度逐渐增大，流速逐渐降低。全量过滤方式适用于微滤和一部分超滤。

（2）横流过滤方式。横流过滤是指液体流动方向与过滤方向相垂直的过滤形式。膜过滤通常采用横向（切向）流动的工作方式，即横流过滤方式，如图 3—3—11 所示。所处理的液体在过滤面之上流过，流向与过滤面平行。大部分液体通过滤膜成为提纯液，少部分液体不透过，与被截留的溶质（通常是杂质）一起成为浓缩液向后排出。横流过滤，由于液体在膜表面上流动产生剪切力，减少了在膜表面上因为杂质浓缩而堆积的黏垢，适用于易于积垢的超滤、纳诺过滤和反渗透过滤。

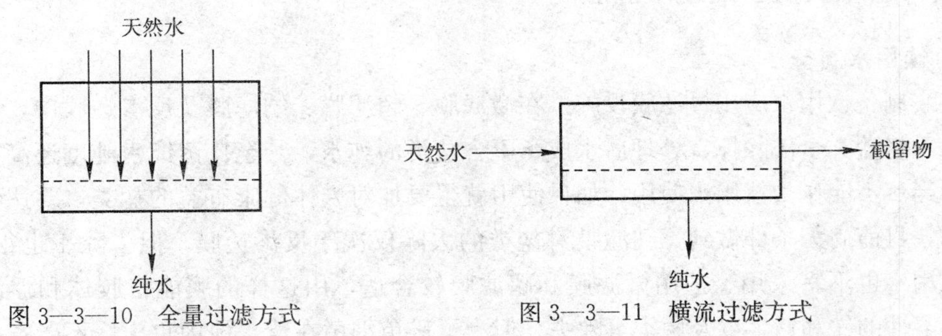

图 3—3—10　全量过滤方式　　图 3—3—11　横流过滤方式

2. 过滤膜冲洗方法

流体通过膜期间，其含有的杂质堵塞膜孔，使流体通过膜孔困难。为了恢复滤水效率，需对过滤膜进行冲洗。过滤膜冲洗方法有反冲洗、海绵球冲洗、空气泡冲洗、药剂冲洗四种。反冲洗是向与过滤相反的方向通过清水，使滞留于膜孔的杂质被冲走。反冲洗也有采用空气冲洗法。海绵球冲洗只单独用于内压式管形膜，它是将海绵球通过管膜内部，使海绵球与管膜内壁摩擦，把滞留物冲走的方法。空气泡冲洗是借助空气泡的搅拌力将附着膜壁的滞留物去除的方法。用空气泡搅动软质合成树脂中空系统的膜内壁，可收到良好的冲洗效果。在膜经过长期使用，杂质进入膜孔之中，用一般冲洗方法不能解决时，使用化学药剂清洗。化学药剂有氢氧化钠、盐酸、次亚氯酸钠、柠檬酸及过氧化氢等。

3. 过滤膜使用中注意的问题

（1）膜的使用寿命。膜孔被水中杂质阻塞，使流体通过膜孔时水头损失加大，流体流速降低，这时通常可用水冲洗使膜孔恢复原有的透过能力。在不能达到目的时，应适当用药剂清洗，使膜又能继续使用。但在使用时应考虑膜的使用寿命。这是因为即使按上述办法处理，膜也会由于积垢过多，用药剂清洗收效不理想。在这种情况下，可以加混凝剂延长膜的使用寿命，也可以降低渗过流速使膜的寿命延长，但要增大膜的使用面积。

（2）过滤膜水厂施工管理。膜管本身的强度相当高，有一定可靠性，但施工中多多少少会有部分膜管损伤。当然由于一两根膜管受损，不会影响膜管渗透水的水质。但一个中等水厂有上万根膜管，就不是一两根膜管受损的问题了。因此有必要对膜装置加强部件管理和施工管理，不能与以往常规处理方式一样对待。

（3）采用过滤膜新技术补救措施。一般采用新技术会遇到意想不到的状况，尤其是采用过滤膜分离的场合，它改变了过去的常规处理系统，因此会有一定的顾虑。由于对膜分离技术缺乏实用经验，应当增加补充设施，以备在膜装置发生异常情况时补救。例如，在膜处理后，再增设生物活性炭设施除去臭味的措施，以及增设其他设备等。

（4）过滤膜处理技术的难题是成本过高。由于过滤膜有破损的危险，因此3～7年就得更换一次。而且原水流过过滤膜时需要施加压力，因此还要负担电费。

五、过滤膜在水处理中的应用

1. 饮用水制备

（1）制备饮用水应用过滤膜设施。在微滤膜、超滤膜、纳滤膜及反渗透膜中，反渗透膜几乎将盐类全部除掉，处理后水成了不含盐类的纯水，甚至比蒸馏水纯度还高，这样的水当然不能作为饮用水使用，如果使用就得要加对人体健康有益的盐类，要达到这种要求，目前尚无条件做到。纳滤膜对盐类的去除仅次于反渗透膜，但去除率也很高，制备饮用水也不宜采用。选用微滤膜和超滤膜较合适，用这样的膜能将胶体和浮游生物、不溶性的铁和锰，以及菌类等除去，但为了避免细菌在清水池内重生，不能省掉灭菌处理程序。考虑到超滤膜去除物质的分子量，它没有能力将臭氧物质和三卤乙烯等有机溶剂除去，这些溶剂会在膜面上形成一层薄膜，这些薄膜今后可能有办法除掉。在膜的形式上，外压中空系统或管型等膜适合采用。如果采用外压式膜，可将通过沉砂池的原水直接与膜连接处理。直接接到板框式和螺旋式膜的原水，为了使膜孔不被闭塞，在流入膜以前，应将原水中的浮游物质除去。

（2）过滤膜制备饮用水工艺流程。饮用水制备工艺流程有以下几种。

1）原水（自来水）→原水箱→加药装置→原水泵→机械砂滤→活性炭过滤→精过滤器（5 μm）→保安过滤器（1 μm）→超滤装置→纯水箱→臭氧（紫外线）杀菌器→饮用纯净水，如图3—3—12所示。

2）原水（自来水）→原水箱→加药装置→原水泵→多介质过滤器→软化器→5 μm保安过滤器→反渗透膜→离子交换混床→活性炭过滤→精过滤器（1 μm）→臭氧（紫外线）杀菌器→饮用纯净水。

3）原水（自来水）→原水箱→加药装置→原水泵→多介质过滤器→软化器→5 μm保安过滤器→一级反渗透膜→加氢氧化钠调节pH值→二级反渗透膜→臭氧（紫外线）杀菌器→精过滤器（0.2 μm）→饮用纯净水。

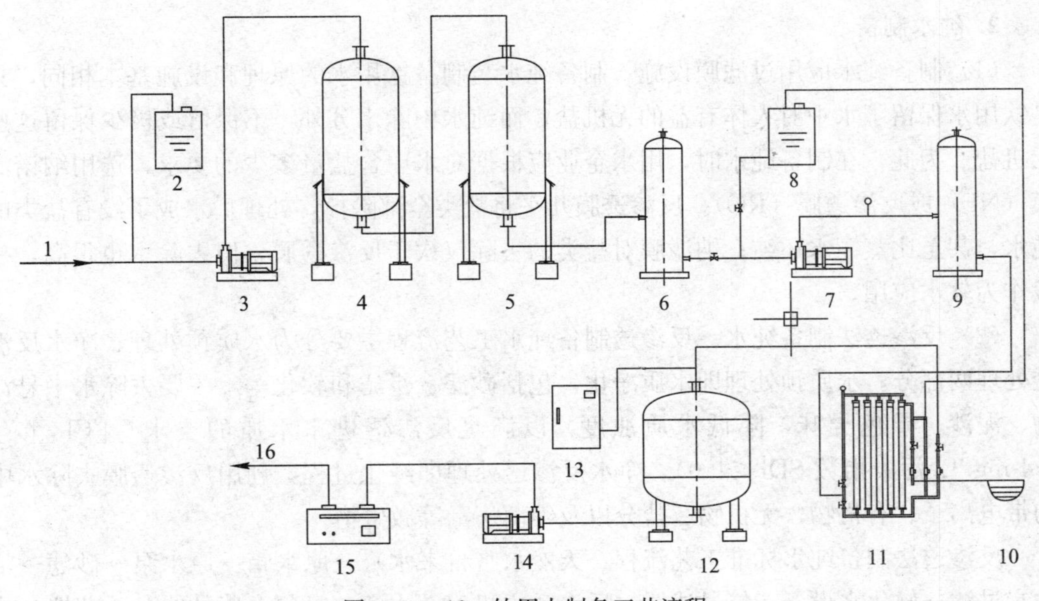

图 3—3—12　饮用水制备工艺流程

1—原水　2—加药装置　3—原水泵　4—机械过滤装置　5—活性炭过滤器　6—5 μm 精密过滤　7—增压泵　8—清洗装置　9—1 μm 保安过滤　10—废水排放点　11—中空超滤装置　12—无菌水箱　13—臭氧杀菌装置　14—纯水泵　15—紫外线杀菌装置　16—用水点

注：13 和 15 杀菌设备任选一种

微滤过程满足筛分原理，在原水中胶体和有机污染物少时可采用，特点是需要的压力小，水通量大，出水浊度低，但微滤精度有限。超滤过程除了物理筛分外，还受物质与膜之间的物化影响，当水中所含胶体多且细菌、病菌也较多，有机污染物少时可采用，其特点是可截留微细的杂质，出水浊度很低，能去除大部分有机物、细菌、病毒，使用压力小，水的回收率高。纳滤和反渗透适用于原水水质达不到现行生活饮用水水质标准的场合，由于截留量很低，可保证出水能满足饮用净水指标和饮用水的近百项指标，但由于将水中有益于健康的无机离子全部除去，工作压力大，能耗高，水的回收率较低，一般不推荐用于饮水净化。

(3) 过滤膜法制备饮用水与净水厂常规处理的比较。净水厂常规处理程序为凝聚、沉淀、过滤；膜分离水厂在原水符合过滤膜处理条件下，处理程序简单，只需过滤膜装置处理即可（在原水水质恶化时，尚需增加常规处理或增加微筛网处理）。在能量消耗上，使用过滤膜全量滤过方式，由于通过过滤膜使压力提高，原水泵尚需在增大压力上考虑。

与常规处理用混凝剂凝聚、沉淀、过滤相比，过滤膜处理后水的水质相当或超过常规处理。采用过滤膜处理只需操作控制压力，运行较长时间才冲洗滤膜，别无其他工序，很容易使其自动化，做到无人管理；而常规水处理则工序繁多，在投药上尚不能设定投加率，自动化则不容易。采用过滤膜处理，膜装置占地面积小，很容易将同等产水量的常规处理所占厂地面积降低一半。由于用膜处理不需投药，处理污泥量减少，因此易于处理。

2. 纯水制备

（1）制备纯水应用过滤膜设施。制备纯水与制备饮用水的原理和设施基本相同，只是饮用水保留了水中对人体有益的无机盐，而纯水中除水分外，不保留或极少保留这些无机盐。为此，在制备纯水时，用水企业应根据对水中含盐量多少的要求，选用纳诺滤膜（NF）或反渗透膜（RO）。反渗透膜几乎将盐类全部除掉，处理后水成了没有盐类的纯水，甚至比蒸馏水还纯；纳滤膜对盐类的去除仅次于反渗透膜，但去除率也很高，一般作为软水应用。

（2）反渗透法制备纯水。反渗透制备纯水工艺流程主要分为水质预处理、净水反渗透处理两部分。水质预处理即水质净化，包括砂滤、炭滤和软化等，主要去除水中悬浮物、泥沙、异色异味，降低水质浊度，以满足反渗透进水水质的要求（$[Cl^-]<0.1$ mg/L，污染指数 SDI＜4.0）。净水反渗透处理即纯化过程，利用反渗透膜去除水中的带电离子、有机物、无机物、盐分以及细菌病毒等微生物。

反渗透法制备纯水标准工艺流程：天然水（自来水）→原水箱→原水泵→砂滤→活性炭过滤→软化水设备→精过滤器→反渗透主机→纯水箱→臭氧（紫外线）杀菌器→集中取水点（纯水），如图 3—3—13 所示。

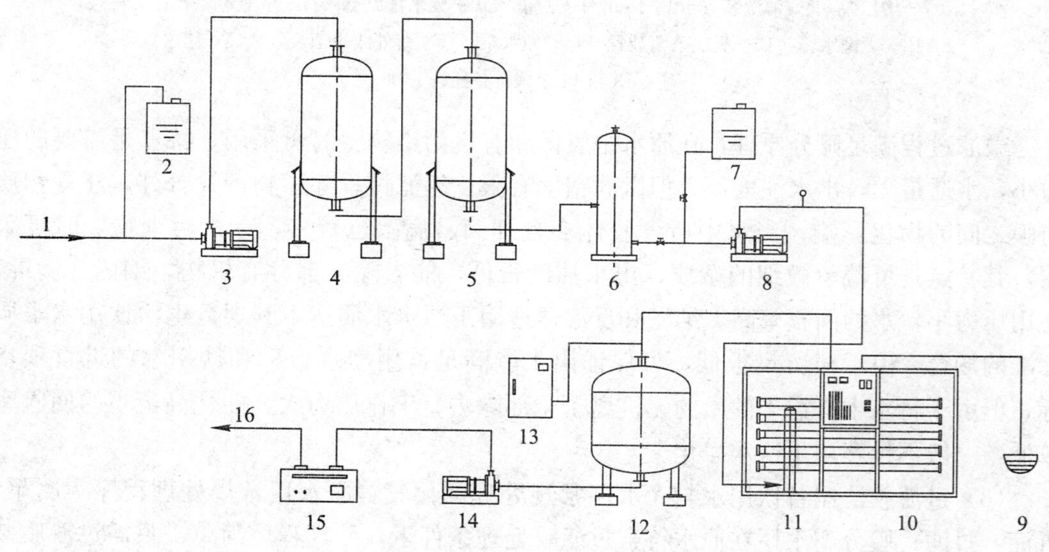

图 3—3—13　反渗透法制备纯水工艺流程

1—原水　2—加药装置　3—原水泵　4—机械过滤装置　5—活性炭过滤器　6—5 μm 精密过滤　7—清洗装置　8—增压泵　9—废水排放点　10—RO 反渗透装置　11—1 μm 保安过滤　12—无菌水箱　13—臭氧杀菌装置　14—纯水泵　15—紫外线杀菌装置　16—用水点

注：13 和 15 杀菌设备任选一种

1）原水箱。原水箱可防止增压泵直接抽取管网的水时因流量不足及压力不稳定而损坏增压泵或影响系统正常运行。原水泵是为保证系统供水的流量和压力恒定而设置的。

2）预处理设备。预处理又称前处理。预处理过滤分为多介质过滤、除铁锰装置、活性炭过滤和软化过滤 3 部分。多介质过滤器又称机械过滤器，主要用于去除水中的悬浮物、泥沙及颗粒性杂质，主要填料有石英砂、无烟煤、纤维球等。除铁过滤器根据反渗透膜的进水铁离子要求而设置。活性炭过滤器内装粒状净水型活性炭，主要去除水中的大分子有机物、胶体、异味、余氯等杂质，其吸附力强，平均去除率可达 90%以上。余氯是强氧化剂，对反渗透膜有氧化作用，必须限制在 0.1 mg/L 以下。阳离子树脂软化器对防止反渗透膜表面结垢、提高反渗透膜工作寿命和处理效果有积极意义，当总硬度 $CaCO_3$ 小于 200 mg/L，则不需要软化器。精过滤器又称保安过滤器，该装置主要是对反渗透系统进水进行精过滤，目的是减少或消除前处理设备漏出的滤料碎粒，起最后的保护作用，确保最终进入反渗透系统的水符合要求。

3）反渗透装置。是反其自然渗透过程的科学办法，在浓溶液一侧施加一外来压力大于渗透压力时，溶剂会反其原来的渗透方向，由浓溶液侧通过半透膜进入稀溶液中。其单根膜的脱盐率达 99%，系统脱盐率 97%～99%，并可有效去除水中的悬浮物、有机胶体、有机物、细菌、病毒、致热源等杂质。

4）纯水箱。纯水箱又称成品水箱，用来储备产品水。臭氧保鲜装置是以氧化作用破坏微生物膜的结构实现杀菌作用，包括臭氧机和臭氧混合器两部分。臭氧混合器将臭氧机制出的臭氧和成品水充分混合，对成品水起到杀菌保鲜的作用。

（3）二级反渗透工艺。根据用户原水水质的不同，预处理设备工艺也有所不同，有时会有很大差异。用户对最终产水水质的要求不同，反渗透后处理工艺也不同，如一级反渗透、二级反渗透、混床、电去离子等。二级反渗透工艺如图 3—3—14 所示，工艺流程如下：天然水（自来水）→原水箱→原水泵→多介质过滤器→活性炭过滤→软化水设备→精过滤器→高压泵→反渗透主机→高压泵→反渗透主机→臭氧（紫外线）杀菌器→纯水箱→集中取水点。

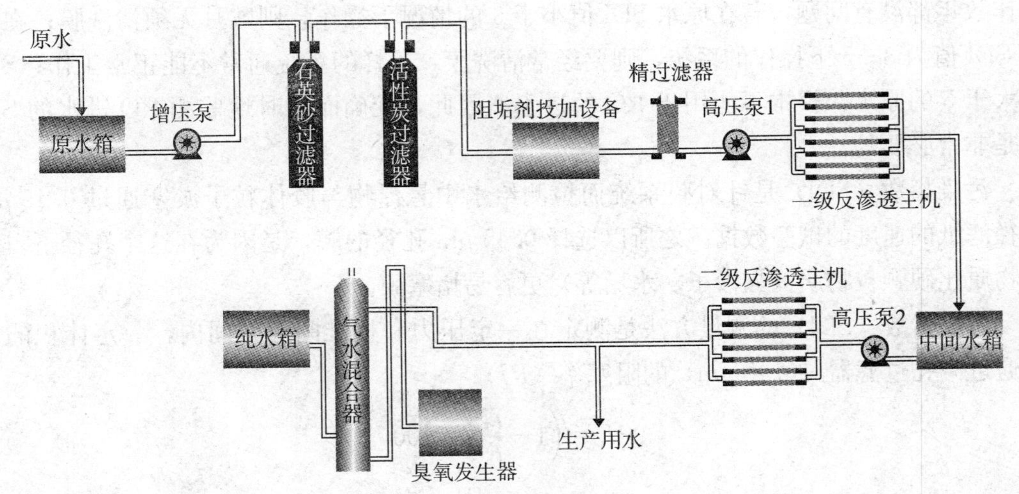

图 3—3—14 二级反渗透纯净水工艺流程

现在反渗透法已大规模地用于从海水制取淡水，一些大型工厂的淡水日产量达到数百至千吨。反渗透法亦用于医药和食品工业中用以浓缩各种稀制品（果汁、维生素、抗生素等），以及金属电镀废水的处理（将水回收循环并从浓缩液中提取有用成分），效果良好。这种方法不用热能，无化学反应，不耗用化学剂，优点很多，只是膜设备的一次性投资较大。

反渗透膜法纯水制备与检验

一、实验目的

1. 了解过滤膜法制备纯水的基本原理和工艺流程。
2. 掌握过滤膜法制备纯水的操作方法和技能。
3. 熟悉 SDI（污染指数）的测定。
4. 掌握水质检验的原理和方法。

二、实验原理

过滤是一种以筛分为分离原理，以压力为推动力的膜分离过程。当天然水通过过滤膜时，在压力作用下，水分子透过膜并保留下来转化成纯水；细菌、病毒、水垢、重金属离子、放射性物质等各类有害物质，各种污染物质，以及溶解性的盐离子等均不能透过膜，而是成为浓缩液排出，使之分离并有效除去，从而得到纯净的水。

在反渗透水处理过程中，污染指数（SDI 值）是测定反渗透系统进水的重要标志之一，也是检验预处理系统出水是否达到反渗透进水要求的主要手段。SDI 值对反渗透系统运行寿命至关重要。通常，RO（反渗透）系统在进口原水的 SDI 值小于 1 的情况下操作数年都没有问题；若在原水 SDI 值小于 3 的情况下操作，则数月无须清洗膜；在原水 SDI 值为 3～5 下操作的系统，则要经常清洗膜，这样的系统通常不能正常工作；SDI 值大于 5 的原水，根本不能用于 RO 的进水。因此，准确而及时地监测 RO 进水的 SDI 值是非常必要的。

污染指数（SDI）是针对膜系统而检测给水中悬浮物与胶体粒子淤塞通过 0.45 μm 孔径滤纸的速度的试验数据。之所以选择 0.45 μm 孔径的膜，是因为在这个孔径下，胶体物质比硬颗粒物质（如沙子、水垢等）更容易堵塞膜。

污染指数（SDI）的测量方法是测定在一定压力和标准间隔时间内，一定体积的水样通过微孔过滤器（0.45 μm）的阻塞率（PI）。

$$PI_{\mathrm{n}}=\left(1-\frac{t_0}{t_{\mathrm{n}}}\right)\times 100$$

$$SDI_{\mathrm{n}}=\frac{PI}{n}$$

式中　n——测试(膜过滤样水）时间，一般取第 5、10、15 min；

t_0——测试开始时（即 $n=0$ 时），过滤得到一定体积样水所需的时间；

t_n——测试开始 n 分钟后（膜过滤第 n 分钟），过滤得到上述相同体积样水所需的时间。

三、仪器材料

1. 实验仪器

纯水机或超滤膜组件、反渗透膜组件等。

2. 实验试剂

天然水、纯水、活性炭、pH=10 的 NH_3-NH_4Cl 缓冲液、铬黑 T 指示剂、5 mol/L的 HNO_3 溶液、0.1 mol/L 的 $AgNO_3$ 溶液、1%氯化钡、5%亚铁氰化钾溶液、1%钼酸铵、草酸一硫酸混合液（体积比为4%草酸：硫酸=1 ∶ 3）、1%硫酸亚铁铵、稀硫酸、0.1 mol/L 的高锰酸钾溶液、甲基红指示剂、溴百里酚蓝指示剂。

四、实验步骤

1. SDI（污染指数）的测定

在直径为 47 mm 的 0.45 μm 微孔滤膜上连续加入一定压力[30PSI（相当于 2.1 kg/cm²）]的被测定水，记录滤得 500 mL 水所需的时间 t_0（s），15 min 后，记录再次滤得 500 mL水所需的时间 t_n(秒)，求得阻塞系数 PI（%）和 SDI 值。

当水中的污染物质含量较高时，滤水量可取 100 mL、200 mL、300 mL 等，间隔时间可改为 10 min、5 min 等。

2. 过滤膜法纯水制备

（1）过滤膜法纯水制备工艺设计。学生进行过滤膜法纯水制备工艺设计，以自来水为原水，要求设计包括预处理、反滤渗透脱盐、离子交换树脂处理等净化单元，进行反渗透纯水工艺设计（若实验室有过滤膜纯水处理设备，可根据设备类型写出工艺）。

（2）纯水制备。纯水机纯水制备过程：原水打开→接通电源→自动冲洗 30 s→连续制水 6 h→水满→停机。

3. 纯水检验

（1）化学检验

1）检验 Ca^{2+}、Mg^{2+} 离子。分别取 5 mL 纯化水和自来水，各加入 3～4 滴 NH_3-NH_4Cl 缓冲液及 1 滴铬黑 T 指示剂，观察现象。交换过的水呈蓝色，表示基本上不含 Ca^{2+}、Mg^{2+} 离子。

2）检验氯离子。分别取 5 mL 纯化水和自来水，各加入 1 滴 5 mol/L HNO_3 和 1 滴 0.1 mol/L $AgNO_3$ 溶液，观察现象。纯化水无白色沉淀。

3）检验硫酸根离子。分别取 10 mL 纯化水和自来水，各加 1%氯化钡溶液 2 滴，摇匀，纯化水无白色混浊为合格。

4）检验铁离子。分别取 10 mL 纯化水和自来水，各加盐酸 2 滴，再加 0.5%亚铁氰化钾溶液 2 滴，摇匀，以纯化水不显蓝色为合格。

5）检验可溶性硅。分别取 10 mL 纯化水和自来水，各加 1%钼酸铵溶液 15 滴，加入草酸—硫酸混合液 8 滴摇匀，放置 10 min（或水溶加热 30 s），再滴加 1%硫酸亚铁铵溶液 5 滴，摇匀，以纯化水不显蓝色为合格。

6）检验易氧化物。分别取 10 mL 纯化水和自来水，各加稀硫酸 2 滴，煮沸后再加 0.1 mol/L 高锰酸钾溶液 2 滴，煮 10 min，以纯化水仍呈粉红色为合格。

（2）物理检验——pH 值测定。用酸度计分别测定纯化水和自来水的 pH 值。也可分别取水样 10 mL，加甲基红指示剂（变色范围 pH 值 4.2～6.2）2 滴，以不显红色为合格；另分别取水样 10 mL，加溴百里酚蓝指示剂（变色范围 pH 值 6.0～7.5）5 滴，以不显蓝色为合格。也可用试纸检查。

五、记录分析

1. SDI（污染指数）的计算

计算公式如下：

$$PI_{\mathrm{n}}=\left(1-\frac{t_0}{t_{\mathrm{n}}}\right)\times 100$$

$$SDI_{\mathrm{n}}=\frac{PI}{n}$$

式中　n——测试膜过滤样水时间，即 15 min；

t_0——为过滤得到 500 mL 样水所需的时间；

t_{n}——测膜过滤第 15 min 后，过滤得 500 mL 样水所需的时间。

2. 纯水检验结果分析表

将实验结果填入表 3—3—4。

表 3—3—4　　纯水检验结果分析表

项目	Ca^{2+}、Mg^{2+}	Cl^-	SO_4^{2-}	铁离子	可溶性硅	易氧化物	pH 值
观察现象							
是否合格							

思考与练习

一、判断题

（　　）1. 用离子交换树脂制取纯水与水的软化相同。

（　　）2. 纯水制取可以使用盐型（如钠型）树脂。

（　　）3. 某树脂厂产品牌号“732 离子交换树脂”，其形式为钠型。

（　　）4. 采购来的阳、阴离子交换树脂可直接使用。

（　　）5. 顺流再生时，再生剂的流向和交换时水的流向相同。

（　　）6. 氢氧型离子交换树脂可不用纯水洗涤。

（　　）7. 影响离子交换树脂再生效果的因素有再生剂用量、浓度、温度和流速等。

(　　) 8. H型弱酸阳离子树脂能与水中所有的阳离子进行交换。

(　　) 9. 工作交换容量是表示在实际操作条件下的交换容量。

(　　) 10. 全量过滤方式是指液体流动方向与过滤方向一致的过滤形式。

二、简述题

1. 简述纯碱法、乙二胺四乙酸化学软化法的方法、原理。
2. 简述离子交换树脂软化法的原理、再生方法、步骤。
3. 简述过滤膜过滤机理，过滤膜的过滤方式及过滤膜冲洗方法有哪些?
4. 在制备纯水时，用水企业应根据水中含盐量多少选用哪些过滤膜?
5. 简述反渗透制备纯水工艺标准流程。

第四章　印染废水质量标准

学习目标

1. 掌握印染废水的特点，以及棉、丝、毛等织物印染废水的来源和特性，了解其他类型织物印染废水的特性。

2. 掌握印染废水化学成分。

3. 掌握废水水质指标种类，理解其重要指标的基本概念。

4. 了解印染废水的危害。

5. 能够根据印染废水排放标准进行印染废水排放处理状况调查监测分析。

2011 年，国务院在《关于加强环境保护重点工作的意见》中强调，我国积极实施可持续发展战略，将环境保护放在重要的战略位置，要不断加大解决环境问题的力度，继续加强主要污染物总量减排。企业要生存和发展，必须治理好废水污染，做到达标排放。

纺织印染工业是我国国民经济的基础产业之一，在为国家争创外汇、提高人民生活水平等方面发挥了重要的作用。同时，纺织印染行业既是用水大户，也是废水排放大户。因此，印染行业必须把治水、节水作为环保工作的重点来抓，坚持经济效益、社会效益和环境效益相统一，为改善环境质量、促进印染行业的可持续发展做出应有的贡献。

第一节　印染废水来源及特征

一、废水污染物种类

废水中的污染物种类很多，根据废水对环境所造成的污染危害不同，可把污染物划分为固体污染物、有机污染物、有毒污染物、生物污染物、酸碱污染物和感官污染物等。

1. 固体污染物

水中固体污染物质的存在状态有悬浮状态、胶体状态和溶解状态三种，它们的颗粒大小一般是：悬浮状态的粒子直径大于 100 nm，胶体状态的粒子直径为 1～100 nm，溶解状态的粒子直径小于 1 nm。但在水质分析中，通常把固体物质分为悬浮物（悬浮固体），而把不能被截留的固体物质称为溶解物（或溶解固体）。

大量悬浮固体排入水体，会造成水质恶化、浑浊度升高，聚集水面将影响水体复氧，沉于水底会引起水体淤积以及土壤孔隙阻塞。

2. 有机污染物

废水中的有机污染物是指那些能对水体产生污染的有机化合物，如油脂、糖类、有机酸、酚、苯、染料以及各种有机原料、有机合成制品等。生活污水也含有大量有机物，主要是人体排泄物和垃圾废物。组成有机物的基本元素是 C、H、O 三种。当有机物只含有这三种元素时，称为不含氮有机物。某些有机物（如蛋白质等）还含有 N、P、S 等元素，称为含氮、含磷或含硫有机物。这些有机物具有更强的污染性，也更难去除。

绝大多数有机污染物具有一个共同的特征，即可进行生物氧化分解。生物在氧化降解有机物时需消耗水中的溶解氧，进而可导致水中氧量的减少，在缺氧条件下有机污染物发生腐败发酵，产生臭气，污染水体，以及影响水生物的生长繁殖，甚至引起鱼类大批死亡。

由于有机物的组成复杂，种类繁多，除在一些场合对某些有机物进行单项定量外，通常采用生化需氧量（BOD）、化学需氧量（COD）、总需氧量（TOD）等综合性指标来反映水中有机物的含量。

3. 有毒污染物

这类物质可以直接或间接对人体或生物体产生毒性效应。废水中的有毒污染物主要有无机化学毒物、有机化学毒物和放射性物质。

(1) 无机化学毒物。无机化学毒物最重要的是重金属、氰化物、氟化物等。所谓重金属，通常是指相对密度大于 4～5 的金属，如汞、铬、镉、铅、镍、铜、锌等。重金属污染物可在环境中迁移、转化与积累，且能通过食物链危害人体健康，因此需要严格控制。例如，重金属离子导致蛋白质变性，Cr^{6+} 能诱发肺癌。含镉的废水污染了河水及河两岸的土壤、粮食、牧草，通过食物链进入人体而慢慢积累在肾脏和骨骼中，会取代骨中的钙使骨骼严重软化，骨头寸断；镉还会引起胃功能失调，干扰人体和生物体内锌的酶系统，使锌镉比降低，从而导致高血压症等。

(2) 有机化学毒物。常见的有机化学毒物是酚、苯、硝基化合物、有机农药、多氯联苯、多环芳烃等。有毒有机污染物的共同特点是：绝大多数为难降解有机物。它们在水中的含量虽不高，但因在水体中残留时间长、有蓄积性，可促进慢性中毒，造成致癌、致畸、致突变等生理毒害。例如，酚类化合物是一种原型质毒物，对一切生活个体都有毒杀作用（能使蛋白质凝固，所以有强烈的杀菌作用），其水溶液很容易通过皮肤引起全身中毒，慢性酚中毒常见有呕吐、腹泻、食欲不振、头晕、贫血和各种神经系统病症。酚对水生物、农作物都有一定的毒害。水中含酚 0.1～0.2 mg/L 时，鱼肉即有臭味不能食用；含酚 6.5～9.3 mg/L 时可致鱼类死亡。用含酚浓度高于 100 mg/L 的废水直接灌田，会引起农作物枯死和减产等。

（3）放射性毒物。某些元素的不稳定原子核蜕变，放出 α、β、γ 等射线（能量的形式），而自己变成一种新原子，这种不稳定元素称为放射性元素，有天然的（如锕、钍、铀等）和人工的（钚、镅、钔等）之分。含放射性元素的物质即放射性物质，它在工、农、医、国防各方面均有着极重要价值。但它通过空气、饮食等途径进入人体，以体内或体外照射方式危害人体健康。人体受放射性危害，轻者头晕、疲乏、脱发、红斑、白细胞减少或增多、血小板减少，而大剂量照射还会引起白血病及骨、肺、甲状腺癌变甚至死亡。放射性还能引起基因突变和染色体畸变。不同射线对人的危害也有差别，如 γ 粒子的放射性物质将引起所接触到的组织的高深度放射性危害；而 α 射线主要是外部辐射引起危害；β 射线穿透能力介于二者之间，既能引起外部辐射性烧伤和皮肤病变，又能透过外层组织引起体内放射性损伤。

4. 生物污染物

生物污染物是指废水含有致病性微生物。工业废水和生活污水中含有许多微生物，大部分是无害的，但是其中也可能含有对人体和牲畜有害的病原菌。例如，制革厂废水中常含有炭疽菌，医院废水中含有病原菌、病毒，生活污水中含有能引起肠道系统疾病的细菌与寄生虫卵等。

5. 酸碱污染物

酸碱污染物是指废水中含有酸性污染物或碱性污染物。酸性废水对混凝土、金属等具有腐蚀作用；碱性废水易产生泡沫，且可使土壤盐碱化。酸性、碱性污染物对于废水生化处理过程以及水体的自净过程都产生不良影响。

6. 感官污染物

感官污染物是指废水中的污染物能引起人们感官上不愉快的污染现象，如出现浑浊、颜色、泡沫等。另外，有些废水中含有较多的油类物质，可使水体出现油污染；有些废水温度过高，会引起水体热污染。

二、印染废水分类

纺织印染废水是在纺织品的各道生产加工过程中排放产生的，废水中主要含有纺织纤维上的污物、油脂、盐类，以及加工过程中附加的各种浆料、染料、表面活性剂、助剂、酸碱等。印染废水中有机物浓度高、成分复杂、色度深且多变、pH 值变化大、水质水量变化大，属于难处理工业废水。

印染工艺根据产品使用的原料的不同，可以划分为棉纺织印染、丝绸印染、毛纺织染整、麻纺织印染和其他印染。由于不同纺织品的印染加工工艺过程、所用染化料助剂等不完全一样，因此，废水的来源、产生的废水量、废水中含有的污染物等也存在一定差别。下面说明不同纤维织物印染废水的来源和特征。

1. 棉纺织印染废水

棉机织布的一般印染加工工艺流程：坯布检验→缝头→烧毛→退浆→煮练→漂白→

丝光→烘干→染色（或印花）→烘干→整理→成品。

机织布印染加工的多个工序都要排出废水，包括退浆废水、煮练废水、漂白废水、丝光废水、染色和印花废水，以及整理废水。据估算，每生产 100 m 棉织物大约要产生 25 t 废水，这些废水因加工过程不同而各有其特征。棉纺印染各工序废水水质特征见表 4—1—1。机织布的印染废水特点为：pH 值高（13～14）、水温高（40～55 ℃）、色度高（800～1 500 倍）。

表 4—1—1　　　　棉纺织印染废水水质特征

工序	COD	pH 值	耗水量	总固体	温度
退浆	高	碱性	小	高	—
煮练	高	碱性	大	高	高
漂白	低	强碱性	最大	高	—
丝光	低	强碱性	中	低	—
染色	高	强碱性	大	高	—
印花	高	中性至强碱性	大	高	—
整理	高	近中性	最小	中	—

（1）退浆废水。退浆主要是为了去除织物上的浆料，使纤维与染料有较好的亲和力，同时也去除纤维上的杂质。退浆可分为碱法退浆和酶法退浆。退浆废水污染物浓度高，其中含有各种浆料及其分解物、织物上的杂物、碱和各种助剂等。退浆废水呈碱性，pH 值为 10～14。上浆以淀粉为主的退浆废水，其 COD、BOD 值都很高，可生化性较好；上浆以聚乙烯醇（PVA）为主的退浆废水，COD 高而 BOD 低，废水可生化性较差。

（2）煮练、漂白、丝光废水。煮练是在高温碱液中蒸煮织物，以去除残留在织物上的杂质，并使织物有较好的吸水性，便于印染过程中染料的吸附和扩散。煮练废水量大，污染物浓度高，其中含有烧碱、表面活性剂、纤维素、果酸、蜡质和油脂等，废水呈强碱性、水温高、呈黑褐色。

漂白的目的是去除织物上色素、增加织物的白度，一般采用次氯酸钠或双氧水作为漂白剂。双氧水作漂白剂时，由于双氧水在漂白废水中几乎能被完全分解，所以废水污染很轻，还可以提高废水中溶解氧浓度。含氯漂白剂虽在漂白时能大部分分解，但废水中还残留着少量含氯漂白剂，因此还需脱氯处理。总之，漂白废水量大，但污染物和色度较低。

丝光是在一定的张力作用下用浓碱处理，使织物具有光泽。丝光废水含碱量高，NaOH 含量为 3%～5%，多数印染厂通过蒸发浓缩回收 NaOH，所以丝光废水一般很少排出，经过工艺多次重复使用最终排出的废水仍呈强碱性，BOD、COD、悬浮物含量均较高。

（3）染色废水。染色是使染料与纤维发生物理化学或化学的结合，或者用化学方法在纤维上生成颜料，而使整个纺织品成为有色物体的加工过程。染色是在一定温度、时间、pH 值和所需染料助剂等条件下进行的。棉布的印染过程不尽相同，废水一般色度很高，含有染料、助剂、表面活性剂等，一般呈强碱性，COD/BOD 比较高，可生化性较差。

（4）印花废水。印花是将染料与必需的化学药剂和原糊调成色浆，通过印花设备将色浆印到织物上，从而使织物上获得由多种颜色组成的花型图案，再经过汽蒸固色、水洗等工序的加工过程。

印花废水主要来自配色调浆、印花滚筒或筛网的冲洗废水，以及印花花布的水洗和皂洗等。由于印花中的浆料用量比染料用量多几倍到几十倍，故印花废水除含染料、助剂外，还有大量浆料，其 COD 和 BOD_5（五日生化需氧量）值都较高。

（5）整理废水。整理废水通常含有纤维屑、各种树脂、甲醛和浆料等，虽然 COD 较高，但废水量小，对整个废水水质影响不大。

另外，棉针织坯布不含浆料，因而不需退浆，其余工序与棉机织产品加工过程类似。棉针织布的染色废水与上述棉机织印染废水相比，pH 值、有机污染物浓度和色度均较低。其水质一般为：COD_{Cr} 为 300～500 mg/L，pH 值为 8～10，色度为 150～300 倍，水温有时高达 45 ℃。

2. 丝织物印染废水

丝织品具有悠久的历史，可分为天然丝织品、人造丝和合成纤维品三类。天然丝织物也称为真丝，主要是桑蚕丝，其次为柞蚕丝。人造丝是指人造纤维细丝，因以棉籽绒和木材为主要原料，所以也称作再生纤维，它包括粘胶纤维、铜铵纤维和醋酸纤维等。合成纤维主要包括涤纶和锦纶两种纤维。

（1）真丝织物印染工艺及废水特性。真丝产品的印染工艺一般为：坯绸→织物精练→漂白→染色（印花）→固色→后整理→包装。

真丝织物精练、漂白、染色和印花均产生废水。蚕丝织物精练的目的主要是去除丝胶，随着丝胶的去除，附着在丝胶上的杂质也一并除去。真丝织物的精练又称为脱胶。精练主要有化学法（包括碱精练和酸精练）和酶法。真丝织物的色素绝大部分存在于丝胶中，脱胶后一般不需要漂白，但对白度要求高的产品还需要进行漂白，常采用双氧水漂白，漂白废水浓度较低。

真丝织物染色过程中产生的废水量较少，有机污染物浓度也较低；印花废水量较少，浓度较高。因真丝品轻薄，所用的染料和助剂较少，且上染率高，所以一般真丝产品印染废水的有机污染物浓度较低，可生化性好，其废水一般呈弱酸性。在真丝中，绢丝含丝胶及杂质较多，排放的精练废水污染物浓度高；由于织物稍厚，工艺相同时消耗染料助剂多，染色废水浓度相对较高。

真丝的印花也是用酸性染料与黏合剂调制的印花浆，印花过程中产生的污染物来自固色后漂洗织物上残留浮色的废水及冲洗调浆装置及印花台板的废水，只要控制物料流失，印花废水中污染物浓度亦不高。

真丝的印染废水水质一般为：COD_{Cr} 为 500～800 mg/L，BOD_5 为 200～400 mg/L， pH 值为 5～8，色度为 100～300 倍。

（2）人造丝织物印染工艺及废水特性。人造丝产品的印染工艺一般为：人造丝坯布→织物精练→染色（印花）→固色→后整理→包装。其中，织物精练、染色和印花均产生废水。人造丝印染所使用的染料助剂等与棉纺织物印染相似，但是由于人造丝的杂质少，因而其印染废水的污染物浓度不高，可生化性较好。人造丝印染废水水质一般为：COD_{Cr}为 600～1 000 mg/L，BOD_5为 250～400 mg/L，pH 值为 8～10，色度为 100～300 倍。

（3）合成纤维丝织物印染工艺及废水特性。涤纶纤维的印染工艺一般为：坯绸→织物精练→松弛→预定型→碱减量→染色（印花）→固色→后整理→包装。

合成纤维一般以涤纶纤维应用较多。涤纶仿真丝绸产品的碱减量生产工序产生的废水浓度极高，处理起来十分困难，其 pH 值在 13 以上，COD 可达 10 000 mg/L，主要污染物为涤纶水解后的对苯二甲酸等物质。碱减量后的印染工艺与真丝印染工艺相似，使用的染料略有不同。涤纶仿真丝绸产品的印染主要使用分散和阳离子染料，其废水水质也与真丝印染废水水质相近。

3. 毛纺工业废水

毛纺织物包括纯毛织物和毛混纺织物，其中毛纤维主要是羊毛纤维，还有其他动物毛纤维。毛纺织产品也可分为机织和针织产品，机织产品又分为粗纺和精纺两类，其染色工艺因产品不同而不同，有毛染、条染、坯染和染毛（绒）线等。

（1）粗纺产品废水特性。粗纺毛织物的纹路较粗，整理前织物组织稀松，整理后织物呢面丰满、质地紧密、手感厚实，织物表面有整齐的绒毛。粗纺毛织物整理主要工序有缩呢、洗呢、剪毛及蒸呢等。

粗纺产品染色时主要使用酸性染料和媒介染料，分毛染和坯染。毛混纺织物还使用分散、阳离子和直接染料等。其生产废水的 pH 值一般在 7 左右，污染物主要为漂洗和染色残液。

（2）精纺产品废水特性。精纺毛织物的组织较紧密结实，纱支细，通过整理后要求呢面平整光洁，织纹清晰，手感丰满而柔软，并具有良好的自然光泽。精纺毛织物整理主要工序有烧毛、煮呢、洗呢。

精纺产品一般为薄织物，属高档产品。染色工序的水量大，有大量的漂洗废水产生，煮呢、洗呢废水中含有表面活性剂类助剂。染色主要使用酸性染料，毛混纺织物还使用分散、阳离子和其他染料等。其生产废水的 pH 值一般在 7 左右，污染物浓度较低。

（3）毛绒线产品废水特性。毛绒线分为粗绒线和细绒线，染色通常采用酸性染料，毛腈纶则采用阳离子染料。染色工序产生的废水主要为漂洗废水和染色残液，其污染物浓度介于粗纺与精纺印染废水之间。

总之，毛纺织物染整主要使用酸性染料、阳离子染料和分散染料，废水污染物浓度不高，大多呈中性，可生化性较好。其印染废水水质一般为：COD_{Cr}为 500～900 mg/L，BOD_5为 250～400 mg/L，pH 值为 6～9，色度为 100～300 倍。

4. 麻纺工业废水

麻纺织物包括亚麻、苎麻、黄麻和剑麻纺织物等。由于麻类纤维属于天然植物纤维，其染色工艺及使用的染料助剂与棉纺印染相近。麻纺坯布先进行退浆、煮练，然后再进行染色，染色主要采用还原染料、活性染料和直接染料。麻纺织物染色废水水质与棉纺品印染废水水质近似，因麻纤维在加工前经过了脱胶、烤麻和漂白处理，故麻纺织物染色废水的污染物浓度比棉纺品印染废水略低。

5. 其他织物染整废水特性

除了上述四种主要纺织品以外，在此简要介绍以下纺织品的染色废水特征。

（1）缝纫线染色废水特性。缝纫线除缝合功能外，还起着装饰作用。缝纫线的原料主要为涤纶长丝、涤纶短丝、高支棉和涤棉等。涤纶缝纫线的染色大多使用分散染料，为了提高上染率，一般在高温高压的筒子缸内染色，因而其废水的温度很高、水量少、可生化性很差。

（2）拉链、织带染色废水特性。拉链不仅具备独特的使用功能，还成为了一种装饰。各种不同的拉链让衣服看起来更加复杂多变，塑造强烈、鲜明的线条感。拉链布带颜色也是五彩缤纷的。拉链带和织带产品原料主要选用涤纶、涤棉、锦纶、丙纶、尼龙、人造丝、真丝和棉纱等，此外还采用金银丝等辅助材料。染色染料采用分散染料、酸性染料、活性染料和直接染料等。

拉链布带和织带染色根据其原料不同而采用不同的染色工艺，其废水的特性为：水质变化很大，水量少，温度有时很高，有机污染物浓度高，可生化性很差。

（3）袜子染色废水特性。袜子属于纬编针织物的成形产品。根据编织袜子所使用的原料，可分为棉纱线袜、羊毛线袜、锦纶丝袜、弹力锦纶丝袜、锦棉混纺袜、棉腈混纺袜以及天然丝袜等。

棉袜的染色工艺类似于棉针织品，废水与之相似。同样道理，其他原料的袜子染色和废水特征与其对应的针织品染色相似。

（4）印花的废水特性。印花产品时尚性强，选择性大。印花布使用的染料主要是涂料、活性、分散三大类。印花主要分为涂料印花和糊料印花，数码喷射印花是20世纪90年代国际上出现的最新印花技术，是对传统印花技术的一个重大突破，是集计算机、电子信息、机械多种学科于一体的综合性高新技术。

印花废水中含有大量糊料和涂料，尤其是含化学浆（如PVA等）废水很难处理，目前，亚太地区紧跟欧美使用淀粉等易降解浆料，尽量少用或不用化学浆料，开发和使用用水量少、易于清洗、易于降解、有利于降低能耗和减少污染的天然印花糊料或变性糊。

印花废水的特征是污染物浓度高、悬浮物多，使用淀粉浆的废水可生化性较好，使用化学浆的废水可生化性差，处理难度大。其废水水质一般为：COD_{Cr}为1 500～5 000 mg/L，BOD_5为300～1 000 mg/L，pH值为6～9，SS为500～1 000 mg/L。

（5）其他印染织物染整及其废水特性。主要是床单、毛巾、蜡染和绣花等印染废水。床单和毛巾废水与棉织物废水相似；蜡染废水比较特殊，应先回收松香后再进行废水处理；绣花废水中含有大量 PVA 浆料，处理此类废水时应谨慎。

由此可见，印染废水因不同工艺和不同时间而变化，因此应充分了解其生产工艺和废水水质，根据棉纺、毛纺、丝绸和麻纺等印染产品的生产工艺和水质特点，制定合适的废水处理工艺，实现达标排放。纺织印染工业废水水质情况见表 4—1—2。

表 4—1—2　纺织印染工业废水水质情况

废水种类	pH 值	色度(倍)	SS(mg/L)	COD(mg/L)	BOD_5(mg/L)
印染厂废水	8.5～10	200～500	100～300	400	200
色织厂废水	7～9	30～40	200～300	250	100
毛纺厂废水	5～7	100～200	500 左右	300	150
针织厂废水	9～14	＜200	200～300	200	100

三、印染废水化学成分

印染废水中的污染物质主要来自纤维材料、纺织用浆料和印染加工所使用的染料、化学药剂、表面活性剂和各类整理剂。各种印染废水的主要污染成分见表 4—1—3。

表 4—1—3　各种印染废水的主要污染成分

印染厂所用染料	废水中主要污染成分
直接染料	染料、元明粉、食盐、纯碱、表面活性剂
活性染料	染料、烧碱、磷酸钠、小苏打、元明粉、尿素、表面活性剂
酸性染料	染料、元明粉、硫酸铵、醋酸、硫酸、表面活性剂
硫化染料	染料、硫化碱、纯碱、元明粉
分散染料	染料、各种载体、保险粉、表面活性剂
酸性媒染染料	染料、元明粉、醋酸、重铬酸盐、表面活性剂
金属络合染料	染料、元明粉、醋酸钠、硫酸铵、硫酸、表面活性剂
阳离子染料	染料、元明粉、醋酸钠、硫酸铵、纯碱、表面活性剂
还原染料	染料、元明粉、保险粉、纯碱、红油

1. 纤维材料

纺织用纤维材料主要有天然纤维（棉、麻、毛、丝等）和化学纤维。化学纤维含杂质较少，天然纤维都含有大量杂质。天然纤维中，原棉含有植物脂肪、棉蜡、含氮物质、果胶质、色素、棉籽壳及杆茎上的有机物等杂质，约占 10％；原麻所含杂质种类与棉相似，但含量略高，为 25％～30％；原毛含有沙土、草刺、羊脂、羊汗、羊尿等杂质，超过 60％；生丝含丝胶和少量油脂、色素等杂质，约为 20％。化学纤维较纯净，只是在制造过程加入的油剂，如矿物油、乳化剂、润滑剂和抗静电剂等，常用聚乙烯衍生物、聚乙二醇衍生物等。

2. 纺织浆料

纤维材料或织物在印染加工中可去除的浆料是上浆用浆料和印花、整理用浆料，根据其用量的大小和用途分为主浆料（黏着剂）和辅助浆料（助剂），目前市场上的主浆料有淀粉及其衍生产品、聚乙烯醇（PVA）、丙烯酸类黏合剂、聚酯类黏合剂，辅助浆料有油剂类、后上蜡类、分解剂类、防腐剂类、吸湿剂类等。这些种类繁多的浆料在印染加工中都要被去除，成为废水污染源之一。

3. 染料

染料主要是以芳烃和杂环化合物为母体，并带有显色基团（如—C═C—、—N═N—、—N═O═、═C═O 等）及极性基团（如—SO_3Na、—OH、—NH）。若染料分子中含较多能与水分子形成氢键的—SO_3H、—$COOH^-$、—OH^- 等亲水基团，如活性染料和中性染料等，染料分子就能全溶于废水中，并且染料的颜色一般随共轭短双键数目、苯环数目以及分子量的增加而加深；不含或少含—SO_3H、—$COOH^-$、—OH^- 等亲水基团的染料分子，以疏水悬浮微粒形成存在于废水中；含少量亲水基团但分子量很大或完全不含亲水基团的染料分子，在水中常以胶体形式存在。

染料是染整加工排出废水中影响最大的物质，不同纤维的织物使用不同的染料。各类染料着色率各不相同，其中阳离子酸性染料和酸性媒介染料着色率高（可达 90%～100%），硫化染料着色率最低（约 50%），其他介质介于此间。使用着色率低的染料进入废水的量大，而着色率高的染料进入废水的量小。

4. 助剂

在纺织、印染加工过程中，为提高服用性能，增强洗涤、乳化、分散、渗透、润湿、起泡、消泡、匀染、柔软和抗静电等作用，会用到大量表面活性剂。常用的表面活性剂分为阴离子、阳离子、非离子和两性四大类，在染整加工过程中，尤其以阳离子表面活性剂应用较多，主要为磺酸盐和硫酸酯盐。

印染废水中还常带有一些染色助剂，起助染或缓染作用。印染助剂包括：中性电解质，如 NaCl、Na_2SO_4 等；酸碱调节剂，如 HCl、NaOH 或 Na_2CO_3；表面活性剂；膨化剂如尿素等；胶粘剂，如改性淀粉、酚醛树脂、聚乙烯醇等；稳定剂如磷酸盐等。

为提高附加值而在印染加工中使用的有些整理剂也是印染废水中一类重要的污染物质。

第二节　印染废水排放标准

一、废水水质指标

废水水质指标是表征废水性质的参数。为了控制和掌握废水处理设备的工作状况和效果，必须定期地对处理过程中的废水按规定的指标进行监测。水质指标一般有温度、色度、臭味、pH 值、酸度、碱度、悬浮物、溶解固体、总固体、电导率、氧化还原电位、生化需氧量、化学需氧量、溶解氧、总有机碳、有机氮、有毒物质、有害物质、油类等。现将比较重要的指标分述如下。

1. 色度

色度是印染废水最敏感的指标。有色废水排入环境后使天然水体着色，减弱水体透光性，影响水生物的生长。废水色度常用文字描述和稀释倍数相结合的方法来表示。

2. pH 值

pH 值是用来表示废水酸碱性的指标。当 pH＝7 时，水呈中性；当 pH＜7 时，水呈酸性；当 pH＞7 时，水呈碱性。pH 值一般可用电化学法测定，也可用 pH 试纸测定。应该指出，pH 值不是一个定量的数值，不能说明水中酸性或碱性物质的数量。

3. 酸度

废水的酸度是指那些能在水溶液中离解产生氢离子的化合物总量，亦即表示能中和强碱的物质总量。酸度的测定采用化学分析法，单位为 mmol/L。

4. 碱度

废水的碱度是指那些能在水溶液中离解产生氢氧根离子的化合物总量，亦即表示能中和强酸的物质总量。碱度的测定采用化学分析法，单位为 mmol/L。

5. 悬浮物（SS）

悬浮物（SS）是指废水中呈悬浮状态的固体。悬浮物使水质混浊，降低水质透光性，影响水生物的呼吸、代谢作用，甚至使鱼类窒息死亡，悬浮物多时会造成河道阻塞，干涸后吹起扬尘，形成二次污染。

在水质分析中，悬浮物是指将水样过滤后的截留物蒸干后的残余固形物，是反映水中固体物质含量的一个常用水质指标，单位为 mg/L。

6. 生化需氧量（BOD）

废水中的微生物氧化分解有机物过程中消耗水中溶解氧的量称为生化需氧量（或生化耗氧量），全称是生物化学需氧量（或生物化学耗氧量）BOD。微生物在分解有机物过程中，分解作用的速度和程度与温度和时间有直接关系，通常采用 20℃条件下培养五天后测定溶解氧消耗量作为标准方法，称为五日生化需氧量，以 BOD_5 表示。BOD 反映水中可被微生物分解的有机物总量，以每升水中消耗溶解氧的质量表示，即其单位为 mg/L。

7. 化学需氧量（COD）

在一定条件下，用强氧化剂氧化废水中的有机和无机还原性物质所消耗的氧化剂的量（以氧的 mg/L 表示），称作化学需氧量（或化学耗氧量），通常记作 COD。COD 可以说明水体被污染的程度。测定 COD 时常用的氧化剂有高锰酸钾和重铬酸钾。高锰酸钾法比较简便、快速，一般适用于较清洁水中的化学耗氧量的测定。重铬酸钾法可将大部分有机物氧化，但对直链烃、芳烃及一些杂环化合物则不能氧化；加入硫酸银作为催化剂，直链化合物可有 85%～95%被氧化，但对芳烃及一些杂环化合物效果并不大，因此，测定的不是全部有机物。工业污水等污染比较严重的水体的化学耗氧量，我国规定监测标准采用铬法，因此，化学需氧量通常写作 COD_{Cr}，单位为 mg/L。

8. 溶解氧（DO）

在天然水体中，溶解氧值是污染的一个重要指标。洁净水体在正常状况下，其含溶解氧接近饱和状态（8.32 mg/L）。一旦水源被有机物污染，水内溶解氧含量逐渐减少。如污染加重，水中好氧菌大量活动，氧化所需氧气来不及从空气中补充，使水中 DO 值不断降低，甚至达到零。在此情况下厌氧菌的代谢活动便活跃起来，厌氧菌发酵不能使有机物彻底降解，同时产生硫化氢和氨等气体，硫化氢和铁作用生成 FeS，从而使水体发臭、发黑，水质恶化。

溶解氧与水生生物如鱼类等的生存有密切关系。一般当 DO 达到 3～4 mg/L 时，鱼类已不能生存，窒息死亡。

废水的好氧生化处理，即在人工构筑池中供给足够氧气，通过好氧微生物的代谢活动将污水中的有机物质氧化分解成无机物质，达到净化废水的目的。所以控制曝气池合适的 DO 量，也是生化处理运转管理上的一项重要工作。

9. 总有机碳（TOC）

总有机碳（TOC）表示所含有的全部有机碳的量，这一指标可用以表示废水中有机污染物含量。TOC 的测定方法是将一定量的废水注入高温炉中，在触媒的参与下，有机碳被氧化为二氧化碳，用红外线测定仪定量地测出所生成的二氧化碳。测定前水样要进行酸化曝气，以消除由于无机碳存在所产生的误差。TOC 的单位为 mg/L。

10. 总需氧量（TOD）

总需氧量（TOD）表示废水中所有物质被氧化所消耗的氧量，单位为 mg/L。TOD 的测定方法是将废水注入以白金为触媒的室内，以 900 ℃的高温加以燃烧，使之完全氧化，所消耗的氧量即为总需氧量或总耗氧量。

11. 有毒物质和有害物质

废水中有毒物质和有害物质主要是指各种重金属离子、有毒有机物（如酚、醛、芳烃及其衍生物等）、部分阴离子（如亚硝酸根、氟离子、氰根离子、硫离子等）和营养物质（氮、磷），这些都是单项指标，视具体废水而异，单位均为 mg/L。

12. 油类

油类主要是指废水中所含石油类污染物质（脂肪烃类物质）。石油类污染物的存在严重影响水体复氧和透光。水中石油类污染物的量可用石油醚萃取法测定，单位为 mg/L。

二、印染废水的危害

1. 使水质指标增高的主要印染废水污染物

印染过程中各工序排出的废水组成印染废水。引起水质指标增高的印染废水的主要污染物见表 4—2—1。

表 4—2—1　　使水质指标增高的主要印染废水污染物

废水水质指标	主要污染物
悬浮物	纤维屑粒、浆料、整理加工药剂
BOD	有机物，如染料、浆料、表面活性剂、加工药剂
COD	染料、还原漂白剂、醛、还原净水剂、淀粉整理剂
重金属毒物	铜、铅、锌、铬、汞、氰离子
色度	染料、颜料在废水中呈现的颜色

2. 印染废水的危害

印染企业主要采用水为媒介的湿法加工工艺，使用大量的清洁水，会有许多有害化学药品，排放出大量含有一定色度及不同污染物含量的有害废水，对水体会造成严重的危害。纺织印染废水对环境和人类的危害引起越来越多的人的关注。纺织印染废水中的主要污染物根据危害程度分为 1～5 级，1 级最轻微，5 级最严重。

印染废水的色度使受纳水体外观严重恶化，而造成色度的主要因素是染料。据估计全世界每年有 4 000～8 000 t 染料作为废水排出，进入江河、大海和地面水中。废水中的染料能吸收光线，降低水体透明度，影响水生生物和微生物生长，不利于水体自净，易造成视觉上的污染。因此对染料的排放必须严格控制，重点是那些毒害严重的染料，包括禁止制造和使用在一定条件下能释放出致癌芳香胺的染料。

染料中存在有害金属，如含有铬、铅、汞等重金属盐类，一般生化方法不能降解，因此它们在自然环境中能长期存在，并且能通过食物链等危害人类健康，在日本就曾发生过重金属汞和镉污染而造成的“水俣病”和“痛痛病”等公害事件。重金属铬在印染加工中用量相对较多，染色工艺中常用重铬酸钾作为氧化剂和媒染剂，印花辊筒的制备耗铬量也很大，而铬特别是 Cr^{3+} 被确认为能致癌。还有一些易产生甲醛的树脂整理剂、有机金属阻燃剂、含铬防水剂、部分阳离子型柔软剂等危害程度也较大，应特别注意排放和综合利用。

一般的酸、碱、盐等物和肥皂等洗涤剂虽然相对无害，但这些物质对环境仍有影响。许多含氮、磷的化合物大量用作洗涤剂，尿素也常用于印染各道工序，使废水中总磷氮含量增高，排放后使水体富营养化，如我国池塘大面积死鱼和近海域发生红潮子。因此，这类物质的使用量也要严加控制。

三、印染废水排放标准

为了保护宝贵的天然水资源，就要防止生活污水和工农业生产废水任意向水体排放。世界各国都制定了相应的政策法规，要求废水或污水在排放前要进行有效的无害化处理。将废水或污水处理到符合排放要求的程度和天然水体水质安全的水平，需要制定相应的技术准则，以供人们在水环境管理和水污染控制工作中遵循，这种技术准则称作水质标准。制定水质标准应该遵循科学性、技术可行性、经济可行性、地区差异性、时效性（按不同时期分阶段制定标准）的原则。

1. 工业废水排放标准的表示方法

工业废水排放标准有不同的表示方法，我国常用的两种形式是总量控制标准和浓度标准。

（1）总量控制标准。总量控制标准又称为总量排放标准，是指在规定的时间内，允许向某一地区或水域排放污染物的总数量。它的优点是可以避免用稀释手段使高负荷的污水达到浓度标准，能限制企业排入环境中的污染物总数量，充分考虑环境净化和容纳的能力。

总量控制标准为各地制定治理规划提供了依据和基础，便于对来自不同地区的污染物总量进行合理分配。但是，总量控制标准在实行时，要有高度配套的技术和管理体制，因为它是以准确的计量监测和精确的环境总容量计算为基础的。总量控制标准是国外最近实行的一种环境标准，目前我国正在研究，并已有部分地区正在制定总量排放标准。

（2）浓度标准。浓度标准是限定企业总排放口排出污染物最高允许排放浓度，其单位一般为 mg/L。目前我国试行的工业废水排放标准大多属于此类。这种方法的优点是简单易行，只要经常测定总排放口的污染物浓度即可。它的主要缺点是：没有规定企业污染物排放总量，排污工厂可以用清水稀释排放，表面上达到了排放标准，实际上增加了污染量；同时没有考虑一个地区污染源数量，可能形成各单个排放口符合排放标准，但从整个地区来看超过环境质量标准，甚至可能造成危害。

为了解决浓度标准的弊病，国外许多国家实行污染物总量控制。

2. 印染工业排放标准

我国在制定排放标准时，将生产和生活中产生的废水统称为污水。在标准适用范围上，明确综合排放标准与行业排放标准不交叉执行的原则，造纸工业、船舶工业、海洋石油开发工业、纺织染整工业、肉类加工工业、合成氨工业、钢铁工业、航天推进剂使用、兵器工业、磷肥工业、烧碱、聚氯乙烯工业所排放的污水执行相应的国家行业标准，其他一切排污单位一律执行《污水综合排放标准》(GB 8978—1996)。

随着社会经济的不断发展和人们环境意识的提高，我国加大了对印染污水的治理力度。2012 年，国家公布了新的《纺织染整工业水污染物排放标准》（GB 4287—2012)，替代《纺织染整工业水污染物排放标准》（GB 4287—1992)。从《纺织染整工业水污染物排放标准》(GB 4287—2012）可以看出，除Ⅲ类污水排放指标变化不大外，增加了Ⅰ类和Ⅱ类污水中印染废水 BOD、COD、色度、悬浮物、氨氮、苯胺类、二氧化氯等指标的排放限定。主要污染物新旧排放标准见表 4—2—2，单位产品基准排水量见表 4—2—3。

表 4—2—2　　印染废水污染物新旧排放标准对照表

项目	GB 4287—1992 *			GB 4287—2012	
	一级	二级	三级	A	B
色度（稀释倍数）	40	80	—	70	80
pH 值	6～9	6～9	6～9	6～9	6～9

续表

项目	GB 4287—1992*			GB 4287—2012	
	一级	二级	三级	A	B
悬浮物（mg/L）	70	100	400	60	50
硫化物（mg/L）	1.0	1.0	2.0	1.0	0.5
COD_{Cr}（mg/L）	100	180	500	100	80
BOD_5（mg/L）	25	40	300	25	20

注：*表示1992年7月1日起立项的建设项目及建成后投产的企业按本表执行。

A表示现有企业自2013年1月1日起执行水污染直接排放限值；B表示现有企业自2015年1月1日起执行水污染直接排放限值和新建企业自2013年1月1日起执行水污染直接排放限值。

表4—2—3　单位产品基准排水量（m^3/t标准品）

类别	A	B
棉、麻、化纤及混纺机织物	175	140
真丝绸机织物（含练白）	350	300
纱线、针织物	110	85
精梳毛织物	560	500
粗梳毛织物	640	575

注：1. 当产品不同时，可按FZ/T 01002—2010进行换算。

2. A表示现有企业自2013年1月1日起执行单位产品基准排水量；B表示现有企业自2015年1月1日起执行单位产品基准排水量和新建企业自2013年1月1日起执行单位产品基准排水量。

若单位产品实际排水量超过单位产品基准排水量，须将实测水污染物浓度换算为水污染物基准排水量排放浓度，并以水污染物基准排水量排放浓度作为判定排放是否达标的依据。产品产量和排水量统计周期为一个工作日。在企业的生产设施同时生产两种以上产品，可适用不同排放控制要求或不同行业污染物排放标准，且生产设施产生的污水混合处理排放的情况下，应执行排放标准中规定的最严格的浓度限值，并按下式换算水污染物基准排水量排放浓度。

$$\rho_{基}=\frac{Q_{总}}{\sum Y_i Q_{i基}}\times\rho_{实}$$

式中　$\rho_{基}$——水污染物基准排水量排放浓度，mg/L；

$Q_{总}$——排水总量，m^3；

Y_i——某种产品的产量，t；

$Q_{i基}$——某种产品的单位产品基准排水量，m^3/t；

$\rho_{实}$——实测水污染物排放浓度，mg/L。

若$Q_{总}$与$\sum Y_i Q_i$基的比值小于1，则以水污染物实测浓度作为判定排放是否达标的依据。

另外，我国各省纺织印染企业分布不均，经济发展状况不同，对环境保护的重视程度略有差异，在国家制定排放标准之上，一些省份根据自己的实际情况补充制定了不同的纺织染整工业水污染物排放地方标准。

印染废水水质一般平均值为：COD 为 800～2 000 mg/L，色度为 200～800 倍，pH 值为 10～13，BOD/COD 为 0.25～0.4。因此，印染废水的达标排放是印染行业急需解决的问题。

印染废水排放处理状况调查监测分析

用调查研究、收集资料的方法制定本地区印染废水排放处理状况调查监测分析方案，撰写分析报告。调查研究内容和步骤如图 4—2—1 所示。

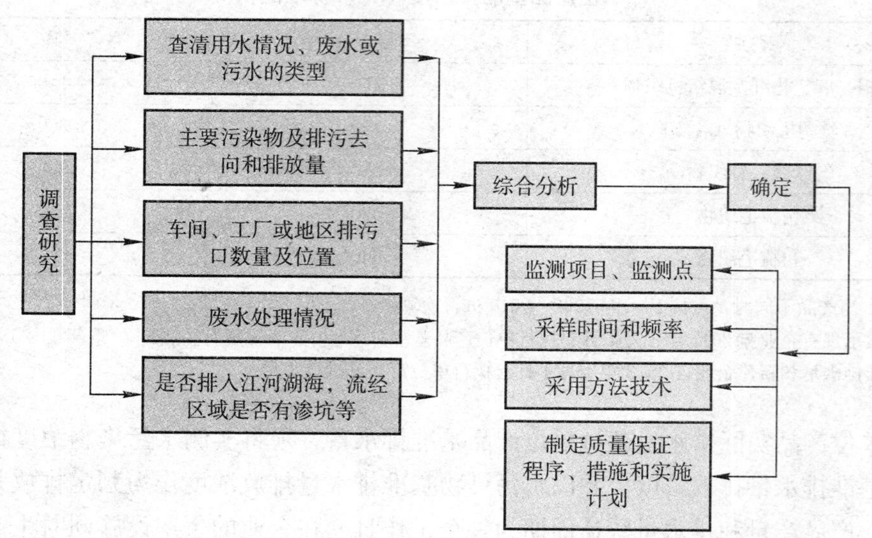

图 4—2—1　印染废水排放处理状况调查监测分析

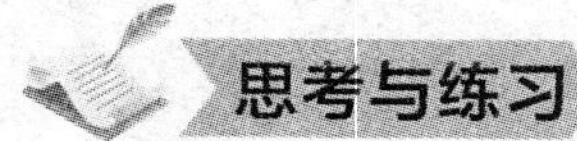

一、判断题

(　　) 1. 纺织印染废水属于难处理工业废水。

(　　) 2. 退浆废水呈酸性。

(　　) 3. 漂白废水量大，污染物和色度较高。

(　　) 4. 染色废水一般呈强碱性，COD/BOD 比较高，可生化性较差。

(　　) 5. 棉针织布的染色废水与棉机织印染废水相比，pH 值、有机污染物浓度均较高。

(　　) 6. 一般真丝产品印染废水的有机污染物浓度较低，可生化性好。

(　　) 7. 悬浮状态的粒子直径大于 100 nm。

(　　) 8. 有毒有机污染物的共同特点是绝大多数为难降解有机物。

(　　) 9. pH 值说明水中酸性或碱性物质的数量。

(　　) 10. 我国规定监测化学耗氧量标准采用铬法。

二、简述题

1. 说明 SS、BOD、COD、DO、TOC、TOD 代表的含义，并解释其基本概念。
2. 印染废水的主要特点有哪些？
3. 比较棉、麻、真丝、人造丝、合成纤维丝织物印染废水来源和特点。
4. 简述印染废水的化学成分及危害。
5. 简述 GB 4287—2012《纺织染整工业水污染物排放标准》中主要水质指标。

第五章 印染废水监测分析

学习目标

1. 了解印染废水监测分析的特点。
2. 掌握印染废水浊度的测定方法。
3. 会用稀释倍数法测定印染废水的色度。
4. 掌握石棉坩埚法和滤纸法测定水中悬浮物的方法。
5. 会用重铬酸钾法滴定分析印染废水化学需氧量。
6. 掌握用碘量法和分光光度法测定印染废水硫化物的原理和方法。
7. 熟悉废水的可生化性评价方法，掌握仪器测定法和化学测定法测定生化需氧量的方法。

废水的监测分析在废水处理过程中具有重要的作用。通过经常对进水、出水的水质和水量进行监测，可以及时调整水处理运行方式以及工艺控制参数，保证废水处理运转处于受控状态，最大限度地提高废水处理效果，减少对环境的污染。废水水质监测分析既有和其他分析的共同点，又有它自己的特点，主要表现在：

1. 微量。被分析的组分在废水中的含量都极少，一般为百分之几到百万分之几，有的甚至达到百万分之零点零零几。

2. 组成复杂。废水中同时含有几种或几十种不同的物质，因干扰大，增加了分析的困难。

3. 稳定性差。水样的稳定性差，特别是生化处理后的出水水样必须及时分析。

印染废水总体上属于有机性废水，其中所含的颜色及污染物主要由天然有机物质（天然纤维所含的蜡质、胶质、半纤维素、油脂等）及人工合成有机物质（染料、助剂、浆料等）所构成。由于在印染加工中大量使用了各种染化料，这些染化料不可能全部转移到织物上，在水中有部分残留，使得废水的颜色深。近年来，随着大量新型助剂、浆料的使用，有机污染物的可生化性降低，处理难度加大。所以，印染废水的常规分析主要包括色度、悬浮物、化学需氧量（COD）、硫化物四个方面；在生化处理废水为主时，通常还需测定溶解氧（DO）和生化需氧量（BOD_5）等。

第一节 印染废水色度和浊度测定

一、水样采集

水样采集必须考虑所取水样的代表性。采样要求取决于调查目的和分析项目，有些是为了掌握污染物浓度的变化，以控制或调节生产的工艺过程；有些是为了取得污染物的平均浓度，以了解环境的污染程度等。针对这些要求，决定采样方法。

1. 采样点的设置

（1）在车间或车间处理设备的废水排放口设置采样点，测定一类污染物（汞、镉、砷、铅、六价铬、有机氯化合物、强致癌物质等）。

（2）在工厂废水总排放口布设采样点，测定二类污染物（悬浮物、硫化物、挥发酚、氰化物、有机磷化合物、石油类、铜、锌、氟、硝基苯类、苯胺类等）。

（3）已有废水处理设施的工厂，在处理设施的排放口布设采样点。为了解废水处理效果，可在进、出口分别设置采样点。

（4）在排污渠道上，采样点应设在渠道较直、水量稳定、上游无废水汇入的地方。可在水面下 1/4～1/2 处采样，作为代表平均浓度水样采集。

（5）对污水处理厂，应在进、出口分别设置采样点采样监测。

2. 采样比例、时间和频率

（1）采样比例。在一昼夜或一个生产周期中采集平均比例水样。当废水流量比例恒定时只要取平均水量，即每隔相同时间采集等量废水混合均匀而成；如废水流量变化较大就需采集平均比例水样，即按流量的大小比例采集不同量的废水混合均匀而成；如废水是间断排放的那就需要间断取样。

（2）采样时间和频率。采样时间和频率的选择是一个复杂问题，它取决于排污的均匀程度和分析要求。对于工业废水，通常在一个生产周期内每隔 0.5 h 或 1 h 采样一次，将其混合后测定污染物平均值。如采取几个周期（3～5 个周期）的废水，可每隔 2 h 取一次样。对于排污情况复杂、浓度变化很大的废水，采样时间要适当短些（5～10 min）；待找出污染物浓度变化规律后，频率可减小。

进行单个项目水样分析时，要每个项目单独采样，采样体积为 500～1 000 mL；进行多个项目水样分析时，对于具有相同保存要求的水样，只采集一份水样，采样体积大于 3 000 mL。采样时应除去水面杂物、垃圾等漂浮物；但是，随污水流动的悬浮物或固体颗粒，应看成是污水的组成部分，不应在测定前滤除。用水样容器直接采样时，须用水冲洗 3 次，但采油的容器不能冲洗。

3. 水样保存

水样瓶要密封，并使废水充满整个瓶子而不留空气。水样瓶应避光避热，在冬季还要防止冻裂。水样瓶上应有明确的标签，以免搞错。

二、色度测定方法

1. 测定原理

水的颜色有改变透射可见光光谱组成的光学性质，分为水的表观颜色和水的真实颜色。水的表观颜色是指由溶解物质及不溶解性悬浮物产生的颜色，用未经过滤或离心分离的原始样品测定；水的真实颜色是指仅由溶解物质产生的颜色，用经 0.45 μm 滤膜过滤器过滤的样品测定。

工业废水的色度是指除去悬浮物质以后废水呈现的颜色。当废水样混浊时，需放置使其澄清或用离心机除去悬浮物后（但不应采用过滤法，因为滤纸有吸附作用，使检测结果偏低）再测定。

采用文字描述时，应说明废水的颜色种类如深蓝色、浅蓝色、微红色、紫红色、金黄色、暗黑色等。用稀释倍数法测定色度时，以刚好看不见颜色时的冲稀倍数表示废水的色度。

2. 测定步骤

取一定体积澄清废水样置于烧杯中，以白瓷板为背景，与同体积蒸馏水作比较，描述呈现的颜色。将澄清后的废水用水稀释成不同倍数，分别置于液面高度一致的 50 mL 比色管中，在比色管底部放一白色瓷板（比色管垂直于瓷板），分析者对着液面，由上向下观察废水颜色的深浅，并与液面高度相同的水作比较。将废水样稀释至刚好看不见颜色时为止，记下此时的稀释倍数，即为色度。

三、浊度测定方法

浊度是指水浑浊的程度。浊度的测定，实际上是指水样中的杂质颗粒对光线散射所产生的光学性质的测定。这种对光线散射的能力，不仅和水中杂质的含量有关，而且还和水中杂质的成分、粒度大小、形状和表面散射性能有关。在水中所含的全部杂质中，除呈溶解状态的分子、离子和黏度很大（能下沉）的物质外，其他杂质（悬浮的泥沙、有机物和无机物的胶体、微生物等）都是使水浑浊的原因。

水产生浑浊现象，从表观上看是水中杂质的特征。无机物的泥沙微粒本身不一定直接有害健康，但产生浊度的那些微粒杂质中容易隐藏着病原微生物，因而浑浊的水是不能饮用的。我国规定饮用水浊度不超过 5 度。

浊度的测定一般采用分光光度法和目视比浊法。分光光度法适用于饮用水、天然水及高浊度水，最低检测浊度为 3 度；目视比浊法适用于饮用水和水源水等低浊度的水，最低检测浊度为 1 度。浊度的测定也可以采用光电浊度计、比光浊度仪等仪器测定。

1. 分光光度法测定浊度

分光光度法的测定原理是：在适当温度下，硫酸肼与六次甲基四胺聚合形成白色高分子聚合物，以此作为浊度标准液，在一定条件下与水样浊度相比较。分光光度法测定浊度的步骤如下。

（1）浊度标准储备液制备。吸取 5.00 mL 浓度为 1 g/100 mL 的硫酸肼溶液［$(N_2H_4)H_2SO_4$］与 5.00 mL 浓度为 10 g/100 mL 的六次甲基四胺［$(CH_2)_6N_4$］溶液于 100 mL 容量瓶中混合，在（25±3)℃下静置反应 24 h，冷后用水稀释至标线、混匀，此溶液浊度为 400 度，可保存一个月。

（2）标准曲线的绘制。吸取浊度标准液 0 mL、0.50 mL、1.25 mL、2.50 mL、5.00 mL、10.00 mL 及 12.50 mL 置于 50 mL 的比色管中，加水至标线、摇匀，即得浊度为 0、4、10、20、40、80 及 100 度的标准系列，于 680 nm 波长，用 30 mm 比色皿测定吸光度，绘制校准曲线。

（3）测定。吸取 50.00 mL 摇匀水样（无气泡。如浊度超过 100 度可酌情少取，用无浊度水稀释至 50.0 mL）于 50 mL 比色管中，按上述方法测定吸光度，由校准曲线上查得水样浊度。

2. 目视比浊法

目视比浊法即先用白陶土或硅藻土配成浊度标准溶液，将待测水样与之进行比较，当水样的浑浊程度与某浊度标准溶液相近时，则此标准溶液的浊度就是水样的浊度。浊度的单位用“度”表示。相当于 1 mg 白陶土或硅藻土（SiO_2）在 1 L 水中所产生的浑浊程度，称为 1 度。其中对所用 SiO_2 的粒径有一定的规定，以通过 200 号筛孔的粒径作为统一标准。

四、浊度、色度、透明度的区别与联系

浊度体现了水中悬浮物对透过光线所发生的阻碍程度。也就是说，由于水中有不溶解物质的存在，使通过水样的部分光线被吸收或被散射，而不是直线穿透。因此，混浊现象是水样的一种光学性质。

浊度与色度虽然都是水的光学性质，但它们是有区别的。色度是由水中的溶解物质所引起的，而浊度则是由水中的不溶解物质引起的。所以，有的水样色度很高但并不混浊，反之亦然。

一般说来，水中的不溶解物质越多，浊度越高，但两者之间并没有直接的定量关系。因为浊度是一种光学效应，它的大小不仅与不溶解物质的数量、浓度有关，而且还与这些小溶解物质的颗粒大小、形状和折射指数等性质有关。

在水质分析中，浊度的测定通常仅用于天然水、饮用水和处理后的水。至于生活污水和工业废水，由于含有大量的悬浮状污染物质，因而大多是相当混浊的，这种水样一般只进行悬浮固体的测定而不进行浊度的测定。

透明度是指水样的澄清程度。洁净的水是透明的。水中悬浮物和胶体颗粒物越多，透明度就越低。通常地下水的透明度较高。透明度是与水的颜色和浊度两者综合影响有关的水质指标。

印染废水色度的测定

一、实验目的

掌握稀释倍数法测定印染工业废水色度的方法。

二、实验原理

将工业废水用无色水稀释至用目视比较与无色水相比刚好看不见颜色时的稀释倍数作为表达颜色的强度，单位为倍。

同时用目视观察样品，检验颜色性质：颜色的深浅（无色、浅色或深色），色调（红、橙、黄、绿、蓝和紫等），如果可能的话包括样品的透明度（透明、混浊或不透明）。用文字予以描述。

三、仪器材料

1. 仪器

50 mL 具塞比色管，其刻线高度应一致，光学透明玻璃底部无阴影；250 mL 量筒；白色瓷板；移液管、容量瓶；pH 计，精度±0.1 pH 单位。

2. 光学纯水

将 0.2 μm 滤膜（细菌学研究中所采用的）在 100 mL 蒸馏水或去离子水中浸泡 1 h，用它过滤 250 mL 蒸馏水或去离子水，弃去最初的 250 mL，以后以这种水作为稀释水。

四、实验步骤

1. 采样和试料

将所有与样品接触的玻璃器皿用盐酸或表面活性剂溶液清洗，再用蒸馏水或去离子水洗净、沥干。将废水采集到容积至少 1 L 的玻璃瓶内备用。将样品倒入 250 mL 或更大的量筒中，静置 15 min，倾出上层液体作为试料进行测定。

2. 检验颜色性质

分别取水样（印染废水）和光学纯水于 50 mL 具塞比色管中，充至标线。将具塞比色管放在白色瓷板表面上，垂直向下观察液柱，比较样品和无色水。描述样品呈现的色度和色调，如果可能的话包括透明度。

3. 色度倍数的测定

将水样用无色水逐级稀释成不同倍数，分别置于 50 mL 具塞比色管中并充至标线。将具塞比色管放在白色瓷板表面上，用上述方法与无色水进行比较。将水样稀释至刚好与无色水无法区别为止，记下此时的稀释倍数值。

稀释的方法：水样的色度在 50 倍以上时，用移液管计量吸取试样于容量瓶中，用无色水稀释至标线，每次取大的稀释比，使稀释后色度在50倍之内；水样的色度在50倍以下时，在具塞比色管中取试样25 mL，用无色水稀释至标线，每次稀释倍数为2；试料或经试料稀释至色度很低时，应自具塞比色管中取试料25 mL，用光学纯水稀释至标线，每次稀释倍数小于2。

记下各次稀释倍数值。

4. 测pH值

另取试料测pH值。

五、数据分析

将逐级稀释的各次倍数相乘，所得之积取整数值，以此表达样品的色度。同时用文字描述样品的颜色深浅、色调，如果可能的话包括透明度。将实验结果填入表5—1—1。

表5—1—1　　印染废水色度的测定结果分析

文字描述	深浅：______		色调：______		透明度：______	
稀释次数	1	2	3	4	5	……
每次稀释倍数						
色度						
pH值						

注：1. 取样后要尽早进行测定。必须储存时则将样品储存于暗处。样品在有些情况下要避免与空气接触，同时要避免温度的变化。

2. pH值对颜色影响很大，在测定颜色时应同时测定pH值。

印染废水浊度的测定

一、实验目的

1. 了解浊度测定的意义。
2. 熟悉浊度标准溶液的配制方法。
3. 掌握印染废水浊度的测定方法。

二、实验原理

把相当于1 mg一定粒度的硅藻土，在1 L水中所产生的浊度作为一个浊度单位，用“度”表示。将水样与浊度标准溶液进行比较。

三、仪器材料

1. 仪器

0.1 mm筛孔的标准筛，容量瓶、研钵、量筒、烘箱、分析天平、蒸发皿、水浴锅、具塞比色管等。

2. 材料

试剂级硅藻土、印染废水（或模拟废水）。

四、实验步骤

1. 浊度标准溶液的配制

（1）浊度标准溶液。称取 10 g 通过 0.1 mm 筛孔、在 105～110 ℃烘箱中烘 2 h 后并冷却的硅藻土于研钵中，加入少许水调成糊状并研细，移至 1 000 mL 量筒中，加水至标线，充分搅匀后静置 24 h。用虹吸法仔细将上层 800 mL 悬浮液移至第二个 1 000 mL 量筒中，向其中加水至 1 000 mL 充分搅拌，静置 24 h。吸出上层含较细颗粒的 800 mL 悬浮液弃去，下部溶液加水稀释至 1 000 mL 充分搅拌后，储于具塞玻璃瓶中，其中含硅藻土颗粒直径约为 400 μm。

（2）原液的浊度测定。取上述悬浊液 50 mL，置于已恒重的蒸发皿中，在水浴上蒸干，放入 105 ℃烘箱中烘 24 h，在干燥器内冷却 30 min，称重。同上述方法，再烘 1 h，称重，烘至恒重（两次称量相差不超过 0.5 mg），求出每毫升悬浊液中含有硅藻土的重量（mg）。

（3）浊度为 250 度的标准液。吸取含 250 mg 硅藻土的悬浊液，置于 1 000 mL 容量瓶中，加水至标线摇匀，此溶液浊度为 250 度。

（4）浊度为 100 度的标准液。吸取 100 mL 浊度为 250 度的标准液于 250 mL 容量瓶中，用水稀释至标线，摇匀，此溶液浊度为 100 度。

于各标准液中分别加入 1 g 氯化汞（有剧毒）以防菌类生长。将瓶塞塞紧，以免水分蒸发。

2. 测定浊度为 1～10 度的水样

（1）取 100 mL 具塞比色管 11 支，分别加入浊度为 100 度的标准液 0 mL、1.0 mL、2.0 mL、3.0 mL、4.0 mL、5.0 mL、6.0 mL、7.0 mL、8.0 mL、9.0 mL、10.0 mL，各加蒸馏水至 100 mL，摇匀，即得浊度为 0、1、2、3、4、5、6、7、8、9、10 度的标准液。

（2）取 100 mL 水样，置于同样规格的比色管中，与浊度标准液同时摇匀，并进行比较。比较时应由上往下垂直地进行观察。选出与水样所产生视觉效果相近的标准液，读得水样的浊度。

3. 测定浊度为 10～100 度的水样

（1）取浊度为 250 度的标准液 0 mL、10.0 mL、20.0 mL、30.0 mL、40.0 mL、50.0 mL、60.0 mL、70.0 mL、80.0 mL、90.0 mL、100.0 mL，分别置于 250 mL 容量瓶中，加蒸馏水稀释至刻度线，摇匀，即得浊度为 0、10、20、30、40、50、60、70、80、90、100 度的标准液。然后将其分别转入成套的 250 mL 具塞玻璃瓶中。

（2）取 250 mL 水样，置于成套的 250 mL 具塞玻璃瓶中，与浊度标准液同时摇匀，并进行比较。比较时，在瓶后放一带有黑线的白纸（或带铅字的报纸）作为判别标记，由瓶前侧向后观察。根据目标的清晰程度，确定出与水样所产生视觉效果相近的标准液，读得水样的浊度。

4. 测定浊度超过 100 度的水样

水样浊度超过 100 度时，需用蒸馏水稀释后再测定。

五、数据分析

浊度结果可于测定时直接读取，不同浊度范围的读数精度要求见表 5—1—2。

表 5—1—2　　不同浊度范围的读数精度值

浊度范围（度）	1～10	10～100	100～400	400～1 000	1 000 以上
精确度（度）	1	5	10	50	100

六、注意事项

1. 选择好标准物的粒度大小对配制浊度标准液极为重要。用本法配制的硅藻土浊度标准液，其硅藻土的颗粒直径约为 400 μm。

2. 水样温度比室温低得多时，水汽在比色管壁产生模糊现象，应该注意。

3. 摇匀标准溶液时，应避免气泡混入。

4. 浊度与水样放置时间、pH 值、水温等有关，因此浊度是用原水样在现场测定的项目。

第二节　印染废水悬浮物测定

一、重量分析法

重量分析法是使被测成分在一定条件下与试样中的其他成分分离，然后以某种固体物质形式进行称量，根据测得的重量来计算试样中被测组分的含量。重量分析法常用于试样中高含量和中含量组分的测定，一般相对误差为 0.1%～0.2%；测定低含量组分时误差较大。此分析法过程繁杂，耗时较长，所以只有在找不到合适的快速、简便的分析方法时才采用。

1. 重量分析法分类

在重量分析法中，使被测定组分与其他组分分离的方法，一般采用气化法和沉淀法。

（1）气化法。气化法是借助于加热或蒸馏等方法，使被测组分气化或固化，然后根据挥发失去的重量或蒸馏固化的重量来计算被测组分的含量。例如，水质分析中全固体物和溶解固体物等的测定属于此法。

(2) 沉淀法。沉淀法是在一定量的试样溶液中加入稍过量的沉淀剂，使试样被测组分形成难溶化合物沉淀出来。经过过滤、洗涤、烘干（或灼烧）和称量等步骤，根据称得的重量来计算试样中组分的含量。此法在重量分析中应用得较为广泛，例如水质分析中的悬浮物、硫酸盐和含油量的测定。

2. 重量分析基本操作

(1) 沉淀的生成。沉淀的生成是重量分析中的关键操作。为使沉淀反应进行完全，沉淀剂的用量通常比理论计算的量过量20%～50%，这时由于同离子效应，被测组分可以沉淀得更完全些。

(2) 沉淀的过滤。过滤是用滤纸和漏斗将溶液中的沉淀取出来的一种操作方法。为了避免沉淀物堵塞滤纸的空隙而影响过滤速度，通常采用“倾泻法”来进行过滤操作。所谓倾泻法，就是待烧杯中的沉淀下沉后，首先将沉淀上部的液体沿着玻璃棒小心地倾入漏斗，尽可能使沉淀留在烧杯内，直至清液倾注完毕后，才开始洗涤沉淀，而不是一开始就将沉淀和溶液搅浑进行过滤。

对于不需高温灼烧的沉淀或在高温时能被滤纸分解的碳还原的沉淀，不能用滤纸进行过滤，而是用玻璃过滤器或用铺有酸洗石棉层作为过滤材料的古氏坩埚进行过滤。过滤时，可以将洗涤干净的过滤器安装在有橡胶垫圈或有孔塞的抽滤瓶上，连接抽气装置（如水力抽气器或电动真空泵等），进行减压过滤。

(3) 洗涤。过滤和洗涤的操作是同时进行的。用纯水洗涤沉淀，沉淀的溶解损失太大，所以常加入少量沉淀剂的水为洗涤液。洗涤沉淀时，先用适量的洗涤液将附着在烧杯内壁的沉淀冲至烧杯的底部，充分搅和、洗涤，放置澄清后，用倾泻法进行过滤，每次将清液尽量倾出。

洗涤沉淀必须按“少量多次”的原则，即每次用少量的洗涤液，多洗几次，每次洗涤后尽量沥干。一般情况下，洗涤3～10次就可洗涤干净。沉淀洗净与否，通过检查最后沉淀出的滤液中是否还有母液中的某种离子就可以确定。

(4) 烘干。烘干和灼烧的目的都是为了去除沉淀中的水分和挥发成分，使沉淀成为组成固定的称量形态。

利用玻璃过滤器或古氏坩埚过滤得到的沉淀，通常只需要烘干。烘干的方法是将玻璃过滤器的外面用滤纸擦干，放在洁净的表面皿上，然后放入电热鼓风干燥箱内烘干。干燥的温度通常控制在300 ℃以下，具体温度应该根据沉淀的性质来确定。第一次烘干的时间约为2 h，移入干燥器冷至室温，称量；第二次再烘干45 min到1 h，再冷却，称量。

(5) 灼烧。需要灼烧的沉淀一般在超过800 ℃的温度下灼烧，常用瓷坩埚来盛放沉淀。因为样品的测定往往是平行进行的，所以坩埚可用蓝墨水编上记号，并在灼烧沉淀的温度下灼烧至恒重。

(6) 称量。沉淀烘干和灼烧至恒重，即连续两次称量，重量相差不超过0.2 mg，就可认为沉淀中的水分和挥发组分确已除尽。沉淀烘干和灼烧后用分析天平称重。

二、水中固体物质的分类和测定

1. 蒸发法测定固体物质含量

（1）分类。水中的固体分为溶解固体（溶解物）和悬浮固体（悬浮物），两者的和叫作总固体。溶解固体主要包括溶解于水中的无机盐、有机物等。悬浮固体主要包括不溶于水的泥土、有机物、水生物等。溶解固体和悬浮固体都包含无机物和有机物的成分，所以总固体的组成也包含无机物和有机物的成分，并且还包括各种水生物体。

（2）测定方法。水中各种固体含量的测定一般采用重量法。由于水样测定时都有一个蒸干后称量残渣的过程，所以也称蒸发残渣法。测定的结果用 mg/L 表示，即每升水样中所含固体物质的重量（mg）。

测定总固体时，蒸干水样的温度对测定结果有显著的影响，即测定时必须注明温度，一般以 105～110 ℃为宜。所以，水中总固体的测定，就是水样在一定温度下蒸发至干时所残留的固体物质总量。溶解固体量是指将一定量的水样，用一定的过滤器过滤后所得到的澄清滤液，在 105～110 ℃下蒸干后所残留的固体量。悬浮固体量是指将一定量的水样过滤后，残留在过滤器上面的滤渣，在 105～110 ℃下蒸干后的固体量。由于测定溶解固体和悬浮固体所用的过滤器不同，其孔径大小不同，所得结果也就不同，所以在测定中应该根据水质和测定需要来选择过滤材料并加以注明。

对于水中固体物质的测定，由于各种水体的水质不同，其测定重点也有所区别。比较清洁的天然水、生活饮用水和工业用水所含悬浮物较少，杂质主要是溶解盐类，这类水的总固体量可用溶解固体量代替。天然水中的溶解固体量一般为 20～1 000 mg/L，生活饮用水的总固体量不应超过 500 mg/L。对于浑浊河水或某些工业废水，其溶解盐量一般并不太大，所以测定的重点是悬浮固体量。

2. 灼烧法测定固体物质含量

水中的固体物质还有另一种分类法，即分为挥发性固体（或称灼烧减重）和固定性固体（或称灼烧残渣）两类。挥发性固体是指固体在 600 ℃下灼烧而失去的重量，它可近似代表水中有机物的含量，因为在该温度下有机物将全部分解为二氧化碳和水而挥发，其中碳酸盐、硝酸盐、铵盐也会发生分解，故它只是近似代表有机物的含量。固定性固体则是灼烧后残留物质的重量，可近似代表无机物的含量。

根据上述分类法，当对水中总固体灼烧时，其总固体量应是挥发性固体与固定性固体的总和。同理，悬浮固体灼烧后的固体量应是挥发性悬浮固体与固定性悬浮固体的总和，溶解固体灼烧后的固体量应是挥发性溶解固体和固定性溶解固体的总和。

由于测定固体时的烘烤作用会引起一些成分的变化，因此测出来的重量和这些成分在水中的原来状态（溶解或悬浮）实际上是有差异的，这说明水中固体的测定结果并不像其他化学测定那样精确，但这种差异并不影响数据的使用价值。

对于污水和废水中的固体物质，还经常用可沉固体作为水质指标。它是指水样在特制的圆锥形容器中，经过一定的沉降时间（1～2 h）后，测定所沉降下来的固体物质的容量（mL/L）。可沉固体这一指标，可用以决定污水和废水是否需要进行沉降处理，也是设计沉降设备（池）沉渣部位容量的一个参数。

三、悬浮固体量测定

1. 概述

悬浮固体量又称悬浮物，是指不能通过滤器的固体物质，可用滤纸法、石棉坩埚法测定。因悬浮物的测定受滤器孔径的影响很大，故对滤器种类和孔径多作出硬性规定。由于两种方法所得结果有差异，所以应注明测定时采用的方法。

在分析水样中的悬浮物之前，应根据水样浑浊情况，估计悬浮物的含量，确定取水样的体积，见表5—2—1。如水样浑浊度在5以下，取水样1 L以上。对浑浊度为5以上的水样，所取体积必须使悬浮物的重量测定值在5 mg以上；若测定值在5 mg以下，需根据测定值的量乘以相应倍数（使其达到5 mg以上），重新取相应体积的水样。

表5—2—1　　悬浮物含量与应取水样的体积

悬浮物含量（mg/L）	水样体积（mL）	备注
＞50	500	直接测定
20～50	1 000	直接测定
＜20	—	总固体物与溶解物之差

2. 测定方法

（1）滤纸法。用中速定量滤纸过滤废水，经105～110 ℃烘干后的滤渣即为悬浮物的重量。具体步骤是：将中速定量滤纸折叠后放入称量瓶中（每个称量瓶一张滤纸），置于105～110 ℃烘箱中启盖烘2 h，于干燥器内冷却30 min。盖好瓶盖，称重，直至恒重为止。然后用移液管移取100 mL已除去漂浮物并经过摇匀的废水（含悬浮物50 mg左右），用上述滤纸过滤，水洗3～5次。如废水中有油脂，用10 mL石油醚分两次冲洗滤纸。将滤纸放入原称量瓶内，置于105～110 ℃烘箱中启盖烘2 h，于干燥器内冷却30 min。盖好瓶盖，称重，直至恒重为止。悬浮物含量计算公式如下：

$$\text{悬浮物（mg/L）}=\frac{(A-B)\times 1\,000\times 1\,000}{V}$$

式中　A——过滤后滤纸加称量瓶重，g；

B——过滤前滤纸加称量瓶重，g；

V——废水样体积，100 mL。

注意：对酸性或碱性较强的废水，因过滤时易穿破滤纸，可改用石棉坩埚法。废水黏度较大时可加入2～4倍水，摇匀，静置沉降后过滤。过滤后的水样应澄清透明，否则应重新过滤。过滤前水样应摇匀后取样。

（2）石棉坩埚法。用石棉坩埚为滤器，过滤废水样，滤渣经105～110 ℃烘干后称重，即为悬浮物重量。

1）石棉坩埚制备。取约 3 g 分析纯石棉，浸泡于 1 L 水中，制成石棉悬浮液；或取 3 g 普通石棉，剪成 0.5 cm 长，浸泡于 60～70 mL 浓盐酸中，搅拌后放置两昼夜，用自来水洗涤多次，再用蒸馏水洗至不含氯离子为止（用硝酸银检验），将此石棉浸泡于 1 L 水中，制成石棉悬浮液。石棉悬浮液每次使用前要充分振荡。将石棉悬浮液倒入 25 mL 左右的多孔过滤瓷坩埚（古氏坩埚）内，慢慢抽滤。在底部铺上厚约 1.5 mm 石棉层时，放入多孔小瓷板，继续加入石棉悬浮液，抽滤，使上面也铺上一层厚约 1.5 mm 的石棉层。用水冲洗石棉层，直至无微小石棉纤维流出为止。将铺好石棉纤维的多孔过滤瓷坩埚置于 105～110 ℃烘箱中烘 1 h，在干燥器内冷却 30 min，称重。再烘干，称重，直至恒重为止。

2）水样测定。将废水样除去表面漂浮的树枝、碎屑等杂物，摇匀，取出 100 mL（含悬浮物 50 mg 左右），在抽滤下慢慢加入已称恒重的石棉坩埚内，抽滤完毕后用水洗涤坩埚 3～5 次。如废水中有油脂，可用 10 mL 石油醚分两次洗涤坩埚内的悬浮物。将坩埚置于 105～110 ℃烘箱中烘 1 h，放入干燥器内冷却 30 min，称重。再烘干，称重，直至恒重为止。悬浮物含量计算公式如下：

$$悬浮物\ (mg/L)=\frac{(A-B)\times 1\,000\times 1\,000}{V}$$

式中　A——悬浮物加坩埚重量，g；

B——坩埚重量，g；

V——取用废水体积，mL。

注意：保存后的废水样，悬浮物多沉于瓶底，测量前要用力振荡，混匀为止。市售石棉常含有过多石棉粉，需用倾泻法洗涤多次除去。每一多孔过滤瓷坩埚约需 0.3 g 石棉，使坩埚内石棉厚度约为 3 mm，太厚或太薄均对测量结果有影响。难过滤的废水亦可加入 200～400 mL 水，混匀，放置 30 min 以上，待沉降后将稀释的废水徐徐倾入正在抽滤的瓷坩埚中。

印染废水悬浮物的测定

一、实验目的

1. 掌握国家标准规定的测定印染废水悬浮物的方法。
2. 进一步了解工业废水中固体物的测定方法和原理。

二、实验原理

水质中的悬浮物是指水样通过孔径为 0.45 μm 的滤膜，截留在滤膜上并于 103～105 ℃烘干至恒重的固体物质。

三、仪器材料

全玻璃微孔滤膜过滤器、CN—CA 滤膜（孔径 0.45 μm、直径 60 mm）、吸滤瓶、真空泵、无齿扁嘴镊等。

四、实验步骤

1. 滤膜准备

用无齿扁嘴镊夹取微孔滤膜放于事先恒重的称量瓶里，移入烘箱中于 103～105 ℃烘干，30 min 后取出置于干燥器内，冷却至室温，称其重量。反复烘干、冷却、称量，直至两次称量的重量差 0.2 mg 为止。将恒重的微孔滤膜正确地放在滤膜过滤器的滤膜托盘上，加盖配套的漏斗，并用夹子固定好，以蒸馏水湿润滤膜，并不断吸滤。

2. 水样测定

量取混合均匀的试样 100 mL，抽吸过滤，使水分全部通过滤膜，再以每次 10 mL 蒸馏水连续洗涤 3 次，继续吸滤，以除去痕量水分，停止吸滤后，仔细取出载有悬浮物的滤膜，放在原恒重的称量瓶里，移入烘箱中于 103～105 ℃下烘干，1 h 后移入干燥器中，冷却至室温，称其重量。反复烘干、冷却、称量，直至两次称量的重量差 0.4 mg 为止。

五、记录分析

悬浮物含量计算公式如下：

$$悬浮物\ (mg/L)=\frac{(A-B)\times 1\,000\times 1\,000}{V}$$

式中 A——悬浮物加滤膜加称量瓶重量，g；

B——滤膜加称量瓶重量，g；

V——取用废水体积，mL。

将实验结果填入表 5—2—2。

表 5—2—2 国标法测定印染废水悬浮物

项目	Ⅰ	Ⅱ	Ⅲ
悬浮物＋滤膜＋称量瓶重量 A（g）			
滤膜＋称量瓶重量 B（g）			
取用废水体积 V（mL）			
悬浮物（mg/L）			
悬浮物平均值（mg/L）			
绝对偏差			
相对平均偏差（%）			

六、注意事项

1. 采集的水样应具有代表性。所用聚乙烯瓶或硬质玻璃瓶应先用洗涤剂洗净，然后依次用自来水、蒸馏水冲洗，再用待采集的水样清洗三次。采集水样 500～1 000 mL，盖严瓶塞。

2. 漂浮或浸没的不均匀固体物质不属于悬浮物质，应从水样中除去。

3. 采集的水样应尽快分析测定，如需放置应储存在冷藏箱中，但最长不得超过七天，且不能加入任何保护剂，以防破坏物质在固液间的分配平衡。

4. 滤膜上截留悬浮物过多，会夹带过多的水分，可以延长干燥时间，但可能造成过滤困难，此时可酌情少取试样；滤膜上截留悬浮物过少，则会增大称量误差，影响测定精度，必要时可增大试样体积，一般以 5～10 mg 悬浮物量作为量取试样体积的实用范围。

第三节　印染废水化学需氧量测定

化学需氧量（COD）是指 1 L 水中的还原性物质（无机物和有机物），在一定条件下被强氧化剂（如重铬酸钾、高锰酸钾等）氧化所消耗的强氧化剂的量，最后以单位水体中氧的毫克数表示（O_2mg/L）。化学需氧量（COD）测定按氧化剂的不同，分为重铬酸钾法（COD_{Cr}）、高锰酸钾法（COD_{Mn}）。在强酸性条件下，氧化剂重铬酸钾能使水中绝大部分有机物和还原态无机物氧化，但其对芳烃及吡啶难以氧化，其氧化率较低；在硫酸银催化作用下，直链脂肪族化合物可有效地被氧化，氧化率达到 85%～95%，远高于高锰酸钾法。所以，重铬酸钾法主要用于污染严重的水体，高锰酸钾法用于较清洁的水体。

对于严重污染水、生活污水和工业废水等，常以化学需氧量来表示水中污染物质（主要是有机污染物）的相对含量。所以，化学需氧量是各种废水分析的最重要的水质指标之一，也是印染废水检测非常重要的指标。化学需氧量（COD）的测定采用重铬酸钾法，分为滴定分析法、库伦滴定法和快速密闭消解光度法三种。

一、滴定分析法

化学需氧量的滴定分析，是在待测水样中加入一定量的强酸（如 H_2SO_4）使其呈酸性，再加入一定量并过量的重铬酸钾（$K_2Cr_2O_7$）标准溶液，以硫酸银（Ag_2SO_4）作催化剂。为使重铬酸钾与水中还原性污染物质充分作用，加热煮沸并冷凝回流 2 h，然后以邻二氮菲亚铁作指示剂，用硫酸亚铁铵［$(NH_4)_2Fe(SO_4)_2$］标准溶液滴定剩余的重铬酸钾标准溶液，同时以蒸馏水代替水样进行空白试验，从而得到水样中有机物被氧化所消耗的重铬酸钾量，以氧的毫克数表示（O_2，mg/L）。回流装置如图 5—3—1 所示。

其反应式为：

$$2Cr_2O_7^{2-}+3C+16H^+ = 4C^{3+}+3CO_2\uparrow+8H_2O$$

$$2Cr_2O_7^{2-}+6Fe^{2+}+14H^+ = 2Cr^{3+}+6Fe^{3+}+7H_2O$$

水中还原性物质既有有机物也有无机物，而只需用化学需氧量表示水中有机物的含量时，应减去无机还原性物质消耗的重铬酸钾的量，可采用先排除无机还原性物质干扰的方法。例如，当水中含有氯化物，其含量高于 30 mg/L 时，测定前可在水样中加硫酸汞，形成可溶性配合物以避免 Cl^- 的干扰，硫酸汞加入量一般为 Cl^- 量的 10 倍。又如，当水中含有无机物亚硝酸盐较多时，可在水样中加入氨基磺酸排除干扰，与待测水样一起加热回流，使亚硝酸盐充分反应除去，氨基磺酸加入量一般为亚硝酸盐量的 10 倍。其反应式为：$NH_2SO_2OH+NO_2 = HSO_4^-+N_2+H_2O$。空白试验时，同时在蒸馏水内加入氨基磺酸。

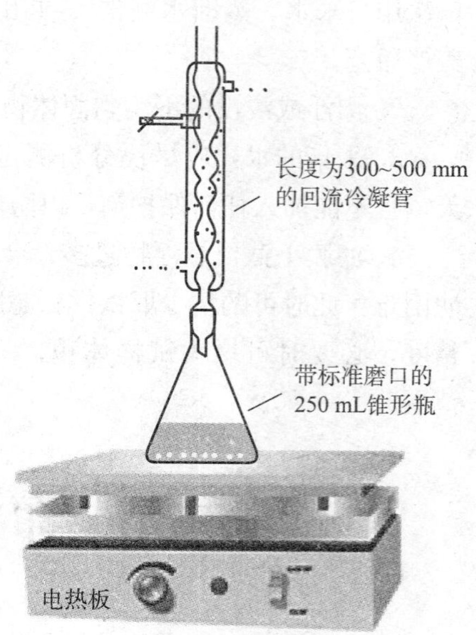

图 5—3—1　回流装置

废水水样取用量在 10.0～50.0 mL 范围内，但试剂用量及浓度需按表 5—3—1 进行相应调整，以得到满意的结果。

表 5—3—1　　废水取用量和试剂用量表

废水样体积（mL）	0.250 0 mol/L 重铬酸钾溶液（mL）	硫酸一硫酸银（mL）	硫酸汞（g）	硫酸亚铁铵当量微粒浓度（mol/L）	滴定前总体积（mL）
10.0	5.0	15	0.2	0.050	70
20.0	10.0	30	0.4	0.100	140
30.0	15.0	45	0.6	0.150	210
40.0	20.0	60	0.8	0.200	280
50.0	25.0	75	1.0	0.250	350

此方法使有机物充分反应，系国家标准测定方法，为仲裁分析法；但需沸煮回流 2 h，操作烦琐，耗时较长，样品消化后的返滴定既不灵敏又很麻烦，耗费试剂也多。此方法主要是针对工业废水及污染较重的废水而规定的，其测定范围为 50～400 mg/L。如果小于 50 mg/L，用此方法误差较大，应该用高锰酸钾法；如果超过 400 mg/L，将水样稀释至范围之内待测定。

二、库仑滴定法

库仑滴定法测定 COD 时，水样以重铬酸钾为回流氧化剂，在硫酸介质中水中的还原性物质被氧化消解后，过量的重铬酸钾用电解产生的亚铁离子作为滴定剂进行库仑滴

定，根据电解产生亚铁离子时消耗的电量，计算与重铬酸钾反应的还原性物质的耗氧量，即

$$COD_{Cr}\ (mg/L)=\frac{Q_s-Q_m}{96\ 500}\times\frac{8\times1\ 000}{V}$$

式中　Q_s——标定与加入水样中相同量重铬酸钾溶液所消耗的电量；

Q_m——水样中过量重铬酸钾所消耗的电量；

V——水样的体积，mL；

8——$\frac{1}{4}O_2$ 的摩尔质量，g/mol。

库仑滴定法简便、快速、重现性好，对某些纯有机物、饮用水、地面水以及各种类型的污水和废水的测定，结果与标准重铬酸钾法一致。本方法对COD高或低的水体的测定都适用。但此方法在企事业单位应用较少，主要是对操作者专业水平要求较高，仪器不太普及。

三、快速密闭消解光度法

快速密闭消解光度法采用COD快速测定仪进行测定，是利用重铬酸钾等组成的专用氧化剂，加上专用的复合催化剂，在高温（165 ℃）下加热消解，并使单色光透过溶液，氧化剂中的 Cr^{6+} 部分还原成 Cr^{3+}，还原后的 Cr^{3+} 含量通过单色冷光源测量有色溶液的颜色变化进行比色测定，利用单片机技术进行数据处理计算出溶液中COD的含量。此方法试剂用量少，简便、快速、省时，其测定过程如图5—3—2所示。

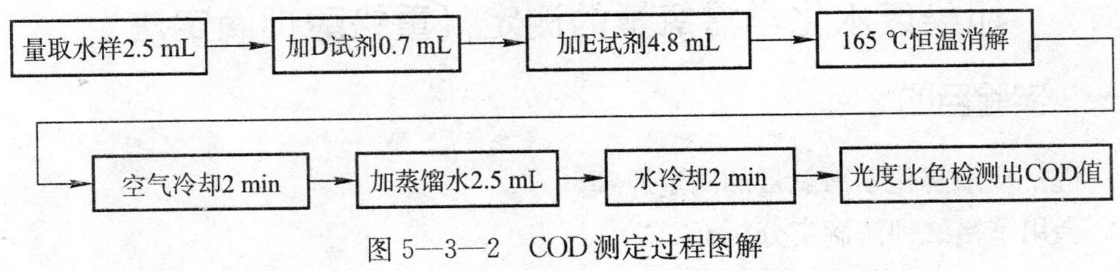

图5—3—2　COD测定过程图解

1. 标准溶液配制方法

称取在105 ℃条件下干燥2 h并冷却后的邻苯二甲酸氢（$HOOCC_6H_4COOK$）0.425 1 g全部溶于蒸馏水，并稀释至1 000 mL，混匀，该溶液的理论COD值为500 mg/L。

2. 试剂配制

（1）D—100试剂配制。将整瓶粉末状晶体试剂倒入烧杯中，加入75 mL蒸馏水，加入5 mL分析纯硫酸后不断搅拌，直至全部溶解后备用（性状为橘红色清澈透明液体）。

（2）D—500试剂配制。将整瓶粉末状晶体试剂倒入烧杯中，加入384 mL蒸馏水，加入22 mL分析纯硫酸后不断搅拌，直至全部溶解后备用（性状为橘红色清澈透明液体）。

（3）E—100试剂配制。将整瓶粉末状晶体E—100试剂全部溶于500 mL分析纯硫

酸中，不断搅拌或隔夜放置，直至全部溶解（性状为无色透明液体）。

（4）E－500 试剂配制。将整瓶粉末状晶体 E－500 试剂全部溶于 2 500 mL 分析纯硫酸中，不断搅拌或隔夜放置，直至全部溶解（性状为无色透明液体）。

3. 测量步骤

（1）将消解器打开，设定温度 165 ℃预热，达到设定温度后按任意键停止提示。

（2）准备反应管，0 号加蒸馏水 2.5 mL、D 试剂 0.7 mL、E 试剂 4.8 mL，其他反应管加各检测水样 2.5 mL、D 试剂 0.7 mL、E 试剂 4.8 mL。

（3）充分摇匀后放入消解器中，盖上防喷罩，按消解键；同时打开测定仪预热。

（4）消解完后，取出反应管放在冷却架上冷却。

（5）冷却后各加入 2.5 mL 蒸馏水混匀，之后放入冷水槽。

（6）水冷却后取出擦干外壁，将溶液依次倒入对应的比色皿中。

（7）将 0 号比色皿（空白溶液）放入比色槽中按空白键之后取出。

（8）将 1 号比色皿放入比色槽，关闭上盖，待数值稳定后显示的数据是 1 号样品的 COD 浓度。其他样品测定过程相同。

COD 快速测定仪测定 COD，方法的准确度和精确度符合测试要求，试剂用量少，成本低，无须滴定，操作简便。此方法在企业及环境监测单位应用广泛，主要是操作简便，方法比较成熟，准确度较高，适用性强。

印染废水化学需氧量的测定（重铬酸钾滴定法）

一、实验目的

1. 进一步理解化学需氧量的测定原理。
2. 会用重铬酸钾法滴定分析 COD。

二、实验原理

在水样中加入过量的且已知量的重铬酸钾标准溶液，并在强酸介质下以银盐作催化剂，经沸腾回流使水样中还原性物质氧化，剩余的重铬酸钾标准溶液，以试亚铁灵作指示剂，用硫酸亚铁铵标准溶液回滴，根据用量，即可计算出水样中还原性物质被氧化所耗的氧（mg/L）。

对于氯离子的影响，采用在回流前向废水中加入硫酸汞，使氯离子成为配合物，从而消除氯离子的干扰。

三、仪器材料

1. 仪器

（1）回流装置。250 mL 或 500 mL 磨口锥形瓶及回流冷凝管。

（2）加热装置。电热板或变阻电炉。

（3）25 mL 酸式滴定管。

2. 试剂

重铬酸钾（$K_2Cr_2O_7$）基准物、硫酸亚铁铵［$(NH_4)_2Fe(SO_4)_2 \cdot 6H_2O$］分析纯、试亚铁灵指示剂、硫酸汞（$HgSO_4$）化学纯、硫酸银（$Ag_2SO_4$）化学纯、浓硫酸（$H_2SO_4$）分析纯、防爆沸玻璃珠。

四、实验步骤

1. 试剂准备

（1）$c_{(\frac{1}{6}K_2Cr_2O_7)}$=0.250 0 mol/L 标准溶液。称取 12.257 9 g 预先在 105～110 ℃烘干 2 h 并冷却的基准重铬酸钾，溶于蒸馏水中，用 1 000 mL 容量瓶定容，摇匀。

（2）试亚铁灵指示剂。称取 1.485 g 邻菲罗啉（$C_{12}H_8N_2 \cdot H_2O$）与 0.695 g 硫酸亚铁（$FeSO_4 \cdot 7H_2O$）溶于蒸馏水中，稀释至 100 mL，摇匀，储于棕色瓶中。

（3）0.1 mol/L 硫酸亚铁铵标准溶液。配制称取 39.2 g 分析纯硫酸亚铁铵［$(NH_4)_2Fe(SO_4)_2 \cdot 6H_2O$］溶于蒸馏水中，加 20 mL 浓流酸，冷却后，移入 1 000 mL 容量瓶中，以蒸馏水稀释至刻度，摇匀。此溶液每次使用前，应以重铬酸钾标准溶液标定。标定方法：取 10.00 mL 上述重铬酸钾标准溶液于锥形瓶，加入蒸馏水稀释至 110 mL 左右，再加 30 mL 浓硫酸，冷却后，加入 3 滴试亚铁灵指示剂，用硫酸亚铁铵溶液滴定，使溶液由黄色经过蓝绿色到刚变成红褐色即为终点。记下消耗硫酸亚铁铵标准溶液的体积。

$$c=\frac{0.250\,0\times10.00}{V}$$

式中　c——硫酸亚铁铵标准溶液的浓度，mol/L；

　　　V——硫酸亚铁铵标准溶液的用量，mL。

（4）浓硫酸—硫酸银溶液。在 500 mL 浓硫酸中加入 5 g 硫酸银，放置 1～2 天，不时摇动，使之溶解。

2. 采样

水样要采集于玻璃瓶中，并应尽快分析。如不能立即分析，应加入硫酸至 pH＜2，置 4 ℃下保存，但保存时间不多于 5 天，采集水样的体积不得少于 100 mL，测定前将试样充分摇匀，取出 20.0 mL 作为试料。

3. 水样测定

（1）重铬酸钾氧化水样。取 20.0 mL 混合吸取 20 mL 水样（或适量水样稀释至 20 mL）于磨口回流锥形烧瓶中，准确加入 10.00 mL 0.250 0 mol/L 重铬酸钾标准溶液及数粒玻璃珠或沸石，慢慢加入 30 mL 硫酸－硫酸银溶液，轻轻摇动使溶液混合均匀，加热回流 2 h（自开始沸腾时计算）。

对于化学需氧量高的废水样，可先取上述操作所需 1/10 的废水样和试剂，放入

15 mm×150 mm硬质玻璃试管中，摇匀，加热后观察是否变成绿色（如果溶液显绿色，再适当减少废水样取用量，直至不变绿色为止），从而确定废水分析时应取用的体积。稀释时，所取废水样量不得少于5 mL。如果化学需氧量很高，则废水样应多次稀释。

若水样中氯离子含量超过30 mg/L，应按下述操作处理废水：先把0.4 g硫酸汞加入回流锥形瓶，加20.0 mL废水样（或适量废水样稀释成20.0 mL），准确加入10.00 mL 0.250 0 mol/L重铬酸钾标准溶液及数粒玻璃珠或沸石，慢慢加入30 mL硫酸—硫酸银溶液，加热回流2 h。

（2）硫酸亚铁铵标准溶液回滴。冷却后，用适量水冲洗冷凝管壁，取下锥形瓶，再用水稀释至140 mL左右（溶液总体积不得少于140 mL，否则因酸度太大，滴定终点不明显）。溶液再度冷却后，加入3滴试亚铁灵指示液，用硫酸亚铁铵标准溶液滴定，溶液的颜色由黄色经蓝绿色至红褐色为终点，记录硫酸亚铁铵标准溶液的用量。

（3）空白试验。以20.0 mL蒸馏水按同样操作步骤作空白实验，记录空白滴定时硫酸亚铁铵标准溶液的用量。

五、记录分析

COD_{Cr}值计算公式如下：

$$COD_{Cr}\ (mg/L)=\frac{(V_0-V_1)c\times8\times1\,000}{V}$$

式中 c——硫酸亚铁铵标准溶液的浓度，mol/L；

V_1——废水样滴定时所耗硫酸亚铁铵标准溶液的体积，mL；

V_0——空白滴定时所耗硫酸亚铁铵标准溶液的体积，mL；

V——废水样的体积，mL；

8——$\frac{1}{2}O_2$ 的摩尔质量，g/mol。

将实验结果填入表5—3—2。

表5—3—2　印染废水COD的测定数据分析

项目	Ⅰ	Ⅱ	Ⅲ
硫酸亚铁铵的浓度 c（mol/L）			
废水样的体积 V（mL）			
硫酸亚铁铵的体积 V_1（mL）			
空白值 V_0（mL）			
COD_{Cr}（mg/L）			
COD_{Cr}平均值（mg/L）			
绝对偏差			
相对平均偏差（%）			

六、注意事项

1. 使用0.4 g硫酸汞可络合40 mg氯离子，如果取用20.0 mL废水样，即可络合2 000 mg/L氯离子的废水样。若氯离子浓度更高，可补加硫酸汞，使硫酸汞与氯离子之比为10∶1（重量比）。如出现氯化汞沉淀，并不影响测定。

2. 对于化学需氧量小于50 mg/L的废水样，应改用0.025 0 mol/L的重铬酸钾标准溶液。回滴时，用0.010 0 mol/L硫酸亚铁铵标准溶液。

3. 废水样加热回流后，溶液中重铬酸钾剩余量应为加入量的1/5～4/5。

4. 废水样中含有易挥发有机物时，在加入硫酸－硫酸银溶液时应在冰水浴中进行，或者从冷凝管顶端慢慢加入，以防止易挥发有机物损失而使结果偏低。

5. COD_{Cr}的测定结果一般保留三位有效数字。

6. 回流时若溶液颜色变绿，说明水样中还原性物质含量过高，应取少量水样稀释后再重新测定。

第四节 印染废水硫化物测定

水中硫化物包括溶解性的H_2S、HS^-、S^{2-}，酸溶性的金属硫化物，以及不溶性的硫化物和有机硫化物。在厌氧条件下，微生物会使水中的硫酸盐或含硫有机物还原和分解产生硫化物。印染、焦化、选矿、造纸、制革等工业废水中也含有硫化物。硫化物随废水排出，在水中会发生不同程度的水解，生成硫化氢。硫化氢是一种易燃的酸性气体，无色，低浓度时有臭鸡蛋气味，有剧毒，浓度大时严重危及生命；它还腐蚀金属设备和管道，并可被微生物氧化成硫酸，加剧腐蚀性。因此，硫化物是水体的一项重要污染指标。

硫化染料价格便宜、质量较好，但其中的部分染料已经被禁用。印染废水中的硫化物主要来源于硫化染料的还原剂硫化碱，是印染废水中主要的有毒物质之一。用硫化染料染色的废水，pH值可达10以上，在生化处理时，硫化碱会降低废水中的溶解氧；当废水呈中性时，就会放出硫化氢有毒气体。所以，硫化物是印染废水重要污染指标。

测定硫化物的废水水样要在现场固定。在pH调制中性后，按1 L废水样中加入2 mL 1 mol/L乙酸锌溶液、1 mL 1 mol/L氢氧化钠溶液，并于24 h内进行分析。若废水样澄清透明，水中干扰物质少，可在现场固定的基础上，使用乙酸锌沉淀法分离干扰物直接测定。

硫化物的测定，可选用碘量法、分光光度法、电极电位滴定法、原子吸收法。碘量法适用于含硫化物在1 mg/L以上的废水的测定。硫离子选择电极电位滴定法适用于样品中硫离子浓度范围10^{-1}～10^{3} mg/L，检测下限浓度为0.2 mg/L，本法不受色深、浑浊及其他复杂成分的影响，也能消除Hg^{2+}、Ag^{+}、Cu^{2+}、Cd^{2+}等阳离子干扰；阴离子

Cl^-、SO_4^{2-}、SiO_3^{2-}、SO_3^{2-}、$S_2O_3^{2-}$、PO_4^{3-} 等不干扰此法测定，其他干扰可提前加掩蔽剂除去。分光光度法的测定浓度范围为 0.004～25 mg/L，此法常受 SO_3^{2-}、$S_2O_3^{2-}$、SCN^-、NO_2^-、NO_3^-、CN^- 和部分重金属离子的干扰。原子吸收法可测含硫量极低的水样，对污染严重、含有不溶性物质及影响测定的还原性物质，可通过经改进后的吹气装置分离基体、消除干扰。

一、碘量法

水样中硫离子与醋酸锌反应生成硫化锌白色沉淀，将此沉淀溶解于酸中，生成硫化氢与过量碘标准溶液反应，然后用硫化硫酸钠标准溶液滴定过量的碘，由硫代硫酸钠溶液所消耗的量，间接求出硫化物的含量。同时做空白试验。反应式如下：

$$S^{2-}+Zn^{2+}\longrightarrow ZnS\downarrow \text{（白色）}$$

$$ZnS+2HCl\longrightarrow ZnCl_2+H_2S$$

$$H_2S+I_2\longrightarrow 2HI+S$$

$$I_2+2Na_2S_2O_3\longrightarrow 2NaI+Na_2S_4O_6$$

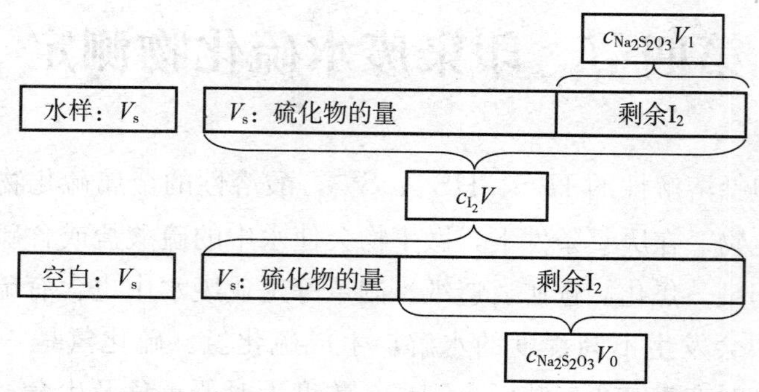

由图分析可知，硫化物的计算公式为：

$$\text{硫化物（mg/L）}=\frac{c(V_0-V_1)\times 16.03\times 1\,000}{V}$$

式中 c——硫代硫酸钠标准溶液的浓度，mol/L；

V_0——空白滴定时，硫代硫酸钠标准溶液用量，mL；

V_1——滴定废水样时，硫代硫酸钠标准溶液用量，mL；

16.03——硫化物基本单元摩尔质量，g/mol；

V——废水样体积，mL。

二、分光光度法

分光光度法测定硫化物可分为直接显色分光光度法和对氨基二甲基苯胺分光光度法。

1. 直接显色分光光度法

直接显色分光光度法是利用硫化物在常温、负压、低酸度下转化生成的气态硫化氢，在被“硫化氢吸收显色剂”完全吸收的同时发生显色反应，生成一种较稳定而清亮的黄棕色溶液，黄棕色溶液在 400 nm 处有最大吸收特性。配制一系列浓度的硫化钠标准溶液，在相同条件下吸收显色，测定吸光度。以吸光度为纵坐标、硫化物标准量为横坐标绘制校准曲线，或以最小二乘法原理求出直线回归方程 $Y=bX+a$，再计算出水样中硫化物的浓度。水样中硫化物浓度计算公式如下：

$$硫化物\ (mg/L)=\frac{m}{V}$$

式中　m——由校准曲线查出或用回归方程算出水样中含硫化物量，μg；

V——废水样体积，mL。

当取样体积为 250 mL，用 5.0 mL 硫化氢吸收显色剂，1 cm 比色皿测定，硫化物的最低检出限为 0.004 mg/L，测定浓度范围为 0.008～25 mg/L。不同硫化物含量对应取水样量见表 5—4—1。

表 5—4—1　　不同硫化物含量对应取水样量

水样中硫化物含量（mg/L）	0.10 以下	0.10～1.0	1.0～10.0	10.0～25.0
取水样量（mL）	250	250～25.0	25.0～3.0	3.0～1.0

2. 对氨基二甲基苯胺分光光度法

在含高铁离子的酸性溶液中，硫离子与对氨基二甲基苯胺反应，生成蓝色的亚甲蓝染料，在 665 nm 波长处进行比色定量分析。废水样经酸化处理，硫化物转化成硫化氢，用氮气将硫化氢吹出，转移到盛乙酸锌－乙酸钠溶液的吸收显色管中，与 N，N—二甲基对苯二胺和硫酸铁铵反应，生成蓝色的配合物亚甲基蓝，在 665 nm 波长处测定吸光度。配制一系列浓度的硫化钠标准溶液，在相同条件下吸收显色，测定吸光度。以吸光度为纵坐标，硫化物标准量为横坐标绘制校准曲线，或以最小二乘法原理求出直线回归方程 $Y=bX+a$，进行定量分析。

废水样体积为 100 mL，使用光程为 1 cm 的比色皿时，最低检出限为 0.005 mg/L，测定上限为 0.700 mg/L。对硫化物含量较高的水样，可适当减少取样量或将样品稀释后测定。

三、离子选择电极电位滴定法

此方法是用硫离子选择电极作指示电极，双桥饱和甘汞电极为参比电极，用标准硝酸铅溶液滴定硫离子，以伏特计测定电位变化指示反应终点。反应式如下：

$$Pb^{2+}+S^{2-}\longrightarrow PbS$$

硫化铅的溶度积 $[Pb^{2+}][S^{2-}]=1\times10^{-28}$，等当点时，硫离子浓度为 10^{-14} mol/L，若在等当点前 $[S^{2-}]=10^{-6}$ mol/L，此时浓度变化 8 个数量级。根据能斯特方程为：

$$E=E_0-29\lg a\ (25\ ℃)$$

式中　E——电极电位；

E_0——标准电极电位；

a——硫离子活度。

从方程中可以看出，硫离子浓度变化 8 个数量级时，电位变化（29×8）mV，在终点时电位变化有突跃，用二阶微分法算出硝酸铅标准溶液的用量（准确值），即可求出样品中硫离子的含量。计算公式如下：

$$硫化物\ (mg/L)=\frac{c_{Pb(NO_3)_2}V_{Pb(NO_3)_2}\times 32.06\times 10^3}{V_{水样}}$$

式中 c——标准 $Pb(NO_3)_2$ 溶液浓度，mol/L；

V——标准 $Pb(NO_3)_2$ 溶液滴定的准确值，mL；

$V_{水样}$——水样体积，mL。

标准硝酸铅溶液的浓度见表 5—4—2。

表 5—4—2　标准硝酸铅溶液的浓度

使用 $Pb(NO_3)_2$ 浓度（mol/L）	10^{-1}	10^{-2}	10^{-3}
适合的硫化物浓度（mg/L）	10^2～10^3	10～10^2	10^{-1}～10

四、原子吸收法

1. 测定原理

水样经酸化后转化成硫化氢，用氯气带出，被含有定量且过量中铜离子吸收液吸收，分离沉淀后，通过测定上清液中剩余的铜离子，对硫化物进行间接定量分析，铜离子与硫化氢反应如下：

$$Cu^{2+}+H_2S\longrightarrow CuS\downarrow(黑色)+2H^+$$

在反应中加入适量的醋酸—醋酸钠缓冲溶液，以调节吸收液的酸度，加适量乙醇调节吸收液表面张力，改善吸收液中气泡的均匀性，从而可以提高该方法的回收率。

2. 测定步骤

（1）按图 5—4—1 装好吹气—吸收装置，向锥形瓶中加入约 200 mL 蒸馏水，5 只吸收管中分别加入 3.0 mL 200 mg/L 铜标准溶液，4 mL pH＝4.5 醋酸—醋酸钠缓冲溶液，3 mL 95％乙醇溶液，摇匀备用。开启钢瓶，吹气 5 min，除去反应装置中的空气，停止吹气。分别取 0 mL、1.0 mL、2.0 mL、3.0 mL、4.0 mL 的 50～80 μg/mL 硫化钠标准使用液于反应锥形瓶中。

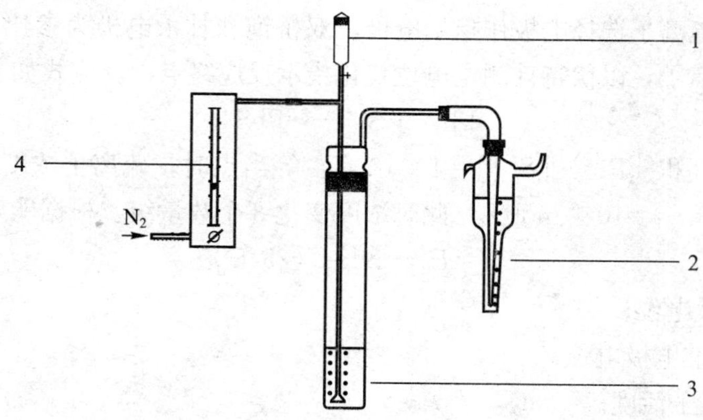

图 5—4—1　硫化物测定的吹气装置

1—加酸漏斗　2—吸收管　3—反应瓶（装水样用）　4—流量计

（2）自加液管中加 10 mL 磷酸，迅速关闭加液阀，打开氮气开关，调节流量为 50 mL/min，轻轻摇动反应瓶，使酸液与样品混匀，连续吹气 40 min。关载气，用蒸馏水冲洗吸收管的毛细管内、外壁，取出吹气管。将吸收管内的吸收液转移至 50 mL 容量瓶中，并充分洗涤吸收管内壁、定容、摇匀。取上述溶液部分，加入干的离心管中，以 2 000 r/min 离心分离 3～5 min。测定上清液中的铜含量，绘制铜的吸光度一硫浓度曲线。

（3）取一定体积水样（已加入固定剂）加到反应瓶中，用无二氧化碳水加至 200 mL 左右，打开载气，按上述方法进行操作，在曲线上查出相应的浓度。

$$硫化物\ (mg/L)=\frac{m}{V}$$

式中　m——由校准曲线查出的水样中含硫化物量，μg；

　　　V——废水样体积，mL。

印染废水硫化物的测定（碘量法）

一、实验目的

1. 了解用碘量法测定印染废水硫化物的原理。
2. 掌握用碘量法测定印染废水硫化物的方法。
3. 熟悉硫化物含量的计算。

二、实验原理

废水中的硫化物用乙酸锌沉淀、过滤进行预处理，消除硫代硫酸盐、亚硫酸盐等干扰后，把过量的碘液加入到硫化锌沉淀中，碘在酸性条件下与硫化物反应，用硫代硫酸钠滴定剩余的碘，得到废水中硫化物的含量。

三、仪器材料

1. 仪器

烧杯、移液管、碘量瓶、分析天平、滴定管等。

2. 试剂

（1）$c_{\left(\frac{1}{2}Zn(Ac)_2\right)}=2$ mol/L 溶液。溶解 22 g 乙酸锌于 100 mL 水中。

（2）浓盐酸。

（3）$c_{\left(\frac{1}{2}Na_2S_2O_3\right)}=0.025$ mol/L 标准溶液。称取 6.2 g 硫代硫酸钠，溶于煮沸并冷却的水中，稀释至 1 000 mL，加入 0.2 g 无水碳酸钠，保存于棕色瓶中，待标定。

（4）$c_{\left(\frac{1}{2}I_2\right)}=0.025$ mol/L 标准溶液。溶解 20～25 g 碘化钾于少量水中，加入 3.2 g

碘使之完全溶解后稀释至1 000 mL。

（5）淀粉溶液。取1 g可溶性淀粉，加少量水调成糊状，迅速倾入100 mL沸水，煮沸片刻，冷却后加0.1 g水杨酸防腐。

四、实验步骤

将预处理后的硫化锌沉淀连同滤纸转入250 mL碘量瓶中，加50 mL水、10.00 mL碘标准溶液、5 mL浓盐酸，盖紧活塞混匀，于暗处静置5 min，用硫代硫酸钠标准溶液滴定过量的碘。当溶液呈黄色时，加入1 mL淀粉指示剂，继续滴定至蓝色刚好消失，记录滴定液用量。同时作空白滴定。

五、记录分析

硫化物含量计算公式如下：

$$硫化物（mg/L）=\frac{c(V_0-V_1)\times 16.03\times 1\,000}{V}$$

式中 c——硫代硫酸钠标准溶液的浓度，mol/L；

V_0——空白滴定时，硫代硫酸钠标准溶液用量，mL；

V_1——滴定废水样时，硫代硫酸钠标准溶液用量，mL；

16.03——硫化物基本单元（当量微粒）式量；

V——废水样体积，mL。

将实验结果填入表5—4—3。

表5—4—3　碘量法测定印染废水硫化物数据分析

项目	Ⅰ	Ⅱ	Ⅲ
硫代硫酸钠的浓度 c（mol/L）			
废水样的体积 V（mL）			
硫代硫酸钠的体积 V_1（mL）			
空白值 V_0（mL）			
硫化物（mg/L）			
硫化物平均值（mg/L）			
绝对偏差			
相对平均偏差（%）			

六、注意事项

1. 若废水中存在悬浮物或混浊度高、色深时，可利用载气将硫化氢气体吹出，通入醋酸锌—醋酸钠吸收液中，再行测定。

2. 测定硫化物的废水水样要在现场固定，先调节pH至中性后，再按每1 L水样加5 mL 1 mol/L醋酸锌溶液、1 mL 4%氢氧化钠溶液的方法加入试剂，并于24 h内进行分析。

印染废水硫化物的测定（分光光度法）

一、实验目的

1. 了解用对氨基二甲基苯胺分光光度法测定印染废水硫化物的原理。
2. 掌握用分光光度法测定印染废水硫化物的操作方法。
3. 熟悉硫化物含量的计算。

二、实验原理

在含铁离子的酸性溶液中，硫离子与对氨基二甲基苯胺作用，生成亚甲基蓝，颜色深度与水中硫离子含量成正比。比色前加入磷酸氢二铵，以消除三价铁离子的干扰。微量铜有干扰，应使用无铜蒸馏水。本方法最小检出限量为 2.5 μg 硫化物。当取样为 50 mL 时，最低检出浓度为 0.05 mg/L。

三、仪器材料

1. 仪器

分光光度计、50 mL 比色管。

2. 试剂

（1）硫酸铁铵。称取 25 g 硫酸铁铵，溶解于含有 5 mL 浓硫酸的水中，稀释至 200 mL。

（2）对氨基二甲基苯胺试剂。称取 1 g 对氨基二甲基苯胺，溶于 7.00 mL 水中，缓缓加入 200 mL 浓硫酸，冷却后稀释至 1 000 mL（也可用盐酸对氨基二甲基苯胺，其量应适当增加）。

（3）磷酸氢二铵溶液。溶解磷酸氢二铵 40 g 于 100 mL 水中。

（4）硫化钠标准储备液。取一定量结晶硫化钠（$Na_2S \cdot 9H_2O$）于布氏漏斗中，用水冲洗其表层杂质。用干滤纸吸去水分后称取 7.5 g 已洗净的硫化钠，溶于少量水中，用煮沸并冷却的水稀释至 1 000 mL，盛于棕色瓶中。标定：向 250 mL 碘量瓶中加入 $c_{\frac{1}{2}Zn(Ac)_2}=2$ mol/L 溶液 10 mL，加入 10.00 mL 待标定的硫化钠及 10.00 mL 碘标准溶液，加水至 60 mL，同时作空白滴定。分别加入 5 mL（1+9）盐酸，密封混匀，在暗处放置 5 min。用硫代硫酸钠标准溶液滴定至溶液呈淡黄色时，加入 1 mL 淀粉指示剂，继续滴定至蓝色刚好消失为止，记录滴定液用量。则 1 mL 硫化钠储备液中含硫化物的毫克数计算式为：

$$硫化物\ (mg/L)=\frac{(V_0-V_1)c\times 16.03}{10.00}$$

式中 V_1——滴定硫化物储备液时，硫代硫酸钠标准溶液用量，mL；

V_0——空白滴定时，硫代硫酸钠标准溶液用量，mL；

c——硫代硫酸钠当量微粒浓度，mol/L。

把刚标定过的硫化钠储备液，立即用煮沸放冷的蒸馏水稀释成 1.00 mL 含 4.0 μg 硫化物的标准使用溶液。此溶液要在临用前配制。

(5) 乙酸锌一乙酸钠溶液。称取 50 g 乙酸锌和 12.5 g 乙酸钠，溶于水中稀释至 1 000 mL。

四、实验步骤

1. 取 7 支 50 mL 比色管，分别加入 10 mL 乙酸锌一乙酸钠吸收液，依次分别加入硫化物标准溶液 0 mL、0.50 mL、1.00 mL、2.00 mL、3.00 mL、4.00 mL 和 5.00 mL，加水至 40 mL。

2. 取适量预处理后的废水样于另一支 50 mL 比色管中，加水至约 40 mL。

3. 向标准管和废水样管中各加入 1 mL 对氨基二甲基苯胺溶液、1 mL 硫酸铁铵溶液，混匀，放置 10 min，加入 1.5 mL 磷酸氢二铵溶液，加水稀释至刻度，放置 15～20 min 后，于 665 nm 处，用 1 cm 比色皿，以试剂空白为参比，测定吸光度。

4. 以硫化钠质量（μg）为横坐标，吸光度为纵坐标，绘制标准曲线。

5. 从标准曲线上查出水样含硫离子的量（μg）。

五、记录分析

1. 硫化钠标准溶液吸光度测定

将实验结果填入表 5—4—4。

表 5—4—4　　硫化钠标准溶液吸光度测定

项目	Ⅰ	Ⅱ	Ⅲ	Ⅳ	Ⅴ	Ⅵ
V_S (mL)	0.0	0.50	1.00	2.00	3.00	4.00
A						
m (μg)						

2. 印染废水水样吸光度测定

将实验结果填入表 5—4—5。

表 5—4—5　　印染废水水样吸光度测定

项目	Ⅷ	Ⅸ	Ⅹ
V_S (mL)			
A			
A 平均值			
m (μg)			

3. 标准曲线绘制

绘制标准曲线，根据 A 平均值查找对应 c（mg/L）值。

4. 硫化物含量计算

硫化物含量计算公式为：

$$硫化物\ (mg/L)=\frac{m}{V}$$

式中　m——相当于硫化钠的微克数，μg；

V——废水样体积，mL。

六、注意事项

1. 本方法的干扰离子及消除方法：

（1）亚硫酸盐、硫代硫酸盐含量大于 10 mg/L 时，色度降低，增加硫酸铁铵用量可消除干扰。

（2）水样中氰化物达 500 mg/L 时即有干扰，大于此浓度时将抑制颜色的生成。

（3）多硫化物、连二硫酸盐在水样酸化时分解成硫化物，会使结果偏高。

2. 高浓度硫化物（如数百 mg/L）可以阻碍亚甲蓝的生成，因此硫化物含量高于 1 mg/L 时，应改用滴定分析法测定。

3. 测定中加入磷酸氢二铵后，有时出现白色混浊物，稀释至标线也不消失，这时应调整酸度到白色混浊物消失后，再测定吸光度。

第五节　印染废水溶解氧测定

溶解于水中分子状态的氧称为溶解氧，简称 DO，以每升水中含氧（O_2）的毫克数表示。溶解氧的一个来源是水中溶解氧未饱和时，大气中的氧气向水体渗入；另一个来源是水中植物通过光合作用释放出的氧。清洁的地面水在正常情况下所含溶解氧接近饱和状态，在大气压 0.1 MPa，气温 25 ℃时，水中溶解氧为 8.83 mg/L。

当水体受到污染时，由于污染物氧化耗氧，水中所含的溶解氧就逐渐减少。污染严重时，氧化作用耗氧速度大于空气中的氧溶解到水体中的速度，溶解氧量逐渐减少甚至接近于零。此时，厌气细菌繁殖活跃，水中有机污染物质发生腐败作用，水体产生臭味。当水中溶解氧量低于 4 mg/L 时，许多鱼类就可能发生窒息而死亡。当水中溶解氧量过高时，则对工业用水中的金属设备和水中的金属构筑物有较强的腐蚀作用，促使铁被氧化。所以，溶解氧含量能够反映出水体受到的污染，特别是有机物污染的程度，它是水体污染程度的重要指标，也是衡量水质的综合指标。水体溶解氧含量的测定，对于印染废水水质分析具有重要意义。

溶解氧的测定主要有碘量法和电化学探头法等几种方法。

一、碘量法测定溶解氧

碘量法是测定水中溶解氧的基准方法，在没有干扰的情况下，此方法适用于各种溶解氧浓度为0.2～20 mg/L的水样。水样中溶解氧的测定方法一般采用间接碘量法。此方法适用于清洁的地面水、地下水或处理水。

1. 测定原理

在水样中加入硫酸锰（或氯化锰）和氢氧化钠（或氢氧化钾）生成氢氧化锰（Ⅱ），氢氧化锰（Ⅱ）难溶于水，性质极不稳定，迅速与水中的溶解氧发生氧化反应，生成棕色亚锰酸沉淀［即便水中含有微量氧，也能使氢氧化锰氧化（Ⅱ）］，溶解氧越多，沉淀的颜色越深，其反应式为：

$$MnSO_4+2NaOH \longrightarrow Mn(OH)_2\downarrow(\text{白色})+Na_2SO_4$$

$$2Mn(OH)_2+O_2 \longrightarrow 2MnO(OH)_2\downarrow(\text{棕黄色})$$

亚锰酸为MnO_2的水合物，也可表达为H_2MnO_3的形式，它与二价氢氧化锰作用生成锰酸锰。在酸性溶液中，锰酸锰可将碘离子氧化为碘，其反应式为：

$$MnO(OH)_2+Mn(OH)_2 \longrightarrow Mn(MnO_3)\downarrow+2H_2O$$

$$Mn(MnO_3)+3H_2SO_4+2KI \longrightarrow 2MnSO_4+I_2+3H_2O+K_2SO_4$$

析出的I_2再以淀粉作指示剂，用$Na_2S_2O_3$标准溶液进行滴定，由此即可计算出水样中溶解氧的含量。

$$I_2+2Na_2S_3O_3 \longrightarrow 2NaI+Na_2S_4O_6$$

2. 干扰的消除

当水中可能含有亚硝酸盐、铁离子、游离氯时，可能会对测定产生干扰，使测量结果产生误差。影响因素主要有三个方面：一是I^-被氧化，如NO_2^-、Fe^{3+}、Cl_2等；二是空气中的氧溶于水样；三是I_2被还原，如SO_3^{2-}、S^{2-}、Fe^{2+}等。此时，应采用碘量法的修正法。具体做法是：

（1）重氮化钠（NaN_3）法消除NO_2^-的干扰。在加硫酸锰和碱性碘化钾溶液固定水样的时候，加入NaN_3溶液，或配成碱性碘化钾—叠氮化钠溶液加于水样中。

（2）高锰酸钾法消除有机物、NO^{2-}、Fe^{2+}的干扰。在测定溶解氧之前，先加入过量的$KMnO_4$和H_2SO_4使上述还原态物质全部氧化，过量的$KMnO_4$再用$Na_2C_2O_4$回滴。

（3）加入KF掩蔽剂，消除Fe^{3+}的干扰。KF和Fe^{3+}反应形成FeF_6^3配合物，以降低Fe^{3+}的浓度。

3. 计算方法

溶解氧含量计算公式如下：

$$\text{溶解氧}（O_2，mg/L）=\frac{c_{Na_2S_2O_3}\times V_{Na_2S_2O_3}\times 8\times 10^3}{V}$$

式中 $c_{Na_2S_2O_3}$——硫代硫酸钠标准溶液的物质的量浓度，mol/L；

$V_{Na_2S_2O_3}$——滴定时所耗用的硫代硫酸钠标准溶液的体积，mL；

8——$\frac{1}{2}$O的摩尔质量，g/mol；

V——水样体积，mL。

碘量法是一种传统的溶解氧测定方法，测定准确度高且准确性好。但该方法是一种纯化学检测方法，耗时长，程序烦琐，无法满足在线测定的要求。

二、电化学探头法

当废水中含有较多干扰物质，存在易氧化的有机物如丹宁酸、腐殖酸和木质素等，有可氧化的硫的化合物如硫化物硫脲等，会对测定产生干扰；或色度高及混浊的水，采用间接碘量法测定溶解氧有困难。在这些情况下，宜采用电化学探头法，此方法快速简便、可连续进行测定，适宜室外工作。

1. 测定原理

电化学探头法采用的探头由一小室构成，室内有两个金属电极并充有电解质，用选择性薄膜将小室封闭住。实际上水和可溶解物质离子不能透过这层膜，但氧和一定数量的其他气体及亲水性物质可透过这层薄膜。将这种探头浸入水中进行溶解氧测定。利用水中溶解氧能透过带有薄膜的电极探头，将溶解氧浓度信号转换成电信号，再经放大器放大后由电表直接指示溶解氧浓度读数。

目前常用的溶解氧测定仪大多为原电池式，因原电池作用或外加电压使电极间产生电位差，由于这种电位差，使金属离子在阳极进入溶液，而透过膜的氧在阴极还原。其感受部件是覆盖有薄膜的银铅电极，在电解质 1 mol/L KOH 的作用下构成一个原电池，其反应原理如下。

原电池符号：

$$Pb(-) \mid KOH \mid Ag(+)$$

正极（银）反应：

$$O_2+2H_2O+4e^- \longrightarrow 4OH^-$$

负极（铅）反应：

$$2Pb^{2+}-4e^- \longrightarrow 2Pb$$

正极本身不参与反应，在碱性条件下，透过膜薄的溶解氧在正极还原。反应所产生微弱电流的大小与扩散到阳极表面的氧分子的数量有关。通过溶解氧测定仪的晶体管差分放大，直接指示出溶解氧浓度。

2. 测定步骤

（1）校准零点。将探头浸入每升已加入 1 g 亚硫酸钠和约 1 mg 钴盐的蒸馏水中，10 min（新型仪器只需 2～3 min）内应得到稳定读数，可获得溶解氧为零的水样。

（2）灵敏度校正。在测定水样之前，将膜电极探头浸没在瓶内放有已知溶解氧浓度的标准水样（一般在一定温度下，向水中曝气，使水中的氧含量达到饱和或接近饱和，在这个温度下保持 15 min，经碘量法标定出溶解氧的浓度）中，瓶完全充满，让探头在搅拌的溶液中稳定 10 min（新型仪器只需 2～3 min），使表头指针与碘量法测定数值稳定一致。

（3）测定。具体测定细节，按溶解氧测定仪的使用说明书进行操作。在探头浸入水样后使探头停留足够的时间，使探头与待测水温一致并使读数稳定。由于所用仪器型号不同及对结果的要求不同，必要时要检验水温和大气压力。

（4）测定后处理。膜电极探头在空气中或在水中能与氧自发地进行反应。因此，停测时应将探头置于无氧水中（饱和的亚硫酸钠溶液），并将电极短路。

3. 浓度计算

溶解氧的浓度以每升中氧的毫克数表示，取值到小数点后第一位。水中氧的溶解度与温度、压力和含盐量有关，见表 5—5—1。在测量样品时的温度不同于校准仪器时的温度，应对仪器读数给予相应校正（有些仪器可以自动进行补偿），该校正考虑到了在两种不同温度下氧溶解度的差值。要计算溶解氧的实际值，需将测定温度下所得读数乘以下列比值：

$$\frac{c_m}{c_s}$$

式中 c_m——测定温度下的溶解度，mg/L；

c_s——校准温度下的溶解度，mg/L。

表 5—5—1　　水中氧的溶解度与温度、压力和含盐量的关系

温度（℃）	c_s（mg/L）	Δc_s（mg/L）	温度（℃）	c_s（mg/L）	Δc_s（mg/L）
0	14.64	0.092 5	20	9.08	0.048 1
1	14.22	0.089 0	21	8.90	0.046 7
2	13.82	0.085 7	22	8.73	0.045 3
3	13.44	0.082 7	23	8.57	0.044 0
4	13.09	0.079 8	24	8.41	0.042 7
5	12.74	0.077 1	25	8.25	0.041 5
6	12.42	0.074 5	26	8.11	0.040 4
7	12.11	0.072 0	27	7.96	0.039 3
8	11.81	0.069 7	28	7.82	0.038 2
9	11.53	0.067 5	29	7.69	0.037 2
10	11.26	0.065 3	30	7.56	0.036 2
11	11.01	0.063 3	31	7.43	
12	10.77	0.061 4	32	7.30	
13	10.53	0.059 5	33	7.18	
14	10.30	0.057 7	34	7.07	
15	10.08	0.055 9	35	6.95	
16	9.86	0.054 3	36	6.84	
17	9.66	0.052 7	37	6.73	
18	9.46	0.051 1	38	6.63	
19	9.27	0.049 6	39	6.53	

注：c_s表示压力为 101.3 kPa 时，此温度下，纯水中氧的溶解度；Δc_s（mg/L）为含盐量为 1 g/L 时溶解度的变化量。

电化学探头法的测量速度比碘量法要快，操作简便，干扰少，能够现场自动连续检测；但是其透氧膜和电极容易老化，若水样中含有硫化物、碳酸盐、油类、藻类等物质，会堵塞透氧膜，严重时造成损坏，因此需要注意保护和及时更换透氧膜和电极。在测量过程中要不停地搅拌样品，速度要求至少为 0.3 m/s，这是因为其依靠电极本身在氧的作用下发生氧化还原反应来测定氧的浓度，需要消耗氧气。电解液需要定期更换，其测量精度和响应时间会受到扩散因素的限制。

三、其他检测方法

1. 荧光猝灭法

荧光猝灭法测定是基于氧分子对荧光物质的猝灭效应原理，根据试样溶液所发生的荧光的强度来测定试样溶液中荧光物质的含量。利用光纤传感器来实现光信号的传输。由于光纤传感器具有体积小、重量轻、电绝缘性好、无电火花、安全、抗电磁干扰、灵敏度高、便于利用现有光通信技术组成遥测网络等优点，对传统的传感器能起到扩展、提高的作用，在很多情况下能完成传统的传感器很难甚至不能完成的任务，因此非常适合于荧光的传输与检测。

荧光猝灭法的检测原理是根据 Stern—Vlomer 的猝灭方程推出：

$$\frac{F_0}{F}=1+K_{SV}c$$

式中 F_0——无氧水的荧光强度；

F——待检测水样的荧光强度；

K_{SV}——方程常数；

c——溶解氧浓度，mg/L。

根据实际测得的荧光强度 F_0、F 及已知的 K_{SV}，可计算出溶解氧的浓度。

$$c=\frac{F_0}{FK_{SV}}-\frac{1}{K_{SV}}$$

此方法测量范围一般为 0～20 mg/L，精度一般为 1%，响应时间不大于 60 s，并且克服了碘量法和电化学探头法的不足，具有很好的光化学稳定性、重现性，无延迟，精度高，寿命长，可对水中溶解氧进行实时在线监测。

2. 电导测定法

用具有导电性质的金属铊或其他化合物与水中溶解氧反应生成能导电的铊离子，再通过测定水样中电导率的增量，求得溶解氧的浓度。实验表明，每增加 0.035 S/cm 的电导率相当于 1 mg/L 的溶解氧。此方法是测定溶解氧最灵敏的方法之一，可连续监测。

3. 阳极溶出伏安法

阳极溶出伏安法是电化学分析中的一种。在一定的电位下，使待测金属离子部分地还原成金属并溶入微电极或析出于电极的表面，然后向电极施加反向电压，使微电极上的金属氧化而产生氧化电流，根据氧化过程的电流—电压曲线进行分析。

阳极溶出伏安法测定溶解氧，是利用金属铊与溶解氧定量反应生成亚铊离子：

$$4Tl + O_2 + 2H_2O \longrightarrow 4Tl^+ + 4OH^-$$

然后用溶出法测定 Tl^+ 离子的浓度，从而间接求得溶解氧（DO）的浓度。使用该方法取样量少，灵敏度高，而且受温度影响不大，主要用于痕量组分分析，可达到 $10^{-11} \sim 10^{-7}$。

印染用水溶解氧的测定

一、实验目的

1. 掌握间接碘量法测定溶解氧的原理和方法。
2. 熟悉溶解氧测定的计算方法。
3. 能够正确评价印染用水溶解氧的含量。

二、实验原理

在水样中加入硫酸锰（或氯化锰）及碱性碘化钾溶液生成氢氧化锰沉淀，当水中有溶解氧存在时，氢氧化锰迅速化合生成锰酸，过量的氢氧化锰又与锰酸结合成锰酸锰。在碘化物存在的条件下，将溶液酸化后沉淀溶解，同时析出与水样中溶解氧相当量的碘，可以用硫代硫酸钠溶液滴定之。

三、仪器材料

1. 仪器

250 mL 或 300 mL 的溶解氧瓶（校准至 1 mL）、棕色酸式滴定管、烧杯、锥形瓶、移液管等。

2. 试剂

浓硫酸、高锰酸钾、草酸钾、硫酸锰、氢氧化钠、碘、叠氮化钠、可溶性淀粉、硫代硫酸钠、碘化钾、无水碳酸钠、重铬酸钾基准试剂等。

四、实验步骤

1. 试剂的配制

（1）1+5 硫酸溶液。1 份硫酸加 5 份水，注意硫酸沿着烧杯内壁缓慢倒入蒸馏水中，并用玻璃棒不断搅拌，否则硫酸遇水放出大量热引起迸溅。

（2）4%$KMnO_4$溶液。称取 4 g 高锰酸钾，溶于 96 mL 蒸馏水中。

（3）2%$K_2C_2O_4$溶液。称取 2 g 草酸钾，溶于 98 mL 蒸馏水中。

（4）36.5%$MnSO_4$溶液。称取 365 g 硫酸锰，溶于 635 mL 蒸馏水中。

（5）碱性碘化钾溶液。称取 250 g 氢氧化钠溶于 250 mL 蒸馏水中，另外溶解 75 g 碘于 100 mL 蒸馏水中，最后将两液混合，并以蒸馏水稀释成 500 mL。如需加入叠氮化钠，则称取 5 g 叠氮化钠，以蒸馏水溶解后，一并混合稀释成 500 mL。

(6) 0.5%淀粉溶液。称取 2.5 g 可溶性淀粉，溶于少量蒸馏水中，取煮沸蒸馏水 500 mL，加入并搅拌，待冷却后备用。

(7) 0.005 mol/L 碘溶液。溶解 4～5 g 碘化钾或碘化钠于少量水中，加约 130 mg 碘，待碘溶解后稀释至 100 mL。

(8) $c_{\frac{1}{2}Na_2S_2O_3}$ =0.012 5 mol/L 溶液配制。

1) 硫代硫酸钠标准溶液配制。称取分析纯硫代硫酸钠约 32 g 置于烧杯中，加无水碳酸钠 0.2 g，加入煮沸并冷却蒸馏水搅拌溶解后，移入 1 000 mL 容量瓶内，用煮沸并冷却的蒸馏水稀释至刻度，摇匀，置于密闭棕色瓶内，放置 7～10 天后进行标定。溶液浓度约 0.125 mol/L。

2) 硫代硫酸钠标准溶液标定。以重铬酸钾标定，以 3 mol/L H_2SO_4、10%KI、0.5%淀粉作指示剂。将基准重铬酸钾约 2 g 放在 130 ℃烘箱内烘 3 h；精确从中称取数份，每份约重 0.2 g，分别加入 250 mL 碘量瓶中，加入 30 mL 水摇匀，加入 10%KI 20 mL及 3 mol/L H_2SO_4 10 mL 摇匀，盖住瓶塞在暗处放置 5 min 后，加入 10 mL 水稀释，以硫代硫酸钠滴至淡黄绿色，然后加 0.5%淀粉溶液 5 mL，继续滴至蓝色消失，而变成三价铬离子的绿色为止。根据碘的升华及挥发性，滴定必须在碘量瓶中冷却状态下进行。标定反应如下：

$$Cr_2O_7^{2-}+6I^-+14H^+\longrightarrow 2Cr^{3+}+3I_2+7H_2O$$

$$I_2+2S_2O_3^{2-}\longrightarrow 2I^-+S_4O_6^{2-}$$

取 $c_{\frac{1}{2}Na_2S_2O_3}$ =0.125 mol/L 溶液 100 mL 转移定容到 1 000 mL 容量瓶中加水稀释，摇匀，即成 0.012 5 mol/L 溶液。

2. 收集水样

收集水样于溶解氧测定瓶内，盖上瓶塞。采集水样时，不要让水与空气接触，立即固定溶解氧。

从配水系统管路中取样时，需用一根橡胶管与水龙头相接，橡胶管的另一端放到水样瓶的底部。将水样注满水样瓶，并使之溢流数分钟（用溢流冲洗的方式充入约 10 倍细口瓶体积的水，最后注满瓶子），不得使水样瓶中留有气泡。消除附着在玻璃瓶上的空气泡，然后取出橡胶管，立即固定溶解氧，迅速盖上玻璃塞。若避光保存，样品最长储存 24 h。

3. 检验氧化或还原物质是否存在

如果预计氧化或还原剂可能干扰结果时，取 50 mL 待测水加 2 滴酚酞溶液后，中和水样，加 0.5 mL 硫酸溶液、几粒碘化钾或碘化钠（质量约 0.5 g）和几滴 0.5%淀粉指示剂溶液，如果溶液呈蓝色，则有氧化物质存在；如果溶液保持无色，加 0.2 mL 碘溶液，振荡，放置 30 s，如果没有呈蓝色，则存在还原物质。

4. 去除水中杂质

打开瓶塞，将移液管插入液面下，加入 0.5 mL 浓硫酸（切勿过量）。将移液管插入液面下，加入 1 mL 4% $KMnO_4$溶液，盖紧瓶塞，混匀，使水样保持微红色 15 min 不褪，以氧化水中还原物质；如在 5 min 内红色褪去，应继续用同样方法加入 1 mL 4% $KMnO_4$ 均匀混合。以同样操作加入 1 mL 草酸钾溶液，盖紧瓶塞混匀，草酸钾的加入量应视高锰酸钾褪色情况而定，以其红色刚好消失为度。草酸钾加入过多会使 I_2还原成 I^-，影响测定结果。

5. 溶解氧的固定

取下瓶塞，用移液管在瓶内液面下加入硫酸锰溶液及碱性碘化钾溶液各 1 mL。盖紧瓶塞，把水样颠倒混合 5 次，静置，待沉淀下降至一半，再混合 1 次。沿瓶口加入浓硫酸 1 mL，盖紧瓶塞，颠倒后静置 5 min，直至沉淀完全溶解为止。

6. 硫代硫酸钠滴定

取上述处理过的水样 100 mL，置于 250 mL 锥形瓶中，用 0.012 5 mol/L 硫代硫酸钠标准溶液滴至淡黄色时，加入 1 mL 0.5%淀粉指示剂数滴，继续滴定至蓝色消失为止，记录用量，平行三次。

五、记录分析

1. $Na_2S_2O_3$标准溶液浓度的计算

根据滴定至终点时消耗的 $Na_2S_2O_3$溶液的量计算其浓度，计算公式如下：

$$c_{Na_2S_2O_3}=\frac{6m_{K_2Cr_2O_7}\times10^3}{M_{K_2Cr_2O_7}\times V_{Na_2S_2O_3}}$$

式中 $c_{Na_2S_2O_3}$——硫代硫酸钠标准溶液的物质的量浓度，mol/L；

$V_{Na_2S_2O_3}$——滴定时所耗用的硫代硫酸钠标准溶液的体积，mL；

$m_{K_2Cr_2O_7}$——重铬酸钾的质量，g；

$M_{K_2Cr_2O_7}$——重铬酸钾的摩尔质量，g/mol。

将实验结果填入表 5—5—2。

表 5—5—2　　$Na_2S_2O_3$标准溶液浓度的计算

项目	Ⅰ	Ⅱ	Ⅲ
$m_{K_2Cr_2O_7}$ (g)			
$V_{Na_2S_2O_3}$ 终读数(mL)			
$V_{Na_2S_2O_3}$ 初读数(mL)	0.00	0.00	0.00
$V_{Na_2S_2O_3}$ (mL)			
$c_{Na_2S_2O_3}$ (mol/L)			
$c_{Na_2S_2O_3}$ 平均值(mol/L)			
绝对偏差			
平均偏差			
相对平均偏差			

2. 溶解氧的计算

溶解氧计算公式如下：

$$溶解氧(O_2，mg/L)=\frac{c_{Na_2S_2O_3}\times V_{Na_2S_2O_3}\times 8\times 10^3}{V}$$

式中 $c_{Na_2S_2O_3}$——硫代硫酸钠标准溶液的物质的量浓度，mol/L；

$V_{Na_2S_2O_3}$——滴定时所耗用的硫代硫酸钠标准溶液的体积，mL；

8——$\frac{1}{2}$O 的摩尔质量，g/mol；

V——水样体积，mL。

将实验结果填入表 5—5—3。

表 5—5—3　　溶解氧的数据分析

项目	Ⅰ	Ⅱ	Ⅲ
$c_{Na_2S_2O_3}$ (mol/L)			
$V_{Na_2S_2O_3}$ 终读数(mL)			
$V_{Na_2S_2O_3}$ 初读数(mL)	0.00	0.00	0.00
$V_{Na_2S_2O_3}$ (mL)			
溶解氧（O_2，mg/L）			
溶解氧平均值（O_2，mg/L）			
绝对偏差			
平均偏差			
相对平均偏差			

六、注意事项

1. 采完水样，应将溶解氧固定。

2. 加试剂于测量瓶内时，应使移液管口插入液面下。

3. 如水样中含亚硝酸盐氮超过 0.11 mg/L 时，可用 1%叠氮化钠碱性碘化钾溶液代替碱性碘化钾溶液，可以消除 NO_2^- 干扰。1%叠氮化钠碱性碘化钾溶液配制：称取 1 g 化学纯叠氮化钠（NaN_3）溶于 4 mL 蒸馏水中，以碱性碘化钾溶液稀释至 100 mL。

4. 对于含有 Fe^{2+}、SO_3^{2-}、S^{2-} 和有机物等还原性污染物质的水样，在测定溶解氧之前，需用高锰酸钾在酸性溶液中将这些还原性物质氧化。过量的高锰酸钾用草酸还原。

5. 水样中含有的游离氯浓度大于 0.1 mg/L 时，应预先加入硫代硫酸钠去除。如水中不含大量有机物、亚硝酸盐及二价铁盐，以及有效氯含量小于 3 mg/L 时，操作可从第五步做起。

6. 如测曝气区混合液，则取样后应加入 10%硫酸铜溶液（每升样品加入 10 mL）以抑制微生物活动，硫酸铜液加量多少与污泥的浓度成正比。

第六节　印染废水生化需氧量测定

以悬浮或溶解状态存在于生活污水和印染、制糖、食品、造纸、纤维等工业废水中的碳氢化合物、蛋白质、油脂、木质素等均为有机污染物。有机污染物可经好氧菌的生物化学作用而分解，由于在分解过程中消耗氧气，故亦称需氧污染物质。若这类污染物质排入水体过多，将造成水中溶解氧缺乏；同时，有机物又通过水中厌氧菌的分解引起腐败现象，产生甲烷、硫化氢、硫醇和氨等恶臭气体，使水体变质发臭。由于缺氧使水中依靠溶解氧生存的生物衰亡，造成水体更加严重的污染。

通常用在有氧条件下，有机物被好氧菌分解所消耗的溶解氧间接表示水中有机物的含量，这一指标称为生化需氧量，常用符号 BOD 表示。它说明水中有机物由于微生物的生化作用进行氧化分解，使之无机化或气体化时所消耗水中溶解氧的总数量。其值越高，说明水中有机污染物质越多，污染也就越严重。所以，生化需氧量是衡量生活污水和工业废水中有机污染的一个重要指标。

一、生化需氧量测定原理

生化需氧量全称生物化学需氧量，又称生化耗氧量，是指在有氧的条件下，由于微生物（主要是细菌）的作用，单位体积水中可以分解的有机物完全氧化分解时所需要的溶解氧的量。生化需氧量用氧的毫克数表示（O_2mg/L）。

在有氧的条件下，水中有机物生物氧化分解过程可分为两个阶段：第一阶段为碳氧化阶段，第二阶段为硝化阶段。第一阶段中，主要是有机物在好氧菌的作用下转变为 CO_2、H_2O 和 NH_3。这个阶段主要是不含氮的碳水有机物的氧化，也包括含氮有机物的氨化，以及氨化后生成的不含氮有机物的继续氧化过程。碳氧化阶段所消耗的氧量也称为碳化生化需氧量（BOD）。第二阶段中，主要是溶于水的氨气被硝化菌转化为亚硝酸盐和硝酸盐。由于溶于水的氨气已经是无机物，即使不进一步氧化，对水体的环境卫生影响也不大。因此，生化需氧量通常只指第一阶段有机物生物氧化所需的氧量。

因为微生物的活动与温度有关，所以测定生化需氧量常以 20 ℃作为测定的标准温度。当温度为 20 ℃时，一般的有机物需要 20 天左右就能基本完成第一阶段的氧化过程。废水中各种有机物得到完全氧化分解的时间，总共约需一百天。为了缩短检测时间，在实际工作中，一般把温度在 20 ℃时生物氧化的时间规定为五天，作为测定生化需氧量的标准条件，这时测得的生化需氧量称为五天生化需氧量，用符号 BOD_5 表示。对于生活污水和一般工业废水来说，BOD_5 为全部生化需氧量的 65%～80%。因此，用 BOD_5 来反映水中有机物污染的程度，具有一定的代表性和相对性。

生化需氧量检测并非一项精确定量的检测，但是由于其间接反映了水中有机物质的相对含量，故而 BOD 长期以来作为一项环境监测指标被广泛使用。生化需氧量（BOD）

和化学需氧量（COD）的比值能说明水中难以生化分解的有机物的占比（微生物难以分解的有机污染物对环境造成的危害更大），通常认为废水中这一比值大于 0.3 时适合使用生化处理。

对于不含或少含微生物的工业废水，如酸性废水、碱性废水、高温废水或经过氯化处理的废水，在测定 BOD_5时应进行接种，以引入能降解废水中有机物的微生物。当废水中含有难以被一般生活污水中的微生物以正常速度降解的有机物，或有剧毒物质时，应将驯化后的微生物引入水样中进行接种。

二、生化需氧量测定方法

生化需氧量的测定可采用直接测定法、稀释接种法、库仑分析法和微生物电极法四种方法。

1. 直接测定法

较清洁的水样，BOD_5的质量浓度不超过 6 mg/L，一般采用直接测定法。直接测定法分为非稀释法和非稀释接种法两种。

（1）非稀释法。水样中有机物含量低，BOD_5不超过 6 mg/L，且样品中有足够的微生物，用非稀释法测其 BOD_5。先调整水温至 20 ℃左右，曝气 15 min，使水中的溶解氧接近饱和（约 9 mg/L）。将水样充满完全密闭的两个溶解氧瓶，测定其中一瓶中水样的当日溶解氧，另一个瓶在（20±1）℃的培养箱中培养 5 天±4 h 或（2+5）天±4 h［先在 0～4 ℃的培养箱中培养 2 天，再在（20±1）℃的培养箱中培养 5 天，即（2+5）天］，5 天或（2+5）天后取出，测定瓶中水样剩余的溶解氧。当天溶解氧减去 5 天或（2+5）天后溶解氧所得数值即为水样的 BOD_5。为减小误差，可多配制几个平行样进行测定。计算公式如下：

$$\rho=\rho_1-\rho_2$$

式中　ρ——五日生化需氧量的质量浓度，mg/L；

ρ_1——水样在培养前的溶解氧，mg/L；

ρ_2——水样在培养后的溶解氧，mg/L。

（2）非稀释接种法。水样中有机物含量低，BOD_5不超过 6 mg/L，但水样中微生物不足，用非稀释接种法测其 BOD_5。非稀释接种法是每升试样中加适量的接种液，为水样提供足够的微生物，然后测定其五日前后的溶解氧；同时测定未加接种液的试样五日前后的溶解氧，作为空白。计算公式如下：

$$\rho=(\rho_1-\rho_2)-(\rho_3-\rho_4)$$

式中　ρ——五日生化需氧量的质量浓度，mg/L；

ρ_1——接种水样在培养前的溶解氧，mg/L；

ρ_2——接种水样在培养后的溶解氧，mg/L。

ρ_3——空白水样在培养前的溶解氧，mg/L；

ρ_4——空白水样在培养后的溶解氧，mg/L。

2. 稀释接种法

水样中有机物含量很高，BOD_5超过 6 mg/L（尤其是印染废水样品），BOD_5测定需采用稀释接种法。用稀释的方法来降低废水中有机物的浓度，保证在五天培养过程中有充足的溶解氧。

如果水中有机物较多，所含的溶解氧不够培养五天所需，则在测定前需将水样用含有一定养料和饱和溶解氧的稀释水进行适当稀释，使水中含有足够的溶解氧，以满足五天的生化需氧量。根据培养前后溶解氧的变化，并考虑到水样的稀释比，即可求得水样的五日生化需氧量。一般要求稀释水样在（20±1)℃下培养五天后，使溶解氧减少40%～70%为宜，并且以溶解氧减少 40%～70%的稀释水样来计算水样的生化需氧量。为了提高生化需氧量测定结果的准确性，必须注意以下几个问题。

（1）稀释水的选择和配制。稀释水不能含有有毒物质或污染杂质，一般选用蒸馏水来配制稀释水；为保证微生物有良好的生长和活动环境，稀释水应呈中性，需在稀释水中加入磷酸盐缓冲溶液；稀释水中需含有供给微生物生长的营养物质，故在稀释水中应加入氯化铵、硫酸镁、氯化铁、氮化钙等，以保证各种营养成分；微生物氧化分解有机物需有充足的溶解氧，稀释水需经过曝气，使水中溶解氧接近饱和。

（2）接种液的获取。若被测水样中缺乏合适的微生物或微生物含量不足时，则应在稀释水中投加适量的微生物，称接种液。一般每升稀释水加 1～2 mL。可购买接种微生物用的接种物质，然后按照说明书要求配制接种液。也可按以下方法获取接种液：COD≤300 mg/L、TOD≤100 mg/L、未经工业废水污染、经过沉淀除去悬浮物的生活污水；含有城镇污水的河水和湖水，倾出上清液备用；污水处理厂的出水；在 1 L 水中加入 100 g 花园土壤，混合并静置 10 min，取 10 mL 上清液用水稀释至 1 L；分析含有难降解有机物的工业废水时，常在这种工业废水排入河道的下游（距废水排水口 3～8 km处）采取水样作为驯化接种液，这是因为工业废水的排入，会在河道的下游附近繁殖足量的能使有机物氧化分解的微生物。也可取中和或稀释后的废水进行连续曝气，每天加入少量这种废水，同时加入少量生活污水，使微生物大量繁殖。当水中出现大量絮状物时，表明微生物已繁殖，可作为接种液。一般驯化过程需要 3～8 天。

稀释水一般不应含有机物，但当加入接种液后，就会引进有机物。为了保证测定结果的准确性，一般应作空白试验，并要求稀释水的 BOD_5最好不超过 0.2 mg/L。

（3）稀释倍数的确定。较清洁的水无须稀释，但一般受污染的水、生活污水、工业废水都应根据污染程度不同进行不同程度的稀释，稀释倍数应根据培养后溶解氧减少的量而定。对于同一水样，应同时进行 3～4 种不同稀释倍数的实验。通常选择培养五天后，试样稀释的程度应使消耗的溶解氧质量浓度不小于 2 mg/L，培养后试样中剩余的溶解氧质量浓度不小于 2 mg/L，且试样中剩余的溶解氧质量浓度为开始浓度的1/3～2/3 为最佳。在实际工作中，稀释倍数见表 5—6—1。如果对水样污染性质不了解，则可用重铬酸钾法则得的 COD 值除以 5 或 6，所得到的商值作为稀释倍数的参考数据。

表 5—6—1　　BOD 测定水样的稀释倍数

水样污染程度	稀释倍数
污染严重的水样	100～1 000
普通污水和沉淀过的污水	20～100
未受到污染的河水	1～4

（4）防止空气中的氧气引起的误差。在测定过程中，为防止空气中的氧进入水样，应该用虹吸法采取水样和稀释水样，轻轻混合避免残余气泡。当培养瓶溢满水样后，需将瓶口塞紧，并用水封口，与空气隔绝。

稀释接种法五日生化需氧量的计算公式为：

$$BOD_5(mg/L)=\frac{(D_1-D_2)-(B_1-B_2)\times f_1}{f_2}$$

式中　D_1——稀释水样在培养前的溶解氧，mg/L；

D_2——稀释水样在培养后的溶解氧，mg/L；

B_1——稀释水在培养前的溶解氧，mg/L；

B_2——稀释水在培养后的溶解氧，mg/L；

f_1——稀释水在稀释水样中所占的比例；

f_2——水样在稀释水样中所占的比例。

例如，测定某废水水样的五天生化需氧量的情况如下：水样用稀释水稀释，稀释比为4%；稀释水样培养前的溶解氧为 9.78 mg/L，稀释水样培养后的溶解氧为4.23 mg/L，稀释水培养前的溶解氧为 9.85 mg/L，稀释水培养后的溶解氧为 9.68 mg/L。求 BOD_5 的值。

首先，需求出培养五天后溶解氧减少的百分数，确定溶解氧的减少量是否在所要求的范围内：$\frac{9.78-4.23}{9.78}\times 100\%=58\%$，在 40%～70%的范围内；然后求 BOD_5。由稀释比为 4%，可知稀释水样由 4 份废水和 96 份稀释水组成，则 $f_1=0.96$，$f_2=0.04$，所以

$$BOD_5(mg/L)=\frac{(9.78-4.23)-(9.85-9.68)\times 0.96}{0.04}=129\ mg/L$$

3. 库仑分析法

库仑分析法是电化学分析法中的一种，测定生化需氧量是利用 BOD 库仑仪进行分析，采用空气压差法原理设计而成。当被测样品在（20±1)℃条件下恒温进行五日培养后，经过生物氧化作用，有机物转变成氮、碳、硫的氧化物，而产生二氧化碳气体被吸收剂吸收，培养瓶内压力减小，通过压力传感器将变化量转换为电信号，从而可以检测出被测样品的 BOD_5 值。

BOD 库仑仪由培养瓶、电解瓶、电极式压力计、电自动控制仪、记录仪等部件组成，如图 5—6—1 所示。测定时，首先将水样装入培养瓶中，在（20±1)℃恒温下，利用电磁搅拌器进行搅拌，当水样中的有机物被微生物分解时，水中溶解氧被消耗，同时产生 CO_2。此时，由培养瓶内气相部分扩散来的氧溶解入水样中，以补充所消耗的溶解

氧；而CO_2则被瓶内上端的氢氧化钠或氢氧化钾所吸收。因此，培养瓶内气相中的压力下降。压力的下降由电极式压力计检出，并转换成电信号，使恒电流电解$CuSO_4$溶液，在电解瓶内的两个电极上产生如下反应：

负极：

$$Cu^{2+}+2e \longleftrightarrow Cu$$

正极：

$$SO_4^{2-}+H_2O \longleftrightarrow H_2SO_4+\frac{1}{2}O_2+2e$$

电解过程中产生的氧用以补充培养瓶中氧的消耗，使培养瓶内的压力恢复到原来的压力。此时，电极式压力计的电信号使电路断开，从而使$CuSO_4$溶液停止电解供氧。根据在回流电的条件下，电解产生的氧与电解时间成正比的关系，对电解时间进行积分，并转换为毫伏信号输出，由记录仪指示出氧的消耗量。

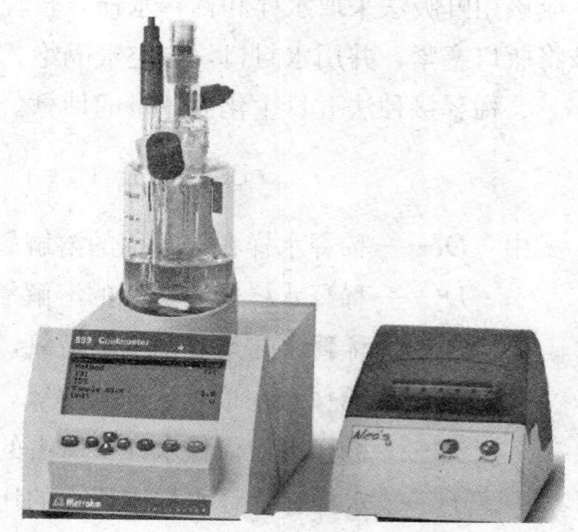

图 5—6—1　BOD 库仑仪

与化学测定法相比，库仑分析法测定BOD_5能够克服稀释过程中的供氧困难，保证不间断地供氧，使有机物完全氧化分解。因此，此方法简单、误差小、准确度高。

4. 微生物电极法

（1）测定原理。测定水中生化需氧量的微生物传感器是由氧电极和微生物菌膜构成，其原理是当含有饱和溶解氧的样品进入流通池中与微生物传感器接触，样品中溶解性可生化降解的有机物受到微生物菌膜中菌种的作用而消耗一定量的氧，使扩散到氧电极表面上氧的质量减少。当样品中可生化降解的有机物向菌膜扩散的速度（质量）达到恒定时，此时扩散到氧电极表面上氧的质量也达到恒定，因此产生一个恒定电流。由于恒定电流的差值与氧的减少量存在定量关系，据此可换算出样品中生化需氧量。

（2）测定仪器。微生物电极法测定BOD_5所用的仪器是 BOD 快速测定仪，如图5—6—2所示。测定前，使用的玻璃仪器及塑料容器要认真清洗，容器壁上不能存有毒物或生物可降解的化合物，操作中应防止污染。微生物菌膜内菌种应均匀，膜与膜之间应尽可能一致。其保存方法既可湿法保存也可在室温下干燥保存。微生物菌膜的连续使用寿命应大于 30 天。将微生物菌膜放入 0.005 mol/L 磷酸盐缓冲使用液中浸泡 48 h 以上，使微生物菌膜活化，然

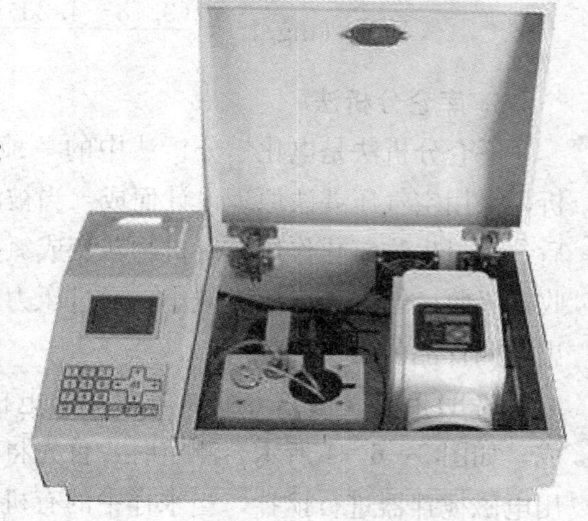

图 5—6—2　BOD 快速测定仪

后将其安装在微生物传感器上。

(3) 测定方法。当样品采集后不能在 2 h 内分析时，应在 0～4 ℃的条件下保存，并在 6 天内分析；当不能在 6 h 内分析时，则应将储存时间和温度与分析结果一起报出。无论在任何条件下储存，决不能超过 24 h。如水样 pH 值不在 4～7 之间，需先预处理，用 0.5 mol/L 盐酸和 20 g/L 氢氧化钠中和至 pH 值为 7 左右。

测定前先开启仪器，用 0.005 mol/L 磷酸盐缓冲使用液清洗微生物传感器至电位 E_0（或电流为 I_0）稳定。取 5 支 50 mL 具塞比色管，分别加入葡萄糖—谷氨酸标准溶液 1.50 mL、3.50 mL、7.50 mL、12.50 mL、25.00 mL，用 0.005 mol/L 磷酸盐缓冲使用液稀释至标线，摇匀。进样，分别测出 E_0（或电流为 I_0）差值（此差值和 BOD 浓度成正比）。用 5 个不同标准溶液的浓度对应电位差 ΔE（或电流为 ΔI）绘制工作曲线。取预处理后的水样 50 mL，加入 0.5 mL 0.5 mol/L 磷酸盐缓冲液，摇匀，测定。直接读取仪器显示测定浓度值，或由工作曲线查出水样中 BOD 浓度。

五日生化需氧量传统的测定方法是标准稀释法，该方法需要 5 天分析周期，操作过程复杂，给污水处理及环境检测带来了许多不便。BOD 快速测定仪采用微生物电极法，能快速测定水样中的 BOD 值，而且操作简便，测量准确。其原理基于微生物对有机物的耗氧代谢，可在 8 min 内完成一个样品的测定，大大缩短了测定所需的时间。该方法适用于地表水、生活污水和不含对微生物有明显毒害作用的工业废水中生化需氧量的测定。

三、废水可生化性评价方法

由于废水中有机物成分特别复杂，有的可被水中微生物快速降解；而有的微生物对其表现出生物难降解的特性，即表现出不可生化性。所以，废水的可生化性评价可为生物处理前的预处理方法的确定和处理工艺的选择提供科学依据。

废水的可生化性评价，指的是通过实验数据判断某废水采用微生物处理的可行性。可生化性评价工作只研究废水能否采用生物处理，至于污染物的去除是由于生化分解还是由于生物污泥吸附并不作考察。可生化性评价对于确定工业废水是否需要局部处理大有裨益。废水的可生化性的评价研究，既包括废水中污染物的可生物降解性考察，也包括废水可生物处理条件的考察，还包括抑制生物处理的污染物的极限允许浓度的考察。废水的可生化性评价方法有以下几种。

1. 水质指标评价法

这种方法是生产实践和科学研究中普遍使用的方法，对工业废水的 BOD_5、COD、TOD 等水质指标进行测定，按测定结果和的值来初步地对废水的可生化性作出评价。在通常情况下，和的值越大，说明废水的可生物处理性越好。废水的可生化性依据见表 5—6—2。

表 5—6—2 废水的可生化性依据

COD 值	可生化性	TOD 值	可生化性
>0.4	易生化	>0.4	易生化
0.3～0.4	可生化	0.2～0.4	可生化
0.2～0.3	较难生化	<0.2	难生化
<0.2	难生化		

生产与研究实践表明，在测定废水的 BOD_5 时，是否采用驯化菌种对可生化性的评价结论影响较大。因此，在测定废水的 BOD_5 时，必须接入驯化菌种，以使研究工作的实验条件与实际生产条件基本一致，这样，实验室研究结果就更能反映客观实际，并对实际生产具有指导意义。

2. 微生物脱氢酶活性评价法

微生物对废水中有机物降解的本质在于脱氢，故可利用脱氢酶的活性变化情况评价废水中有机物的可生物处理性。如果在含有目标污染物的培养液中微生物脱氢酶的活性有所增加，说明该污染物可被微生物用于自身的生长繁殖，也就是说，该污染物可采用微生物处理。

3. 摇瓶试验评价法

摇瓶试验是在培养瓶中配制以待测有机物为主要碳源的培养液，在向其中加入已驯化的活性污泥中适当补充氮、磷、钾、维生素等营养物或激活剂，在摇床上振荡进行批次培养，定时测定污染物的降解情况。在振荡过程中，培养瓶中的混合液通过液面不断更新，将空气中的氧溶解，供微生物新陈代谢之用。若整个试验需历时数日，一定要注意及时更新置换培养液，以免微生物代谢产物对其活动造成抑制。经过适当的培养时间，对混合液进行过滤，测定清液中的 COD、BOD、pH 等指标，计算待测有机物的去除效果，据此对废水中该有机物的可生物处理性作出评价。

印染废水生化需氧量测定

一、实验目的

1. 进一步理解生化需氧量的概念。
2. 会用稀释接种法测定生化需氧量。
3. 能够正确评价印染废水的生化需氧量。

二、实验原理

BOD 是指在有氧条件下，微生物分解废水中有机物的生物化学过程所需溶解氧的量，一般常以五日生化需氧量 BOD_5 来表示。即测定样品培养前的溶解氧和在（20±1）℃下培养五天后的溶解氧，二者之差即为生化过程所耗的氧。水中有机物质越多，耗氧也越多，但由于水中溶解氧有限，因此需用含一定养分和饱和溶解氧的水（俗称“稀释水”）来进行稀释，稀释程度以培养后消耗溶解氧大于 2 mg/L 或剩余溶解氧为1 mg/L 为宜。

三、仪器材料

1. 仪器

250 mL 培养瓶 10 只，250 mL 锥形瓶 5 只，100 mL 量筒 1 只，50 mL 棕色酸式滴定管 1 支，恒温培养箱（或保暖饮水桶）。

2. 试剂

除前述测定溶解氧所需的试剂外，还需要下列试剂：

（1）$CaCl_2$溶液。称取 27.5 g 氯化钙，溶于蒸馏水中，稀释至 1 000 mL。

（2）$FeCl_3$溶液。称取 0.25 g 三氯化铁（$FeCl_3 \cdot 6H_2O$），溶于蒸馏水中，稀释至 1 000 mL。

（3）$MgSO_4$溶液。称取 22.5 g 硫酸镁（$MgSO_4 \cdot 7H_2O$），溶于蒸馏水中，稀释至 1 000 mL。

（4）磷酸盐缓冲液。称取 8.5 g 磷酸二氢钾（KH_2PO_4）、21.8 g 磷酸氢二钾（K_2HPO_4）、33.4 g 磷酸氢二钠（$Na_2HPO_4 \cdot 7H_2O$）和 1.7 g 氯化铵（NH_4Cl），共溶于 500 mL 蒸馏水中，最后稀释成 1 000 mL。此缓冲液的 pH 值为 7.2。

四、实验步骤

1.“稀释水”配制。在 20 L 大玻璃瓶中装入蒸馏水，按每升蒸馏水中加入上述四种试剂各 1 mL，曝气 8～12 h，使溶解氧尽量饱和（8 mg/L 以上），密闭静置 8 h 左右，使溶解氧稳定后备用。

2. 稀释水样。水样的稀释倍数需根据培养五天后溶解氧的减少量而定。一般控制在培养五天后溶解氧比培养前减少 40%～70%为宜，为好氧量的 0.3～0.5 倍；但也有过高或过低的，应用时取几种不同的稀释倍数。

3. 决定好稀释倍数后，在 1 L 容量瓶中用虹吸管注入稀释水至一半，然后用移液管加入适量废水（移液管的尖端应插入稀释水液面下约 0.5 cm 处），再加稀释水至刻度，摇匀。

4. 将已稀释好的水样用虹吸管沿瓶壁分别注入两个测氧瓶中，并轻轻敲击瓶体，使水样中小气泡逸出。其中一瓶立刻测定当天的溶解氧；另一瓶送入（20±1）℃恒温箱中水封，培养五天后取出，测其溶解氧。

5. 另取不加废水样品的稀释水注入两个测氧瓶中，同上述操作，作空白试验。空白溶解氧减少量一般应不大于 0.5 mg/L。

五、数据分析

BOD_5值计算公式如下：

$$BOD_5(mg/L)=\frac{(D_1-D_2)-(B_1-B_2)\times f_1}{f_2}$$

式中　D_1——稀释水样在培养前的溶解氧，mg/L；

D_2——稀释水样在培养后的溶解氧，mg/L；

B_1——“稀释水”在培养前的溶解氧，mg/L；

B_2——“稀释水”在培养后的溶解氧，mg/L；

f_1——“稀释水”在稀释水样中所占比例；

f_2——水样在稀释水样培养液中所占比例。

将实验结果填入表5—6—3。

表5—6—3　印染废水生化需氧量的数据分析

项目	Ⅰ	Ⅱ	Ⅲ
D_1			
D_2			
B_1			
B_2			
f_1			
f_2			
BOD_5			
BOD_5平均值			
绝对偏差			
相对平均偏差（%）			

六、注意事项

1. “稀释水”本身的BOD_5不应大于0.2 mg/L，内含溶解氧应为8～9 mg/L。
2. 培养温度应严格控制在（20±1）℃。
3. 水样应预先中和，不能含有游离酸、碱。
4. 水样应先用$Na_2S_2O_3$还原，不能含有游离氯。
5. 培养五天后，如水样变白色，说明稀释倍数太小，溶解氧不足。
6. 瓶塞用消毒药棉，要求松散不紧。

第七节　印染废水氨氮和总氮的测定及其快速检测

一、氨氮的测定

印染废水中的氨氮主要来源于染料和原料，如偶氮染料、尿素、铵盐等。氨氮（NH_3-N）以游离氨（NH_3）或铵盐（NH_4^+）形式存在于水中，两者的组成比取决于水的 pH 值。当 pH 值偏高时，游离氨的比例较高；反之，则铵盐的比例高。水中氨氮的来源主要为生活污水和工业废水中含氮有机物受微生物作用的分解产物。在无氧环境中，水中存在的亚硝酸盐可受微生物作用还原为氨。在有氧环境中，水中的氨亦可转变为亚硝酸盐，甚至继续转变为硝酸盐。测定水中各种形态的氨氮化合物，有助于评价水体被污染和“自净”状况。氨氮含量较高时，对鱼类可呈现毒害作用。

国内检测氨氮的方法主要有：蒸馏－中和滴定法、水杨酸比色法、纳氏试剂比色法、氨气敏电极法。氨氮含量较高时，可采用蒸馏－中和滴定法；氨氮含量较低时，选用其他方法。

1. 蒸馏－中和滴定法

（1）原理。调节水样 pH 值在 6.0～7.4 之间，加入轻质氧化镁使之呈微碱性，蒸馏释出的氨用硼酸溶液吸收。以甲基红－亚甲蓝为指示剂，用酸标准溶液滴定馏出液中的氨氮。

（2）测定步骤。于全部经蒸馏预处理、以硼酸溶液为吸收液的馏出液中，加 2 滴甲基红－亚甲蓝混合指示液，用 0.020 mol/L 盐酸溶液滴定至绿色转变成淡紫色止，记录滴定液用量。以无氨水代替水样，做空白试验。

（3）计算公式：

$$\rho_N=\frac{(V_S-V_0)}{V}\times c\times 14.01\times 1\,000$$

式中　ρ_N——水样中氨氮的浓度，以氮计，mg/L；

V——废水试样的体积，mL；

V_s——滴定试样所消耗的盐酸标准滴定溶液的体积，mL；

V_0——滴定空白所消耗的盐酸标准滴定溶液的体积，mL；

c——滴定用盐酸标准溶液的浓度，mol/L；

14.01——氮的原子量，g/moL。

2. 水杨酸比色法

（1）原理。在亚硝基铁氰化钠存在的情况下，铵与水杨酸盐和次氯酸离子反应生成蓝色化合物，在波长 697 nm 处最大吸收。

（2）测定步骤。吸取 1.00 μg/mL 铵标准使用液 0 mL、1.00 mL、2.00 mL、4.00 mL、6.00 mL、8.00 mL 于 10 mL 比色管中，用水稀释至 8 mL，加入 1.00 mL

50 g/L水杨酸显色液和 2 滴亚硝基铁一氰化钠溶液，混匀。再滴加 2 滴 0.35 g/L、游离碱浓度为 0.75 mol/L（以 NaOH 计）的次氯酸钠溶液，稀释至标线，充分混匀。放置 1 h 后，在波长 697 nm 处，用光程为 10 mm 的比色皿，以水为参比，测量吸光度。由测得的吸光度，减去空白管的吸光度后，得到校正吸光度，绘制氨氮含量（μg）对校正吸光度的校准曲线。分取适量经预处理的水样（使氨氮含量不超过 8 μg）至 10 mL 比色管中，加水稀释至 8 mL，按以上操作步骤进行显色和测量吸光度。由水样测得的吸光度减去空白试验的吸光度后，从校准曲线上查得氨氮含量（μg）。

（3）计算公式：

$$\rho_N=\frac{m}{V}$$

式中 m——由校准曲线查得的氨氮量，μg；

V——水样体积，mL。

3. 纳氏试剂比色法

（1）原理。以游离态的氨或铵离子等形式存在的氨氮与纳氏试剂反应生成淡红棕色配合物，该配合物的吸光度与氨氮含量成正比，于波长 420 nm 处测量吸光度。

（2）测定步骤。纳氏试剂有两种配制方法：二氯化汞－碘化钾－氢氧化钾（$HgCl_2$－KI－KOH）溶液和碘化汞－碘化钾－氢氧化钠（HgI_2－KI－NaOH）溶液。注意二氯化汞（$HgCl_2$）和碘化汞（HgI_2）为剧毒物质，避免经皮肤和口腔接触。配制一系列浓度氨氮标准溶液，分别加入酒石酸钾钠溶液调 pH 值，加纳氏试剂摇匀。放置 10 min 后，在波长 420 nm 下，用 20 mm 比色皿，以水作参比，测量吸光度。以空白校正后的吸光度为纵坐标，以其对应的氨氮含量（μg）为横坐标，绘制校准曲线。取经预处理蒸馏的水样（若水样中氨氮浓度超过 2 mg/L，可适当少取水样体积），按以上操作步骤测量吸光度。

（3）计算公式：

$$\rho_N=\frac{(A_s-A_b)-a}{b\times V}$$

式中 ρ_N——水样中氨氮的质量浓度，以氮计，mg/L；

A_s——水样的吸光度；

A_b——空白试验的吸光度；

b——校准曲线的斜率；

a——校准曲线的截距；

V——废水水样体积，mL。

4. 氨气敏电极法

（1）原理。氨气敏电极为一复合电极，以 pH 玻璃电极为指示电极，银－氯化银电极为参比电极。此电极对置于盛有 0.1 mol/L 氯化铵内充液的塑料管中，管端部紧贴指示电极敏感膜处，装有疏水半渗透薄膜，使内电解液与外部试液隔开，半透膜与 pH 玻璃电极之间有一层很薄的液膜。当水样中加入强碱溶液将 pH 提高到 11 以上，使铵盐转化为氨气，生成的氨气由于扩散作用而通过半透膜（水和其他离子则不能通过），使氯化铵电解质液膜层内 $NH_4^+ + OH^- = NH_3 + H_2O$ 的反应向左移动，引起氢离子浓度改变，由 pH 玻璃电极测得其变化。在恒定的离子强度下，测得的电动势与水样中氨氮浓度的对数呈一定的线性关系，由此可从测得的电位确定样品中氨氮的含量。

（2）测定步骤。用新的水样冲洗测量水样、试剂体积的容器和电极安装管。使用蠕动泵进样，水样并不直接与蠕动泵管接触（有一个空气缓冲区），进样的体积由可视测量系统控制。与进样相同，辅助试剂也通过蠕动泵投加，并由可视测量系统控制加药体积。通过鼓泡混合水样和试剂。由测量系统自动控制反应时间。残液由蠕动泵排出。在用户自定义的测量周期中，分析仪会利用内置的校准标液和清洗溶液自动进行校准和清洗。

吸取 10.00 mL 浓度为 0.1 mg/L、1.0 mg/L、10 mg/L、100 mg/L、1 000 mg/L 的铵标准溶液于 25 mL 小烧杯中，浸入电极后加入 1.0 mL 氢氧化钠—Na_2—EDTA 溶液，在搅拌下读取稳定的电位值（在 1 min 内变化不超过 1 mV 时，即可读数）。在半对数坐标线绘制 E—lg$c$ 的校准曲线。吸取 10.00 mL 水样，以下步骤与校准曲线绘制相同。由测得的电位值，在校准曲线上直接查得水样的氨氮含量（mg/L）。

电极法速度快，可实现连续测试，最快只需 3 min，1 mg/L 以下低量程、精细测量最长 10 min。测试量程广，从 0.00～10 000 mg/L NH_4-N，只用 1 支电极就可实现全量程测试；仪器可自动切换量程，自动调整分辨率；最低检出限 0.05 mg/L；抗干扰能力强，不受色度、浊度干扰，无须额外补偿；无特殊进样要求；试剂操作成本低，电极法无须显色试剂，公开试剂配方，采用国产试剂，购买方便便宜；电极使用寿命长，更换电极成本低。

比色法响应时间慢，只能批量测试，需等待显色反应完成后才能测试，一次测量至少需要 30 min 以上；测试量程小，或量程分段，更换量程时需更换一台新的仪器（由比色池来决定量程），分辨率低；最低检出限 5.0 mg/L；易受样品色度、浊度干扰，且光度法易受周边环境温度、湿度等条件变化的影响；进样要求严格，以免污染光学元件，以及影响吸光度测试；试剂成本高；更换光源成本高，比色池应定期更换。

总之，电极法更加适用于在线测试分析。对于营养成分氮磷的在线分析，一般首选电极法，其次才选比色法。由于目前用电极法测试其他营养成分（如硝酸氮、亚硝酸氮、磷酸盐、总磷、COD 等）的技术还不成熟，还没有开发出经久耐用的电极，因此才用比色法暂时替代。目前用电极法测试氨氮技术已经很成熟，许多知名专业厂商都选用电极法测试氨氮，逐步替代老式的比色法。

二、总氮的测定

总氮（TN）是指能测定的样品中溶解态氮及悬浮物中氮的总和，包括亚硝酸盐氮、硝酸盐氮、无机铵盐、溶解态氨及大部分有机含氮化合物中的氮，以每升水含氮毫克数计算。总氮常被用来表示水体受营养物质污染的程度。总氮的测定主要有碱性过硫酸钾消解紫外分光光度法和气相分子吸收光谱法。

1. 碱性过硫酸钾消解紫外分光光度法

（1）原理。在120～124℃下，碱性过硫酸钾溶液使样品中含氮化合物的氮转化为硝酸盐，采用紫外分光光度法于波长220 nm和275 nm处，分别测定吸光度A_{220}和A_{275}，按公式计算校正吸光度A，总氮（以N计）含量与校正吸光度A成正比。计算公式如下：

$$A=A_{220}-2A_{275}$$

（2）测定步骤。分别量取10.0 mg/L硝酸钾标准使用液0.00 mL、0.20 mL、0.50 mL、1.00 mL、3.00 mL和7.00 mL于25 mL具塞磨口玻璃比色管中，其对应的总氮（以N计）含量分别为0.00 μg、2.00 μg、5.00 μg、10.0 μg、30.0 μg和70.0 μg。加水稀释至10.00 mL，再加入5.00 mL 40.0 g/L碱性过硫酸钾溶液，塞紧管塞，用纱布和线绳扎紧以防管塞弹出。将比色管置于高压蒸汽灭菌器中，加热至顶压阀吹气，关阀，继续加热至120℃开始计时，保持温度在120～124℃之间30 min。自然冷却、开阀放气，移去外盖，取出比色管冷却至室温，按住管塞将比色管中的液体颠倒混匀2～3次。每个比色管分别加入1.0 mL(1+9)盐酸溶液，用水稀释至25 mL标线，盖塞混匀。使用10 mm石英比色皿，在紫外分光光度计上，以水作参比，分别于波长220 nm和275 nm处测定吸光度。零浓度的校正吸光度A_b、其他标准系列的校正吸光度A_s及其差值A_r，按下列公式进行计算。以总氮（以N计）含量（μg）为横坐标，对应的A_r值为纵坐标，绘制校准曲线。

$$A_b=A_{b220}-2A_{b275}$$

$$A_s=A_{s220}-2A_{s275}$$

$$A_r=A_s-A_b$$

式中 A_b——零浓度（空白）溶液的校正吸光度；

A_{b220}——零浓度（空白）溶液于波长220 nm处的吸光度；

A_{b275}——零浓度（空白）溶液于波长275 nm处的吸光度；

A_s——标准溶液的校正吸光度；

A_{s220}——标准溶液于波长220 nm处的吸光度；

A_{s275}——标准溶液于波长275 nm处的吸光度；

A_r——标准溶液校正吸光度与零浓度（空白）溶液校正吸光度的差。

将采集好的样品储存在聚乙烯瓶或硬质玻璃瓶中，用1.84 g/mL浓硫酸调节pH值至1～2，常温下可保存7天；储存在聚乙烯瓶中，−20℃冷冻，可保存一个月。取适量样品，用20 g/L氢氧化钠溶液或（1+35）硫酸溶液调节pH值至5～9，量取10.00 mL试样于25 mL具塞磨口玻璃比色管中，按以上步骤进行测定。

（3）计算公式。参照上面公式计算试样校正吸光度和空白试验校正吸光度差值A_r，样品中总氮的质量浓度ρ(mg/L）按下式进行计算：

$$\rho_N=\frac{(A_r-a)\times f}{b\times V}$$

式中　ρ——样品中总氮（以N计）的质量浓度，mg/L；

A_r——试样的校正吸光度与空白试验校正吸光度的差值；

a——校准曲线的截距；

b——校准曲线的斜率；

V——试样体积，mL；

f——稀释倍数。

2. 气相分子吸收光谱法

（1）原理。气相分子吸收光谱法，是在规定的分析条件下，将待测成分转变成气态分子载入测量系统，测定其对特征光谱吸收的方法。在120～124℃碱性介质中，加入过硫酸钾氧化剂，将水样中的氨、铵盐、亚硝酸盐以及大部分有机氮化合物氧化成硝酸盐后，以硝酸盐氮的形式采用气相分子吸收光谱法进行总氮的测定。

（2）测定步骤。每次测定之前，将反应瓶盖插入装有约5 mL水的清洗瓶中，通入载气净化测量系统，调整仪器零点。测定后，水洗反应瓶盖和砂芯。

取10.00 μg/mL硝酸盐氮标准使用液0.00 mL、0.50 mL、1.00 mL、1.50 mL、2.00 mL、2.50 mL，分别置于样品反应瓶中，加水稀释至2.5 mL，加入2.5 mL 5 mol/L盐酸，放入加热架（见图5—7—1），于（70±2）℃高压蒸汽消毒器水浴中加热10 min。逐个取出样品反应瓶，立即用反应瓶盖密闭，趁热用定量加液器加入0.5 mL 15％三氯化钛原液，通入载气，依次测定各标准溶液的吸光度，以吸光度与所对应的硝酸盐氮的量（μg）绘制校准曲线。取待测试样2.5 mL置于样品反应瓶中，以下操作同上。测定水样前，测定空白样，进行空白校正。

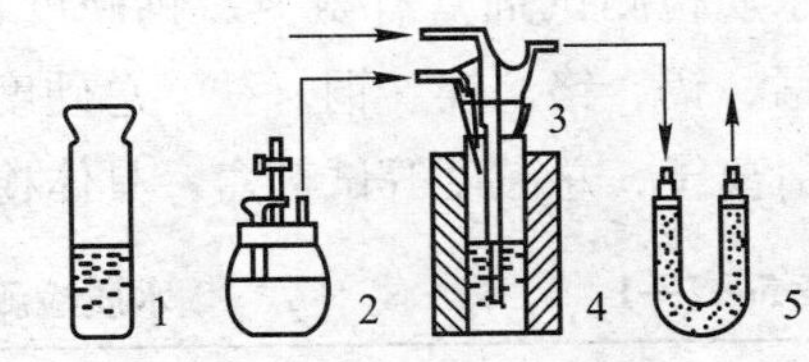

图5—7—1　气液分离装置

1—清洗瓶　2—定量加液器　3—样品吹气反应瓶　4—恒温水浴　5—干燥器

（3）计算公式：

$$总氮\ N(\text{mg/L})=\frac{m-m_0}{V\times\frac{2.5}{50}}$$

式中　m——根据校准曲线计算出的氮量，μg；

m_0——根据校准曲线计算出的空白量，μg；

V——取样体积，mL。

三、水质指标快速检测方法

传统的检测水质方法是运用滴定分析法和仪器分析法，操作过程复杂，需专业人员进行操作。水质指标快速检测试剂盒的制作原理是采用目视比色法，通过与标准比色卡对比得出结果，过程简单，容易操作，且误差较小。

1. 快速检测试剂盒的特点

简单的操作步骤，容易使用，用户无需化学分析专业知识即可操作；灵活的运用范围和强大的可移动性，特别适合于现场快速分析；几秒钟到几分钟内即可得到检测结果，实现快速分析；内置分析测试所需的所有附件，不需要外界分析工具即可进行；体积小，重量轻，携带方便；一个测试盒就是一个完整的分析该项目的实验室；图形化的操作指示提供最方便的操作指引；准确高质的比色卡保证准确的测试结果；严格的质量控制确保测试盒的运用效果；质保期长，试剂保质期超过三年；检测分析费用低。

2. 操作

用试剂盒内附带的比色杯取待测水样 20 mL，加检测试剂，放置 1～10 min，水样显颜色，根据颜色深浅，在色卡上找到相应的浓度。不同监测项目的操作会有所不同，如硬度是根据所加试剂的滴数，乘以一个系数，得到水样的硬度值。试剂盒内带有一张色卡，色卡的背面有操作步骤，按操作说明进行操作。

3. 水质检测试剂盒

水质检测试剂盒有氨氮、钙硬度、镁硬度、磷酸盐、硫化氢、溶解氧、余氯、pH 值、锰、镉、铬、镍、铜、铁、总硬度、软水硬度、臭氧、二氧化氯、硝酸盐、亚硝酸盐、氯离子、总碱度等试剂盒，具体检测原理见表 5—7—1。

表 5—7—1　水质检测试剂盒及其检测原理

检测项目	用途描述	原理	检测范围
硝酸盐快速检测盒	用来快速测定水样中硝酸盐总量（以氮计）	利用硝酸盐、亚硝酸盐与对氨基苯磺酸偶氮化后，再与 N－1 萘基乙二胺形成紫红色染料溶液，根据颜色深浅，对照标准液或色卡读数，得到硝酸盐、亚硝酸盐浓度	0.50～10.0 mg/L
亚硝酸盐快速检测盒	用来快速测定水样中亚硝酸盐总量（以氮计）	酸性条件下，4－氨基苯磺酰胺和 N—1—萘基乙二胺盐酸盐反应，生成红色配合物，红色物质的深浅与亚硝酸盐浓度相关	0.005～0.30 mg/L
硫化氢快速检测盒	用来快速测定水样中硫化氢浓度	方法同对氨基二甲基苯胺分光光度法。在含铁离子的酸性溶液中，硫离子与对氨基二甲基苯胺作用，生成亚甲基蓝，颜色深度与水中硫离子含量成正比	0.2～1.5 mg/L
氨氮快速检测盒	用来快速测定水样中氨及胺盐总浓度（以氮计）	以游离态的氨或铵离子等形式存在的氨氮与纳氏试剂反应生成淡红棕色配合物，该配合物的颜色与氨氮含量成正比	0.2～1.50 mg/L
二氧化氯快速检测盒	用来快速测定水样经消毒处理后剩余二氧化氯的总浓度	水中二氧化氯与 N，N－二乙基对苯二胺（DPD）反应成呈红色，其中二氧化氯中的 20%氯转化为亚氯酸盐，显色反应与水中二氧化氯含量成正比。甘氨酸将水中的游离氯转化为氯化氨基乙酸而不干扰二氧化氯的测定	0.05～2.00 mg/L
总硬度快速检测盒	用来快速测定水样中钙镁总含量	依据滴定方法，计算出被测水质的总硬度值	所有浓度范围

续表

检测项目	用途描述	原理	检测范围
铬（Ⅵ）快速检测盒	用于快速测定水样中铬（Ⅵ）离子的浓度	在酸性环境中，六价铬与二苯碳酰二肼反应生成紫红色化合物，可目视比对或于波长 540 nm 处进行分光光度测定	0.01～1.0 mg/L
镍快速检测盒	用于快速测定水样中镍离子的浓度	在铵性介质中，镍与丁二酮肟反应，生成酒红色配合物	0.05～2.0 mg/L
锰快速检测盒	用于快速测定水样中锰（Ⅱ）离子的浓度	方法同高碘酸钾氧化法（GB 11906—1989）。有焦磷酸钾－乙酸钠存在的条件下，高碘酸钾可于室温下瞬间将低价锰氧化成高锰酸盐，且色泽稳定时间长	0.1～10.0 mg/L
铜快速检测盒	用于快速测定水样中铜离子的浓度	BCA（2，2′－联喹啉－4，4′－二甲酸二钠盐），在盐酸羟胺存在的条件下，pH＝11.0 缓冲介质中，BCA 试剂与铜在物质的量的比为 2∶1 的条件下反应生成紫色配合物，颜色的深浅与铜离子浓度成正比	0.05～2.0 mg/L
铁快速检测盒	用于快速测定水样中铁离子的浓度	利用合适的还原剂和缓冲溶液，低价铁与二氮杂菲生成稳定的橙色配合物，颜色的深浅与铁离子浓度成正比	0.1～3.0 mg/L
磷酸盐快速检测盒	用于快速测定水样含溶解性磷酸盐中磷的浓度	在酸性条件下，磷酸盐与钼酸铵生成磷钼酸，磷钼酸被抗坏血酸还原成蓝色物质，蓝色物质的深浅与磷酸盐浓度相关	0.05～1.0 mg/L
余氯快速检测盒	用来快速测定水样经消毒处理后剩余氯的总浓度	在 pH 值小于 1.8 的酸性溶液中，水中余氯与邻联甲苯胺（甲土立丁）作用产生黄色的联苯醌化合物，根据其颜色深浅进行比色定量	0.1～10 mg/L
pH 值快速检测盒	用来快速测定水样中氢离子的浓度（pH 值）	利用间接竞争酶联免疫吸附微孔模式进行检测。样品或标准品中游离的玉米赤霉烯酮与包被的抗原竞争结合游离抗体上的结合位点，再加入酶标二抗，洗去未结合的酶标二抗之后加入显色剂，其与酶标物作用而成蓝色，加入反应终止液后颜色由蓝色转变为黄色，黄色越深则表明玉米赤霉烯酮越少，用酶标仪在 450 nm 处测定光吸收值，可准确定量检测样品中的玉米赤霉烯酮的污染水平	4～10
镉快速检测盒	用于快速测定水样含溶解性镉的浓度	在碱性介质中，镉与检测试剂反应生成有色化合物，在一定范围内颜色深浅与含量成正比，与色阶卡对照读取样品中重金属镉的含量	0.5～5.0 mg/L

余氯的测定（邻联甲苯胺比色法）

一、实验原理

在 pH 值小于 1.8 的酸性溶液中，水中余氯与邻联甲苯胺（甲土立丁）作用产生黄色的联苯醌化合物，根据其颜色的深浅进行比色定量。

二、仪器材料

1. 仪器

余氯比色测定器1个，10 mL比色管。

2. 试剂

甲土立丁溶液：称取甲土立丁1.35 g，溶于500 mL纯水中，在不停搅拌下加至150 mL浓盐酸与350 mL蒸馏水的混合液中，存于棕色试剂瓶中，在室温下保存可使用半年。

三、实验步骤

加0.5 mL（或1滴）甲土立丁溶液于10 m比色管中，加水样至10 mL刻度处，混匀。如立即进行比色，所得结果为游离性余氯；如放置10 min使其产生最高色度再比色，所得结果为总余氯。总余氯减去游离性余氯等于化合性余氯。余氯的浓度单位为mg/L。注意：水样温度在15～20 ℃时显色最好，如水温较低，可适当升温再行比色。

四、记录分析

如无余氯比色测定器，可根据表5—7—2估计水样中余氯的含量。

表5—7—2　　余氯含量估计表

估计余氯量（mg/L）	呈色	氯嗅程度
0.3	淡黄色	刚能嗅出
0.5	黄色	容易嗅出
0.7～1.0	棕黄色	明显嗅出
2.0以上	深黄色	有强烈刺激味

思考与练习

一、判断题

（　　）1. 在工厂废水总排放口布设采样点，测定一类污染物。

（　　）2. 多个项目水样分析时，采样体积小于3 000 mL。

（　　）3. 如果废水是间断排放的，那就不需要间断取样。

（　　）4. 水样容器直接采样时，不须用水冲洗。

（　　）5. 水质分析中的悬浮物、硫酸盐和含油量的测定采用气化法。

（　　）6. 水中有机物生物氧化过程可分为两个阶段，即碳化阶段和硝化阶段。

（　　）7. 测定生化需氧量常以40 ℃作为测定的标准温度。

（　　）8. 目标污染物的培养液中微生物脱氢酶的活性有所增加，说明该污染物可采用微生物处理。

（　　）9. 水中溶解氧量过低（低于 9 mg/L 时），许多鱼类就可能发生窒息而死亡。

（　　）10. 溶解氧测定采集水样时，可以让水与空气接触。

二、简述题

1. 印染废水监测分析的特点有哪些?

2. 印染废水监测常规分析指标有哪些?

3. 简述印染废水监测中色度、悬浮物、硫化物的测定原理、仪器、药品。

4. 简述印染废水监测中 COD 的测定原理、仪器、药品、测定步骤、计算、注意事项。

5. 简述印染废水监测中 BOD 的测定原理、仪器、药品、测定步骤、计算、注意事项。

第六章　印染生产废水处理

学习目标

1. 掌握废水处理原则、方法分类。

2. 掌握废水物理化学处理、化学处理、生物处理的作用、原理、用途，熟悉工艺流程、主要设施和常用设备。

3. 掌握处理丝织物印染废水的流程，了解吸附法、化学法、生物法在印染废水处理中的应用。

4. 掌握颗粒自由沉淀的实验方法。

5. 能够确定活性炭处理印染废水的设计参数。

6. 掌握活性污泥沉淀性能的指标并进行测定。

7. 会通过显微镜观察活性污泥形态及生物相。

随着国民经济的快速发展，我国的印染业也进入了高速发展期，技术水平明显提升，生产工艺和设备不断更新换代，印染企业尤其是民营印染企业发展十分迅速。但是，印染行业生产过程中排放的“三废”尤其是废水治理不当，将会对环境造成严重污染；另外，随着印染工艺和产品结构的改变，印染水质也发生了变化，废水的处理难度也随之加大。必须不断创新、改进和提高治理工艺，选择合适的废水处理工艺路线。

第一节　印染废水处理方法概述

废水处理，实质上就是采用各种手段和技术，将废水中的污染物质分离出来，或将其转化为无害的物质，从而使废水得到净化的过程。

一、废水处理方法分类

1. 按原理分类

现代废水处理技术，按作用原理一般可分为物理处理法、化学处理法、物理化学处理法和生物处理法几种。

（1）废水的物理处理法。就是利用物理作用分离废水中主要呈悬浮固体状态的污染物质，在处理过程中不改变其化学性质，如均衡和调节、沉淀、气浮、过滤等。

（2）废水的化学处理法。就是利用化学反应来分离、回收水中各种形态的污染物质，如中和、化学氧化、电解等。

（3）废水的物理化学处理法。多数情况下，废水具有成分复杂、水质不稳定的特点，因此，通常同时采用物理和化学的综合作用进行处理，才能取得较好的处理效果，而且还可以降低成本。如吸附法、离子交换法、膜分离法等，在近年来都得到了广泛的应用。经过一些科技工作者的不断深入研究，这些污水处理方法逐渐得到了改进和完善，进而形成了一些固定的工艺单元。由于在处理过程中既有物理处理法，又有化学处理法，因此，通常将其统称为物理化学处理法。

（4）废水的生物处理法。就是利用微生物的代谢作用，使废水中呈溶解和胶体状态的污染物转化为稳定、无害的物质，如 CO_2 和 H_2O 等。生物处理法按作用微生物的不同，可分为好氧处理和厌氧处理两大类。好氧生物处理法又可分为活性污泥法、生物膜法（包括生物滤池、生物转盘和生物接触氧化）、氧化塘等。好氧生物处理法广泛用于处理有机废水。厌氧生物处理法多用于处理高浓度有机废水和污水处理过程中产生的污泥，近年来也广泛应用于低浓度有机废水的处理。

2. 按处理程度分类

按处理程度划分，废水处理可分为一级、二级和三级处理，见表 6—1—1。

表 6—1—1　　废水的分级处理

处理级别	污染物质	处理方法
一级处理	悬浮或胶态固体、悬浮油类、酸、碱	格栅、沉淀、浮上、过滤、混凝、中和
二级处理	可生化降解的有机物	生物化学处理
三级处理	难生化降解的有机物、溶解态的无机物、病毒、病菌、磷、氮等	吸附、离子交换、电渗析、反渗透、超滤、化学处理法

（1）一级处理。一级处理主要是去除污水中呈悬浮状态的固体污染物质，大多采用物理方法，有时也采用化学方法。经过一级处理后的废水，只能除去少量的 BOD，还须进行二级处理，因此，针对二级处理而言，一级处理又称为预处理。

（2）二级处理。主要是去除废水中呈胶体和溶解状态的有机污染物，BOD_5 去除率可达 90%以上，处理后 BOD_5 可降到 20～30 mg/L。二级处理主要采用生物处理法。一般情况下，废水经过二级处理后，可以达到规定的排放标准。城市污水和综合工业废水经常采用一级和二级处理，因此，又称为常规处理法。

（3）三级处理。三级处理是一种净化要求较高的处理，主要是去除二级处理未能除去的污染物，其中包括微生物未能降解的有机物和磷、氮等能够导致水体富营养化的可溶性无机物等。三级处理所用的方法很多，如过滤、活性炭吸附、臭氧氧化、离子交换、电渗析、反渗透以及生物法脱氮除磷等。三级处理后，BOD_5 可从 20～30 mg/L 降至 5 mg/L 以下，能够去除大部分的磷、氮。

三级处理是深度处理的同义词，但二者又不完全相同。三级处理是在常规处理之后，为了从废水中去除某种特定的污染物（如磷、氮等）而增加的一项处理工艺。而深度处理往往是以废水回收和再次复用为目的，在常规处理后增加的处理工艺或系统。深度处理一般是在对废水常规处理后，水质要求更高的情况下采用。

3. 废水处理原则

每种废水处理方法都是一种单元操作。由于废水中的污染物是多种多样的，不可能预期只用一种方法就把所有的污染物去除，因此，处理一种废水往往需要几种方法组合，形成一个处理流程，流程中的每一部分都在发挥着各自的作用，使废水达到不同处理程度。

废水处理流程的组合，一般是遵循先易后难、先简后繁的规律，即首先去除大块垃圾和漂浮物质，然后再依次去除悬浮固体、胶状物质及溶解性物质。亦即首先使用物理方法，然后再使用化学法和生物处理法。对于某种废水，采用哪几种处理方法组成处理系统，要根据废水的水质、水量、回收其中物质的可能和经济性、排放水体的要求等多种因素决定。典型废水处理工艺流程如图 6—1—1 所示。

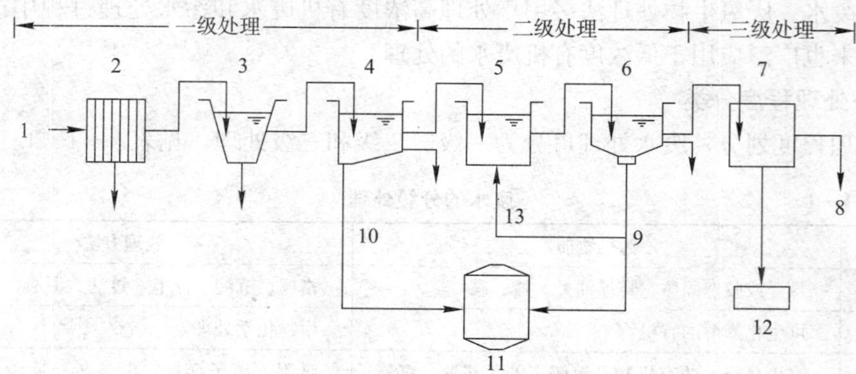

图 6—1—1　典型废水处理工艺流程

1—废水　2—格栅　3—沉砂池　4—沉淀池　5—生物曝气池或生物滤池　6—二沉池　7—化学、吸附、离子交换、消毒等设备　8—三级处理出水（排放、回收）　9—二级处理水（排放、灌溉）　10—一级处理水（排放、灌溉）　11—污泥消化池或其他设备　12—污泥处理　13—回流污泥

从图示工艺流程可以看出，废水处理工程是将几种处理操作联合而成的有机整体，遵循废水处理原则。先采用格栅、沉砂池、沉淀池等设施进行物理处理，去除废水中呈悬浮状态的污染物；然后采用生物曝气池或生物滤池进行生化处理，去除废水中呈胶体和溶解状态的污染物；并采用化学、吸附、消毒等化学处理、物化结合的方式，去除前面未能除去的污染物，达到深化处理、回收利用。整个流程合理布置了主次关系和前后次序，能够经济有效地完成任务。

二、废水处理反应器运行特点

废水处理过程中所用的构筑物或设备，实际上就是为废水中的污染物、微生物或外加药剂提供反应场所的容器，这些容器通常称为废水处理反应器。通俗地说，就是将水处理中进行处理过程的一切池子和设备都称为反应器，包括生物化学反应的曝气池和生物滤池，物理处理的沉淀池，甚至冷凝塔等设备。掌握反应器的运行特点，对于提高废水处理理论、废水处理构筑物和设备选用以及整个系统的操作管理都具有重要意义。

用于废水处理的反应器通常有六种形式：间歇反应器，平推流反应器，连续流搅拌反应器，任意流反应器，填充床和流化床。除间歇式反应器外，其余均为连续流。

1. 间歇反应器的运行特点

如图 6—1—2 所示，间歇反应器简称 CMBR，反应器内设置搅拌装置。废水一次性进入反应器，反应结束后再将处理后的废水（包括其中的污染物及反应产物）一次性排出，在反应阶段既不进水也不排水，废水中的所有污染物反应时间完全相同，反应器内各组分浓度和温度分布均匀，反应速率随时间的变化而变化。

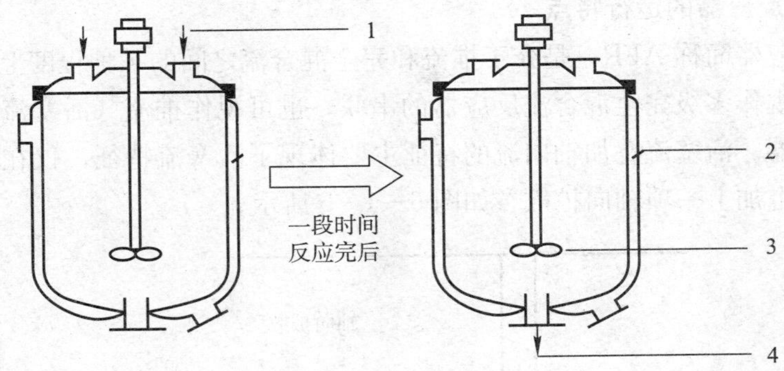

图 6—1—2　间歇反应器示意图

1—进水口　2—夹套　3—搅拌器　4—出水口

间歇反应器常用于化学药剂的混合或浓化学药剂的稀释，废水处理过程中的气浮、凝聚、沉淀、中和等过程通常在间歇反应器中进行。

2. 平推流反应器的运行特点

如图 6—1—3 所示，平推流反应器简称 PFR，也称作活塞流反应器，是一种长方形的非完全混合式反应器。连续稳定流入反应器的流体，在垂直于流动方向的任一载面上，各质点的流速完全相同，平行向前流动，恰似汽缸中活塞的移动，故称为活塞流或平推流。废水连续流经反应器，反应时间、反应物和产物、反应速度均是反应器长度的函数，物料在平推流反应器中连续地、依次均匀地流动，反应器中任何组分的停留时间均相同。反应在反应器内沿着流向进行。废水处理中活性污泥法的推流式曝气池、沉降池等就是这种反应器的代表。

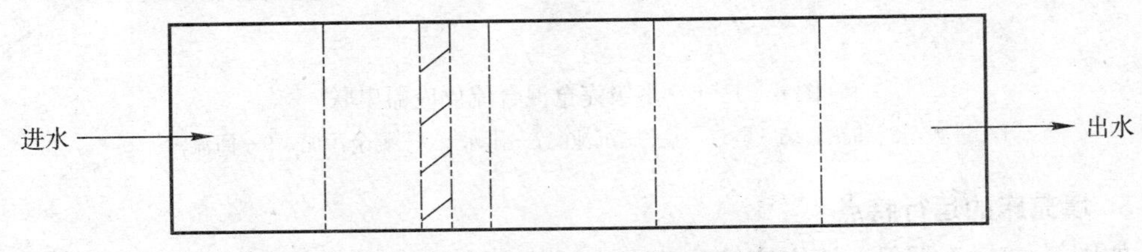

图 6—1—3　平推流反应器示意图

3. 连续流搅拌反应器的运行特点

如图 6—1—4 所示，连续流搅拌反应器简称 CFSR，也称作完全混合流反应器。完全混合流是指连续稳定流入反应器的物料在强烈的搅拌下与反应器中的物料瞬间达到完全混合，又称理想混合流。废水在反应器内连续流动并经过充分搅拌混合均匀，各组分在反应器内不存在浓度梯度。对废水中任意组分来说，出口浓度与反应器内任意点浓度相同。生物处理废水的活性污泥曝气池、曝气氧化塘等就是这种反应器的代表。

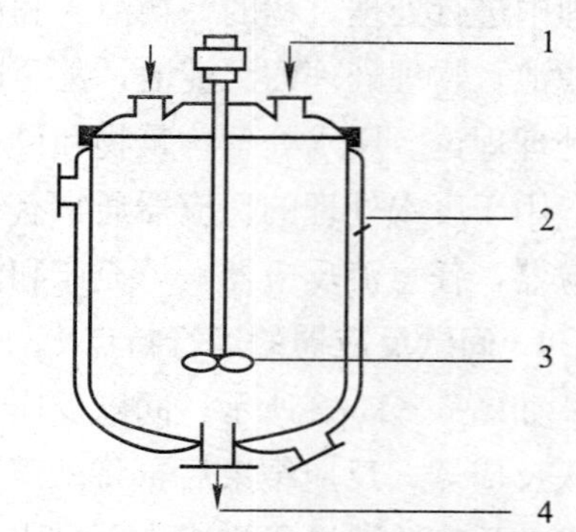

图 6—1—4　连续流搅拌反应器示意图

1—进水口　2—夹套　3—搅拌器　4—出水口

4. 任意流反应器的运行特点

任意流反应器简称 AFR，是介于推流和完全混合流之间的某种程度上的局部混合流反应器。它可视作多级完全混合流反应器的串联，也可视作推流（活塞流）与轴向扩散流叠加型反应器。活塞流叠加轴向流的特征主要体现了活塞流特征，仅在物料衡算时在活塞流的基础上加上一项轴向扩散，如图 6—1—5 所示。

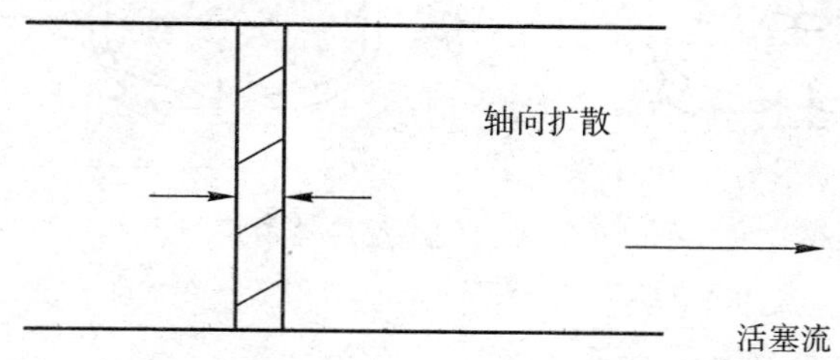

图 6—1—5　活塞流中的轴向扩散

流体在多级完全混合流反应器串联中的流动状况如图 6—1—6 所示，其特征主要体现了完全混合流反应器的特征，废水治理中的曝气过程和沉降过程都是这种反应器的应用。

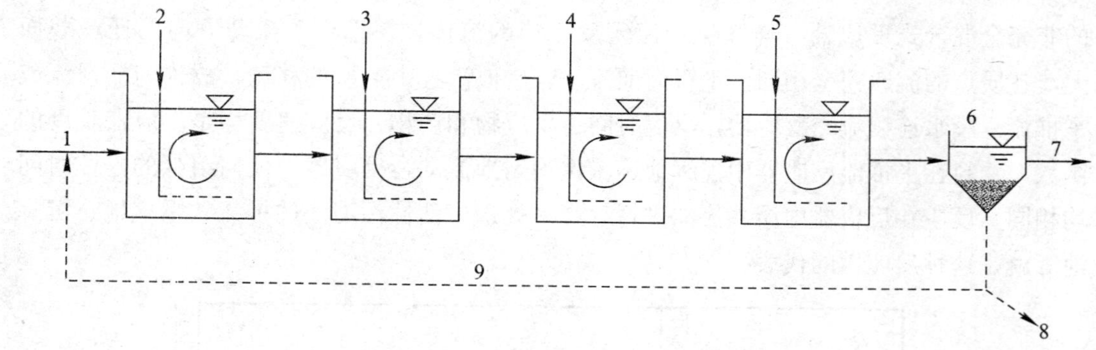

图 6—1—6　多级完全混合流反应器串联

1—进水　2、3、4、5—空气　6—二沉池　7—出水　8—剩余污泥　9—回流污泥

5. 填充床的运行特点

如图 6—1—7 所示，填充床简称 PB，又称固定床反应器，它用固体的反应物、载体

颗粒或滤料堆积成一定高度、静止的床层，流体通过床层进行反应。该反应器中通常装填一定量的填料、吸附剂或离子交换剂等构成固定不动的床层，废水在床层内呈连续流动时发生非均相反应，床层内废水和出水中某组分的浓度是时间和床层高度的函数。废水处理中的吸附、离子交换和生物膜滤池等都有这种反应器的应用。

6. 流化床的运行特点

如图 6—1—8 所示，流化床简称 FB，是一种使具有较高流速的流体通过颗粒状固定层，固体颗粒处于悬浮的无规则运动状态的反应器。废水向上连续流动通过床层，填料或吸附剂、离子交换树脂等在床层内呈流化状态，固相颗粒间的空隙率大小由废水流速来控制。反应器中污染物浓度随停留时间的变化而变化，与床层高度的变化无关。与完全混合流反应器一样，出水污染物浓度与反应器内任意点浓度相同。活性炭－活性污泥法、生物流化床等即是这种反应器的应用。

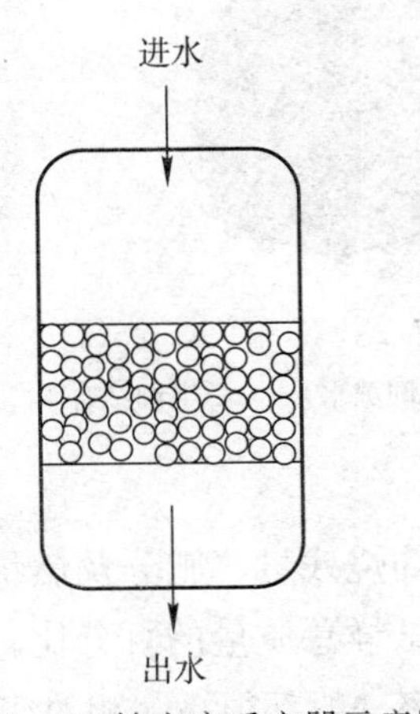

图 6—1—7　填充床反应器示意图

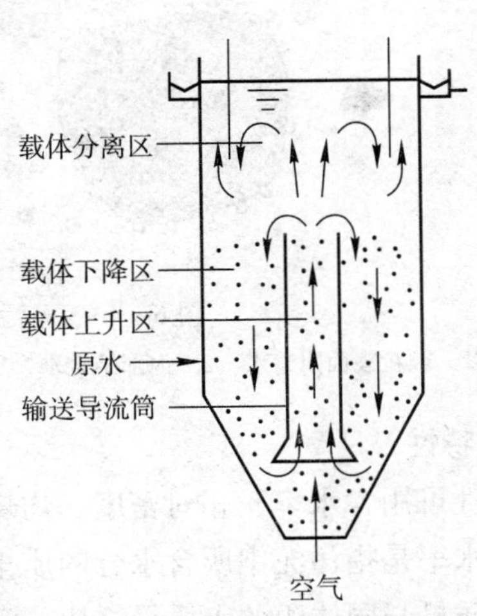

图 6—1—8　流化床反应器示意图

三、废水处理产生的污泥

废水处理过程中不可避免会产生污泥，如从沉淀池排出的沉淀污泥、从生化处理系统排出的剩余污泥等。这些污泥如不加以妥善处理，就会造成二次污染，因此，污泥的处理和处置是废水处理的一个重要组成部分。

1. 污泥的来源和种类

在废水处理过程中将产生各种各样的污泥。初次沉淀污泥，即初次沉淀池排出的污泥；剩余活性污泥，是指来自活性污泥法二次沉淀池的污泥；腐殖污泥，是指来自生物膜法产生的污泥；新鲜污泥，是指在污水净化过程中产生的、未经处理的污泥；消化污泥，是指初次沉淀污泥、腐殖污泥和剩余活性污泥（统称生污泥）经消化处理后即称为消化污泥，也称熟污泥；化学沉淀污泥，是指用化学沉淀、混凝等化学手段处理废水时产生的污泥。

2. 污泥中水的存在形式

污泥中水的存在形式大致分为游离水、毛细结合水、颗粒表面附着水和内部结合水，如图 6—1—9 所示。游离水也称间隙水，存在于污泥颗粒间隙中，约占污泥水分的 70%，一般借助外力可与泥粒分离，如浓缩法；毛细结合水，存在于污泥颗粒间的毛细管中，约占污泥水分的 20%，采用物理方法可能使其与泥粒分离开来，如脱水和自然干化法；颗粒表面附着水和内部结合水，这部分水附着在污泥颗粒表面和存在于其内部（包括细胞内部水），约占污泥水分的 10%，它们只有采用干化分离，但也不完全，如采用干燥和焚烧法使其去除。

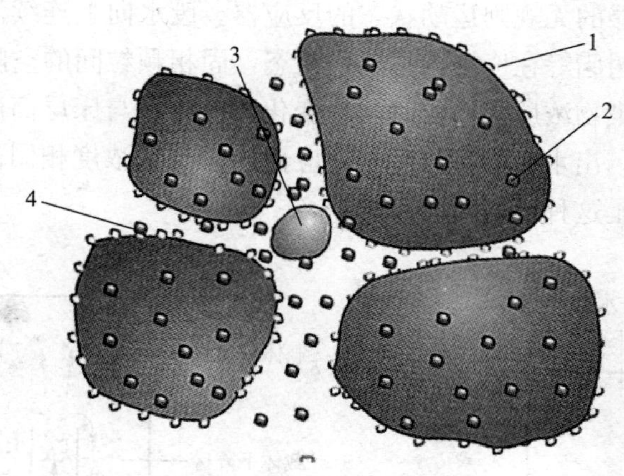

图 6—1—9　污泥水分的形式

1—颗粒表面附着水　2—内部结合水　3—游离水（间隙水）　4—毛细结合水

3. 污泥的特性

污泥的特性可用含水率、相对密度、灼烧减量和灼烧残量、肥分及燃烧热值等指标进行表征。含水率是指污泥中所含水分的质量占污泥试样总质量的百分比。污泥的相对密度等于污泥质量与同体积的水质量之比。污泥含水率一般都很高，相对密度接近于 1。污泥含水率与污泥状态见表 6—1—2。

表 6—1—2　污泥含水率与污泥状态

污泥含水率	降到 85%	70%～75%	60%～65%	35%～40%	10%～15%
污泥状态	纯液状流动	柔软状态，不易流动	固体	聚散状态 半干化状态	粉末状

灼烧减量和灼烧残量是在污泥消化过程中使用的重要参数，见表 6—1—3。将污泥试样烘干后置于高温炉（550 ℃）中灼烧，污泥中的有机物质燃烧后损失掉。灼烧前后污泥试样重量损失部分称为灼烧减量，加热后污泥试样剩余部分的重量称为灼烧残量。实际中更常用与污泥试样干重的百分比来表示。灼烧减量 *GV* 和灼烧残量 GR 的关系为：

$$GV=100-GR$$

表 6—1—3　各种污泥的灼烧减量

污泥类型	新鲜初次沉淀污泥	新鲜二次沉淀污泥	消化不好的污泥	消化一般的污泥	消化好的污泥	消化很好的污泥
灼烧减量	60～75	55～80	55～70	55～60	45～55	30～45

污泥中通常含有氮、磷、钾等营养物以及植物生长必需的其他微量元素，也含有腐殖质（土壤改良剂），这些都是污泥肥分的组成成分。燃烧热值是指污泥的主要成分有机物质燃烧后可回收热值，见表 6—1—4。

表 6—1—4　各种污泥的燃烧热值

污泥类型	新鲜初次沉淀污泥	消化一般的污泥	消化好的污泥	消化很好的污泥
燃烧热值(kJ/kg)	16.5	13.6	10.6	8.0

4. 污泥的处理

污泥处理是指对污泥进行浓缩、调质、脱水、稳定、干化或焚烧等减量化、稳定化、无害化的加工过程。污泥的含水率很高，不便于远距离运输和使用，因此需进行调理、浓缩脱水、干化等处理。污泥浓缩和脱水主要采用物理方法，有时辅以化学方法。经脱水后的污泥，根据成分不同可采用不同的处置和利用方法，如填埋、焚烧、制作建筑材料或用作肥料等。有机性污泥经消化后产生的甲烷气还可以用作能源。污泥处理的一般流程是：原污泥→调理→浓缩→消化→脱水→干燥→卫生填埋或焚烧、处置与资源化等。

（1）调理。要对污泥进行妥善处理，首先要脱除污泥中一部分水分，缩小污泥体积。由于在废水处理过程中形成的污泥具有高亲水性和一定的分散性，故污泥浓缩和脱水性能往往会受到影响。为了改善污泥的脱水性能，利用污泥浓缩或过滤，在污泥脱水前要对其进行适当调理。污泥常用调理方法有化学调理、物理调理、热调理。

（2）浓缩。污泥浓缩是降低污泥含水率、减少污泥体积的有效方法。污泥浓缩主要是指缩减污泥的间隙水。经浓缩后的污泥近似糊状，仍保持流动性，含水率可由 99%降到 96%左右。污泥浓缩的方法有沉降法、气浮法和离心法。在选择浓缩方法时，除了各种方法本身的特点外，还应考虑污泥的性质、来源、整个污泥处理流程及最终处置方式等。如沉降法用于浓缩初沉淀污泥和剩余活性污泥的混合污泥时效果较好。单纯的剩余活性污泥一般用气浮法浓缩，近年发展到部分采用离心法浓缩。

（3）消化。污泥消化是在氧或无氧的条件下，利用微生物的作用，使污泥中的有机物转化为较稳定物质的过程，分为好氧消化和厌氧消化。好氧消化是指污泥经过较长时间的曝气，其中一部分有机物由好氧微生物进行降解和稳定的过程。厌氧消化是指在无氧条件下，污泥中的有机物由厌氧微生物进行降解和稳定的过程。厌氧消化分为中温消化和高温消化。中温消化是指污泥在温度为 33～53 ℃时进行的厌氧消化工艺，高温消化是指污泥在温度为 53～330 ℃时进行的厌氧消化工艺。

（4）脱水。浓缩后的污泥仍保持流动性，其含水量一般在 96%左右，体积仍然较大，堆放、运输或再利用仍有诸多不便，须进一步脱水，使其转化为半固态或固态泥块。污泥脱水的目的是去除污泥中的毛细水和表面附着水，进一步缩小其体积，减轻其质量。污泥脱水方法分为自然干化脱水、机械脱水和烘干等。机械脱水是目前世界各国普遍采用的污泥脱水方法。脱水机械主要有板框式压滤机、带式压滤机、真空过滤机和转筒离心机等，如图 6—1—10、图 6—1—11 所示。

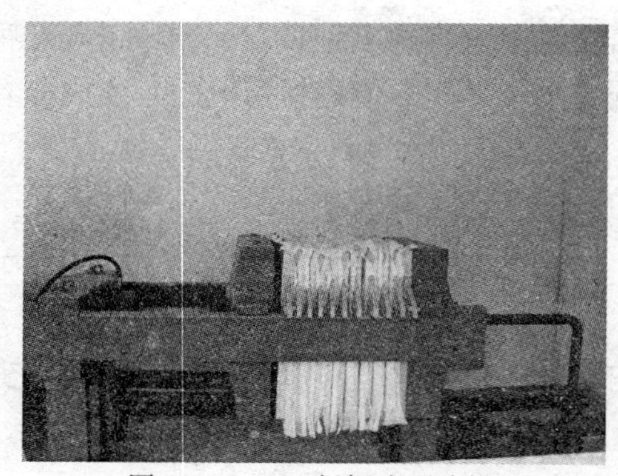
图 6—1—10　板框式压滤机

图 6—1—11　带式压滤机

（5）干燥。污泥经干化床或脱水机处理后，仍然含有较多的水分，体积仍然较大，并且有腐化的可能。进行加热干燥处理，可以去除其中绝大部分毛细水，使含水量由60％～80％降低至20％左右，便于运输、利用和处置。用于污泥干燥的干燥设备有回转筒式干燥器、带式干燥器、急骤干燥器等。

（6）焚烧。当污泥不符合卫生要求，有毒物质含量高，不能直接为农、副业所利用时，可对其进行焚烧处理。以焚烧为核心的污泥处理方法是最彻底的污泥处理方法之一，它能使有机物全部碳化，杀死病原体，可最大限度地减少污泥体积；但是其缺点是处理设施投资大，处理费用高，设备维护成本高，而且产生强致癌物质二噁英。污泥焚烧前应予干燥，焚烧所需热量主要依靠污泥含有的有机物燃烧产生，若污泥的燃烧热不足以使污泥自燃，则需补充辅助燃料。用于污泥焚烧的机械主要有回转窑、立式多段炉及流化床等。

（7）处置与资源化。污泥的处置和资源化利用方式主要有农业利用、污泥气利用、作建筑材料、卫生填埋和投海几种，如图 6—1—12 所示。

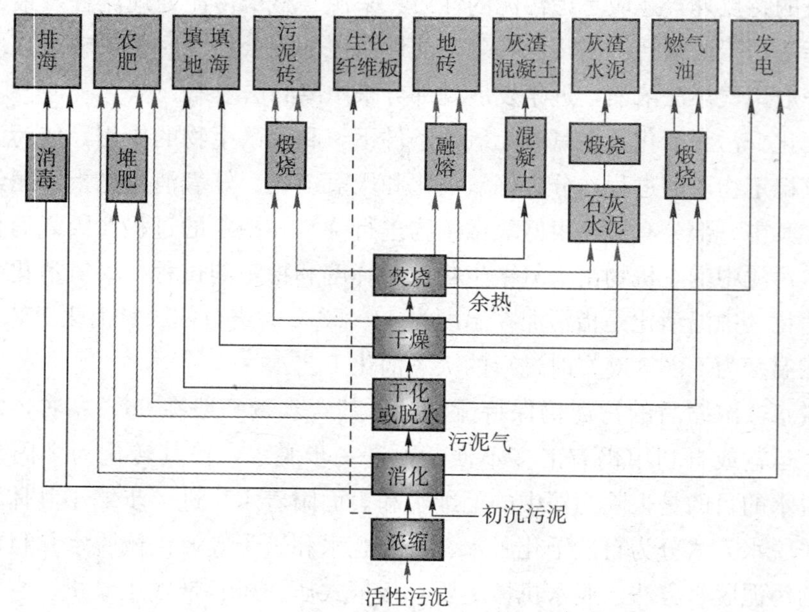

图 6—1—12　污泥的处置和资源化利用

第二节　印染废水物理处理法

印染工业废水的物理处理法是借助于物理作用，分离和除去废水中不溶性悬浮物体或固体的方法。物理处理法主要包括筛除与过滤、均衡和调节、重力分离、气浮和离心分离等方法。物理处理法的最大优点是：简单易行，费用较低，效果良好。

一、筛除与过滤

1. 作用原理

印染废水中含有棉绒、毛绒短纤维、非溶解性化学药剂等漂浮物和悬浮物，需要预先将其从废水中去除，防止堵塞水泵、管道，影响后续处理设备的运行。

筛除与过滤常常作为印染废水处理中的预处理，用以防止废水中较大的漂浮物、悬浮颗粒损坏水泵或堵塞管道、阀门及水道。过滤法也常用于废水的最终处理，它的出水可供循环使用。

筛除与过滤的实质是让废水通过具有微细孔道的过滤介质，在此介质两侧压强差的推动下，废水由微细孔道通过而悬浮固体微粒被截留。当使用一段时间后，过滤介质的过水阻力将增大，这时常用反冲洗法将被截留的固体物从过滤介质中除去。

2. 设施

过滤介质有格栅、筛网、滤布、微孔管及粒状滤料等，如图 6—2—1 所示，可根据废水中悬浮固体颗粒的大小和性质来选用。

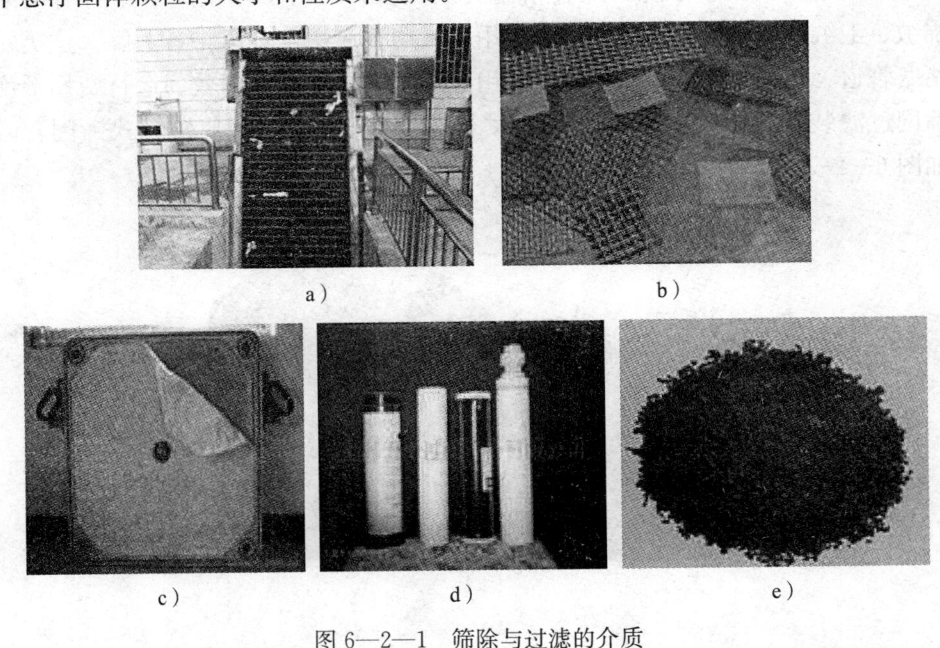

a）　b）　c）　d）　e）

图 6—2—1　筛除与过滤的介质

a）格栅　b）筛网　c）滤布　d）微孔管　e）粒状滤料

不论何种污水，在送入水泵和水处理主体构筑物之前，均需设置格栅以拦截较大杂物，设置筛网以截留较细悬浮物。

在印染废水处理过程中，一般选用格栅来去除印染废水中的较大悬浮物，保护后续处理设备正常工作。格栅并非印染废水处理的主体设备，设置在废水处理流程之首或泵站的进口处，作用相当重要。格栅是由一组平行的金属栅条制成的框架，斜置在进水渠道上或泵房集水井的进口处。格栅的清渣方式有两大类：人工清渣和机械清渣。印染废水一般采用人工清渣；当污染物量大时，一般应采用机械清渣（见图 6—2—2），以减少工人劳动量。

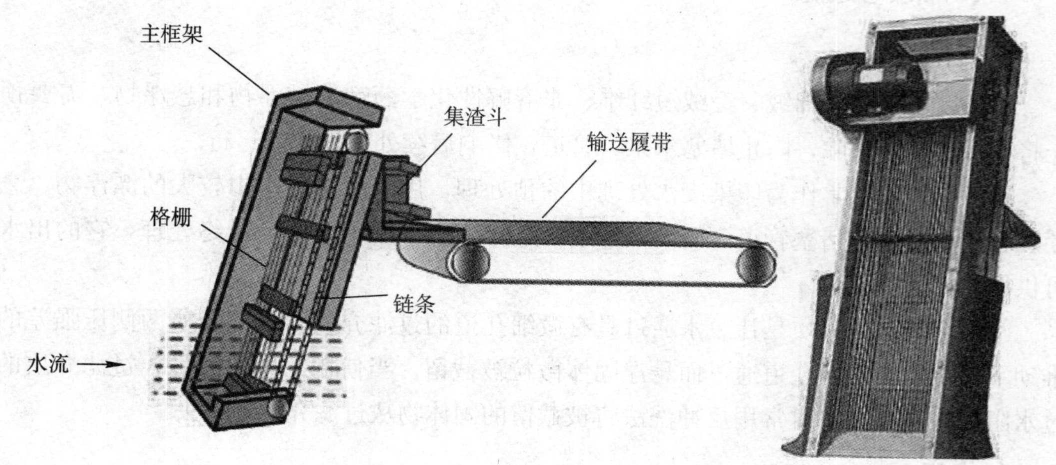

图 6—2—2　自动机械格栅

印染废水中的粗大悬浮物可通过格栅有效截留，但对于印染废水中含有的细小纤维、棉绒、毛绒等，格栅很难发挥截留作用，采用沉淀法也难以将其去除。这类污染物容易堵塞管道、孔洞或缠绕于水泵叶轮，用筛网分离具有简单高效、运行费用低廉等优点。筛网过滤装置很多，有振动筛网、水力筛网、转鼓式筛网、转盘式筛网、微滤机等，如图 6—2—3 所示。

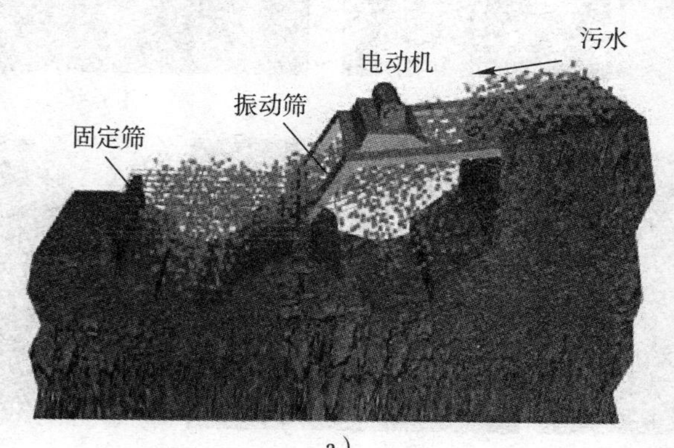

a）

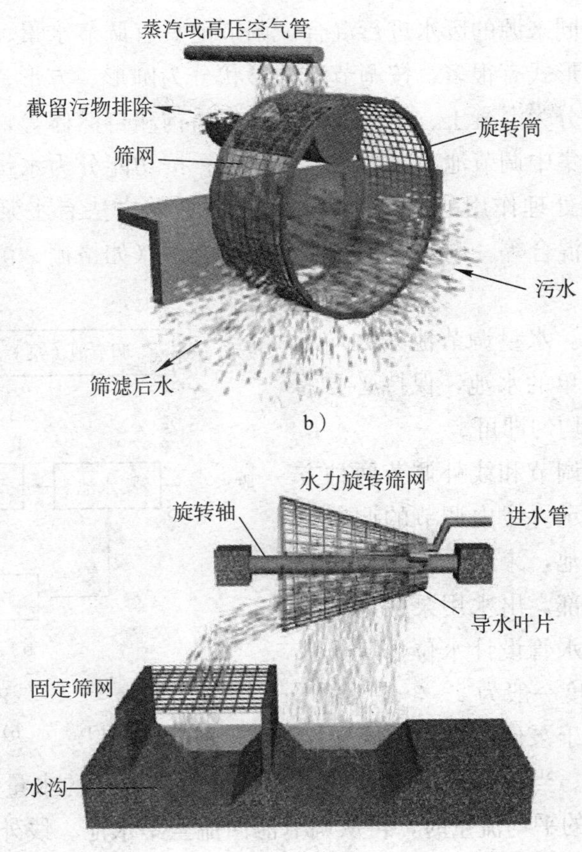

b）

c）

图 6—2—3　筛网过滤装置

a）振动筛网　b）转盘式筛网　c）水力筛网

二、均衡和调节

1. 作用原理

印染废水的水质和水量常常是不稳定的，具有很强的随机性，造成废水排放的间断性和多变性，使排出废水的水质和水量有很大的变化，如水量骤增、水质骤降都会超过处理设备正常处理能力，给废水处理造成很大麻烦，使设备难以维持正常工作。为了使排水管网和废水处理设备能保持正常工作，不受废水的高峰流量、浓度和温度变化的影响，往往在废水处理前设置混合调节池，用以调节、均衡水质、水量及水温。如酸性废水和碱性废水在调节池内进行混合，达到中和调节 pH 值的目的；高温废水短期放置后调节、平衡排出的水温；防止高浓度的有毒物质进入生物处理系统；系统暂时停止排放废水时，仍能对处理系统继续输入废水，保证废水处理系统正常运行等。简单地说，均衡和调节的作用就是减少废水水质、水量和水温的波动性，为后续的水处理系统提供一个稳定和优化的工作条件。

2. 设施

用于调节和均衡印染废水水质和水量的构筑物叫作调节池（也称作均化池），其任务是将不同时间、不同来源的废水进行混合。调节池具有调节水量、均衡水质和预处理三种作用。调节池的形式有很多，按调节池的形状分为圆形、方形、多边形等，可建在地下或地上；按结构分为混凝土、钢筋混凝土、石结构和自然体等；按在工艺流程中的位置分为前置原废水集中调节池、处理后水调节池；按功能分为水量调节池、水质调节池和同时兼具部分预处理作用的调节池等。均衡水质的方法有水泵强制循环、空气搅拌、机械搅拌、水力混合等。调节池一般设在一级处理（如格栅、沉砂池）之后，二级处理之前。

（1）水量调节池。水量调节池亦称均量池，一般只需设置简单的水池，保持必要的调节池容积并使出水均匀即可。

水量调节有线内调节和线外调节两种方式，如图 6—2—4 所示。线内调节的调节池是一座变水位的储水池，来水呈垂直重力方向流动，泵在池内底部，出水用泵抽送，池中最高水位不高于进水管设计水位，最低水位为死水位，有效深度一般为 2～3 m。线外调节则是将调节池置于泵房的旁路上，泵房主泵按平均流量配置。当流量高于设计的平均流量时，多余的水量由辅助泵打入调节池；当流量低于设计的平均流量时，再从调节池回流至集水池。线外水量调节池的优点是调节池不受进水管高度限制，施工和排泥方便；缺点是调节池水量需提升两次，动力消耗较大，所以线内调节比较常用。

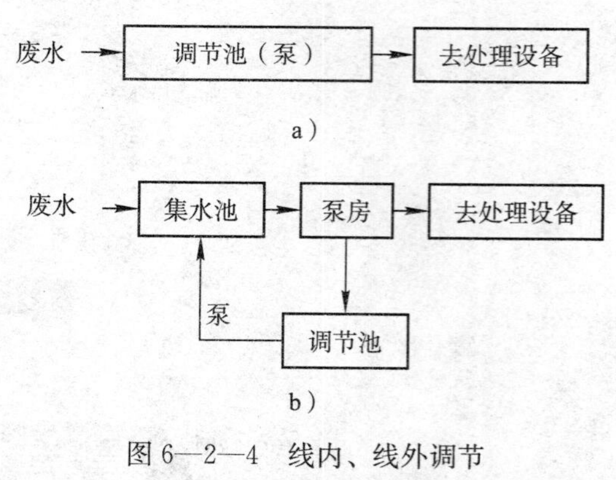

图 6—2—4　线内、线外调节

a）线内调节　b）线外调节

（2）水质调节池。水质调节池是以均衡水质为主的调节池，亦称均质池，其任务是对不同时间、不同来源的废水进行混合，使流出的水质均匀，以避免后续处理负荷超量。水质调节的基本方法有利用外力调节和差流方式（自身水力混合）两种。水质调节池分为曝气调节池、差流式调节池、折流式调节池等。曝气调节池是在池底设有一系列曝气管道，通过压缩空气搅拌，使不同时刻进入池内的废水得到强制性混合，从而使水质得到均衡，如图 6—2—5 所示。差流式调节池是沿着对角线上的一角进水，从池四边上多个孔流入池内，对角线上的另一角出水槽接纳了来自不同时刻、浓度各不相同的废水，使废水在池内达到差时混合，从而达到调节水质的目的，如图 6—2—6 所示。折流式调节池内设置多个折流隔板，使废水在池内往复折流；配水槽设置在调节池的纵向中心线上，废水通过配水槽上的多个孔口溢流至调节池前后各个折流室内，使废水在池内得到差时混合均衡，如图 6—2—7 所示。

（3）水质水量调节池。水质水量调节池既能调节水质，也能调节水量。常用对角线出水调节池，其特点是出水槽沿对角线方向设置，废水由左右两侧流入池内以后，经过不同的时间才流到出水槽，这样就达到了自动均衡调节的目的，如图 6—2—8 所示。

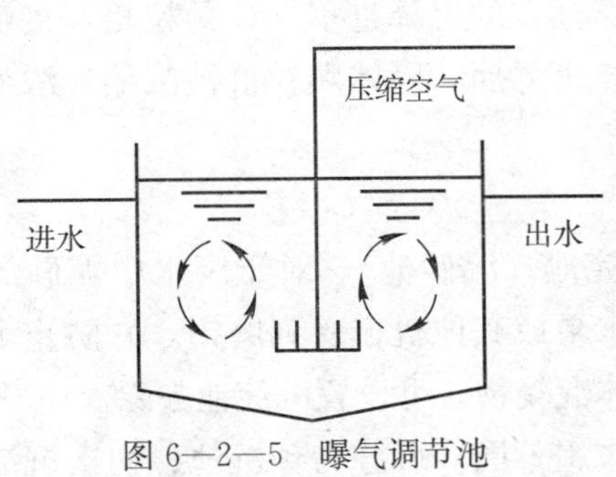

图 6—2—5　曝气调节池

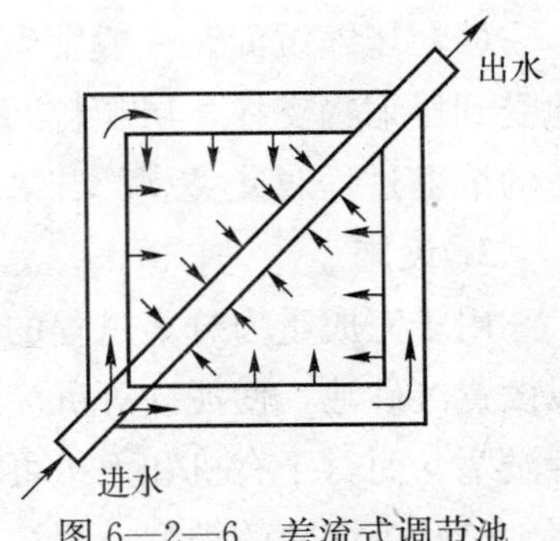

图 6—2—6　差流式调节池

图 6—2—7　折流式调节池

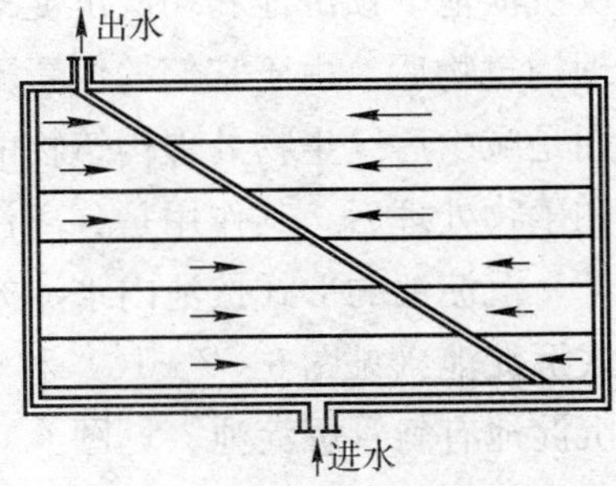

图 6—2—8　对角线出水调节池

三、重力分离

1. 作用原理

重力分离法是依据废水中悬浮物与废水的相对密度不同这一特点，除去废水中悬浮物质的一种方法。当悬浮物的相对密度大于废水的相对密度时，在重力的作用下，悬浮物下沉形成沉淀物，通过收集沉淀物可使水得到净化；当悬浮物的相对密小于废水密度时，悬浮物会上浮于水面，通过刮除使水得到净化。重力分离法是废水净化最广泛使用的预处理方法之一。这种方法简单易行，分离效果良好，是处理印染废水的重要手段。

悬浮物（悬浮颗粒）在水中的沉淀，可根据其浓度、性质及其絮凝性能的不同分为四种基本类型，即自由沉淀、絮凝沉淀、拥挤沉淀和压缩沉淀，这几种沉淀过程都是在沉淀池中进行的。

（1）自由沉淀。废水中的悬浮颗粒浓度不高，固体颗粒没有凝聚性，在沉淀过程中颗粒的形状、尺寸及密度不发生改变，颗粒互不粘合，在整个沉淀过程中沉速也不发生变化。如初次沉淀池中颗粒的初期沉淀阶段。

（2）絮凝沉淀。废水中的悬浮颗粒浓度不高，固体颗粒具有凝聚性，在沉淀过程中颗粒能发生凝聚或絮凝作用。由于絮凝作用颗粒质量增加，沉降速度加快，沉速随深度而增加。经过化学混凝的水中颗粒的沉淀，即属絮凝沉淀。

（3）拥挤沉淀。废水中悬浮颗粒的浓度比较高，在沉降过程中产生颗粒互相干扰的现象，在清水与混水之间形成明显的交界面，并逐渐向下移动，因此又称成层沉淀。活性污泥法后期的二次沉淀池以及污泥浓缩池中的初期情况均属这种沉淀类型。

(4) 压缩沉淀。一般发生在高浓度的悬浮颗粒的沉降过程中，颗粒相互接触并部分地受到压缩物支撑，层颗粒间隙中的液体被挤出界面，固体颗粒群被浓缩。浓缩池中污泥的浓缩过程属此类型。

2. 设施

用于完成重力分离过程的构筑物称为沉淀池（沉砂池）。对于废水中泥砂等粗大颗粒设置沉砂池，使泥砂等沉淀下来，以防止水泵或其他机械受到磨损，并防止水槽和弯管淤塞。而对于有机和无机可沉悬浮物和胶体混凝物，可设置沉淀池去除。

(1) 沉淀池的类型。沉淀池按其位置和作用不同，可分为预沉池、初次沉淀池和二次沉淀池。预沉池和初次沉淀池设在生物处理构筑物前，二次沉淀池设在混凝和生物处理构筑物后。由于它们的位置不同，所起的作用也有所不同。预沉池和初次沉淀池的作用是减少后续生物处理构筑物的负荷，对印染废水进行处理。二次沉淀池用于化学处理和生物处理后，其作用是分离污泥、化学沉淀物或生物膜，使出水得以澄清。

沉淀池的形式按池内水流方向的不同，可分为平流式沉淀池（见图 6—2—9）、竖流式沉淀池（见图 6—2—10）和辐射式沉淀池（见图 6—2—11）三种。新发展起来的新型沉淀池有斜管沉淀池（见图 6—2—12）、斜板沉淀池和回转式沉淀池。类型不同的沉淀池有各自的特点，各种池型的优缺点和适用条件见表 6—2—1。特别是斜板、斜管沉淀池，它们是近期发展起来的一类新型沉淀池。据报道，斜板沉淀池较一般沉淀池的生产能力高 3～7 倍，而斜管沉淀池较一般沉淀池高 10 倍以上。这类沉淀池投资少，效果好，占地面积小，是很有发展前途的高效沉淀池。目前在印染废水中常用的沉淀池有平流式沉淀池、竖流式沉淀池和斜板、斜管沉淀池。

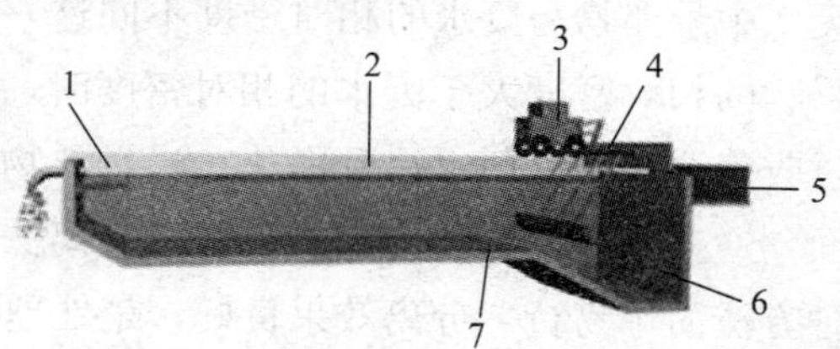

图 6—2—9　平流式沉淀池

1—溢流堰　2—浮渣　3—桥车　4—浮渣刮板　5—浮渣槽　6—泥斗　7—沉泥

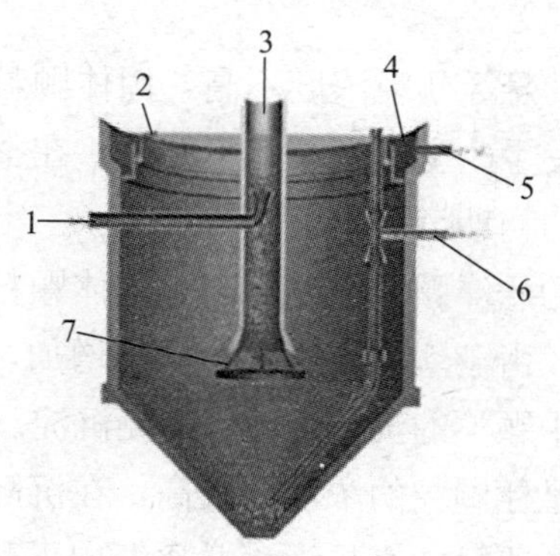

图 6—2—10　竖流式沉淀池

1—进水管　2—挡板　3—中心管　4—溢入流出槽　5—出水管　6—排泥管　7—反射板

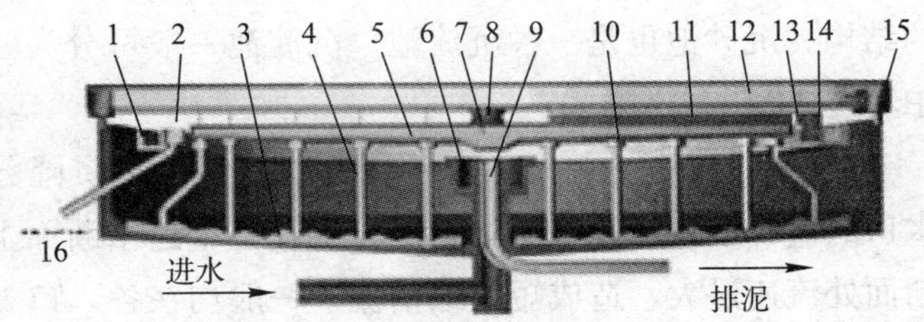

图 6—2—11　辐射式沉淀池

1—环形三角堰　2—浮渣漏斗　3—集泥板　4—吸泥装置　5—集泥槽　6—稳流筒　7—中心泥罐　8—中心支座　9—中心筒　10—流量调节阀　11—浮渣刮板　12—钢梁　13—浮耙板　14—浮渣挡板　15—驱动装置　16—排浮渣

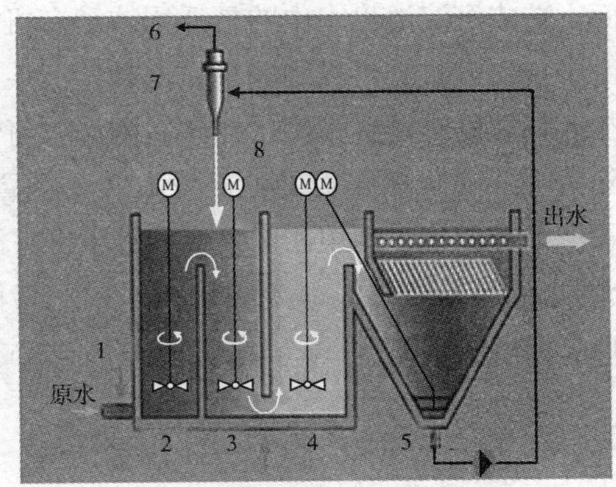

图 6—2—12　斜管沉淀池

1—混凝剂　2—混凝池　3—加注池　4—熟化池　5—斜板沉淀池　6—排泥　7—水力旋流器　8—细砂回流

表 6—2—1　　四种沉淀池性能比较

池型	平流式	竖流式	辐射式	斜板（管）式
示意图				
优点	沉淀效果好，对废水量和温度的变化适应能力强，施工简单、造价低，处理水量不限，适合地下水位高及地质较差地区	排泥方便，管理简单，占地面积小，适用于中小型处理厂	适用于地下水位较高的地区及大型处理厂	去除率高，占地面积小，适用于小型废水处理厂
缺点	占地面积大，排泥较困难，池子配水不易均匀	池子深度大，施工较困难，变化适应能力差	机械排泥较复杂，施工质量要求高	排泥困难
使用材料	砖石、混凝土或钢筋混凝土	钢筋混凝土	钢筋混凝土	钢筋混凝土，斜板为聚乙烯材料

（2）沉淀池的结构。沉砂池也是一种沉淀池。沉淀池一般可分为三个部分：水流部分、污泥部分、中和层。

1）水流部分。废水在这部分内流动，悬浮物就在这部分内沉降分离。该部分的主要问题是进、出水口的设计应该保证水流均匀地分配在整个过水断面上。设计不当，会引起水池各局部断面处流速过大，造成短路或槽流。一般均在各入口处设置挡板，并使水流入口置于水位以下。出口常采用V形溢流堰，使沉淀后的水像薄膜一样流出。溢流堰前方设有浮渣板，用以防止水面的浮渣或油脂流入槽中。

2）污泥部分。沉淀的污泥暂时集聚在这里，定期排出，以免厌氧细菌作用致使污泥腐败产生气体升出水面，造成沉淀池出水中的悬浮固体和有机成分增加，加重下一步生化处理的额外负担。由于排泥方式有机械和非机械两种，沉淀池底形状也有两种。机械排泥的池底是平的，在入口端设有倒置锥型污泥斗，刮泥机将污泥推入出泥斗，然后利用静水压或泥浆泵去除污泥。非机械排泥的池底设有几个倒置圆锥或角锥型污泥斗，污泥沉入斗内，每斗设置一个排泥管，利用泥浆泵或静水压将污泥定期排出。

3）中和层。它是分隔水流部分和污泥部分的中间水层，其作用是使已下去的沉淀物不受水流的搅动而影响沉淀结果。

四、气浮分离

1. 作用原理

（1）适用范围。对于难于沉淀的污染物，如地表水和废水中的藻类、植物残体、细小胶粒等轻质悬浮固体以及油类，特别是印染废水中的纤维等，用重力分离法去除效果甚差，可采用气浮法进行处理。气浮法广泛应用于以下场合：分离水中细小悬浮物、藻类及微絮凝体；回收工业废水中的有用物质；代替二次沉淀池，分离和浓缩活性污泥；分离回收含在废水中的悬浮油和乳化油，分离回收以分子或离子状态存在的污染物（如表面活性物质和金属离子）。

（2）气浮法的优缺点。优点是：水在池中停留时间短，只需10～20 min，池深只需2 m，占地面积小，投资少；气浮法具有预曝气的作用，出水和浮渣都含有一定量的氧，泥渣不易腐化，有利于后续处理或再用；污泥含水率低，比重力分离少2～10倍，表面刮渣易于去除；需药剂量比重力分离节小。缺点是：耗电较大，溶气水减压释放器易堵塞，浮渣怕被较大的风雨袭击。

（3）原理。气浮法是利用高度分散的微小气泡作为载体，黏附废水中的悬浮物，使其密度小于水而上浮至水面，实现与水分离去除。气浮过程包括气泡产生、气泡与颗粒（固体或液滴）附着以及上浮分离等连续步骤。实现气浮法分离的必要条件有两个：一是必须向水中提供足够数量的微细气泡，气泡理想直径为15～30 μm；二是必须使目的物呈悬浮或疏水性质，从而附着于气泡上浮。为提高处理效果，常常在废水中加入气浮剂或凝聚剂。

气浮剂可以使亲水物质变为疏水物质，气浮剂一端带有极性基团，另一端带有非极性基团，极性基团可选择性地被亲水物质吸附，非极性基团则朝向水，这样亲水性物质的表面即呈现疏水性，容易黏附在气泡上浮至水面。气浮剂还有促进起泡的作用。表面活性剂是常用的气浮剂。

当向废水中投加混凝剂产生絮体或废水中本来就存在絮体时，若采用气浮法处理，则由于絮体和气泡都带有一定的疏水性，它们的比表面积都很大，故絮体和气泡存在相互吸附。在一定水力条件下，具有较大动能的小气泡因与絮体相撞击而使二者发生多点吸附，聚凝成较大的絮凝体颗粒，然后形成气泡—絮凝体颗粒结合体而加速上浮。气浮分离原理如图 6—2—13 所示。

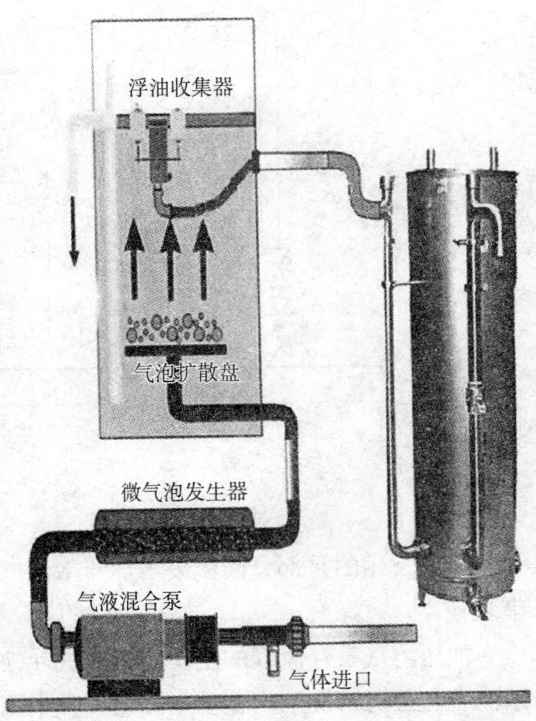

图 6—2—13　气浮分离原理

所以，对于以分子或离子态混溶于废水中且在水中呈均匀分布的污染物，可使用化学药剂处理使其转化为具有疏水性且可悬浮的不溶性固体或配合物后，用气浮法分离。对于废水中的金属离子，将其转化为氢氧化物或硫化物沉淀，或者投加表面活性剂使其转化为螯合物后，也可用气浮法处理。

2. 气浮法分类

按产生气泡的方式不同，分为加压溶气气浮法、喷射气浮法、机械细碎空气气浮法、多孔材料鼓风布气气浮法和电解气浮法。国内目前常用的是加压溶气气浮法、喷射气浮法和机械细碎空气气浮法。下面对加压溶气气浮法的流程进行简要介绍。

加压溶气气浮法是用水泵将废水送入溶气罐，加压，同时注入空气，使空气在一定压力下溶解到废水中，一般溶气时间为 1～3 min。然后废水通过释放器进入气浮池，溶入废水中的空气由于突然减到常压，便形成无数细小的气泡逸出，从而实现上浮。加压溶气气浮法的处理流程主要有以下三种。

(1) 全部废水加压溶气气浮流程。这种流程是将全部废水加压送入溶气罐，同时在废水中加药絮凝，属于气泡析出型气浮分离。

(2) 部分废水加压溶气气浮流程。这种流程是将一部分废水（如 30%～50%）加压溶气，其余废水直接进入气浮分离池的混合室，与溶气水在混合室内充分混合，然后分离。该流程属于气泡接触型气浮分离。

(3) 部分回流废水加压溶气气浮流程。如图 6—2—14 所示。这种流程是将气浮处理后的一部分水（一般为处理量的 30%～50%）回流加压溶气，而全部废水经加药絮凝进入气浮池的混合室，在混合室内与溶气水充分接触混合。该流程属于气泡接触型气浮分离。

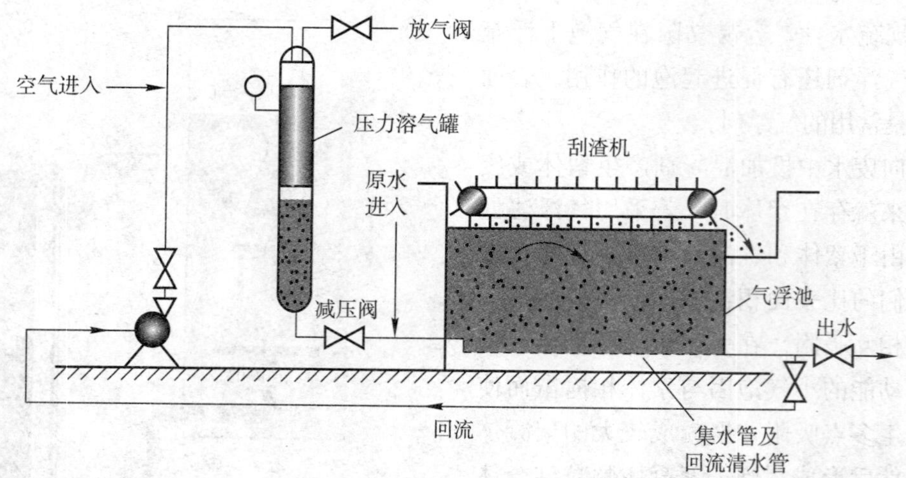

图 6—2—14　部分回流废水加压溶气气浮流程

目前常用的是部分回流废水加压溶气气浮流程。根据水质的要求，也可以采用二级串联气浮。

加压溶气气浮流程的主要设备有气浮池、溶气罐等。目前常用的气浮池均为敞开式水池，与普通沉淀池构造基本相同，分平流式和竖流式两种。

五、离心分离

1. 作用原理

物体质点作高速旋转时产生离心力。在离心力场内，所有质点都受到比其自身重力大许多倍的离心力作用。离心分离法就是利用固体物质和水在离心力场内所受离心力的不同而实现固液分离的方法。离心分离是借助离心设备的旋转，在离心力的作用下，悬浮颗粒与水分离。离心力与悬浮颗粒的质量成正比，与转速（或圆周线速度）的平方成正比。由于转速在一定范围内可以控制，所以能获得很好的分离效果。

2. 设施

按离心力产生方式不同，离心分离设备分为水旋分离设备、器旋分离设备两种类型。

（1）水旋分离设备。水旋分离设备即水力旋流器（又称旋流分离器），其特点是容器固定不动，由沿切向高速进入器内的废水本身旋转产生离心力。水力旋流器的离心力是由于废水在水泵压力或重力（靠进出水压头差）作用下，从切线方向进入设备造成快速旋转运动而产生的。水旋分离设备有压力式旋流器和重力式旋流器两种。

1）压力式水力旋流器。压力式水力旋流器简称水旋器。它借助进水压力使废水沿切线方向进入器内并沿器壁高速旋转，形成一次涡流，重而大的悬浮颗粒被甩向器壁，并在下旋水流的推动和自身重力作用下沿器壁向下滑落，随浓液从底部排出。轻而小的悬浮颗粒则随内层澄清水向下旋转一定程度后形成由底部向上螺旋形上升的二次涡流，并从溢流管排出。

2）重力式水力旋流器。废水沿切向进入器内，靠进出水的压力差在器内造成旋流，在重力和离心力的作用下，悬浮颗粒被甩向器壁并向器底水池集中，颗粒的分离基本上是由重力决定的，故又称为水力旋流沉淀池。

（2）器旋分离设备。器旋分离设备即各种离心机，其特点是由高速旋转的容器带动器内废水旋转产生离心力，从而达到离心分离的目的。离心机的种类很多，按分离因素大小分类有常速离心机、高速离心机和超速离心机三种。常速离心机主要用于分离一般悬浮液和污泥脱水，高速离心机主要用于分离粒状和细粒子悬浮液，超速离心机主要用于分离颗粒极细的乳化液、油类等。

六、物理处理新技术

1. 主要新技术

水的物理处理技术，除了传统的沉降、过滤等技术外，近年来随着科学技术的发展，又研究开发出利用磁、电、光、声等物理场的新的物理处理技术，如磁化处理、静电处理、超声波处理、微波能处理等，这些物理处理技术与化学处理技术相比，具有不使用化学药剂、无毒性、不造成污染等优点。磁化处理主要用于去除锅炉给水结垢。静电处理应用于冷却水、空调水、锅炉水等给水系统的防垢、防腐蚀和杀菌灭藻等。光处理在给水与废水的消毒杀菌等方面应用广泛，如紫外线消毒。微波能处理主要针对废水处理。

2. 微波能废水处理法

（1）原理。微波能废水处理法属于物理处理方法，是利用微波场对流体具有物化反应作用和杀菌功能的特性来处理废水，也就是把微波场对单相流和多相流物化反应的强烈催化作用、穿透作用、选择性供能及其杀灭微生物的功能用于废水处理。它改变了传统的废水处理理念，使废水处理变得更简易有效。其原理是：微波对流体中的不同物质进行选择性分子加热；微波对流体中的吸波物质的物化反应具有强烈的催化作用；流体中的固相微粒在微波场中能迅速汇聚沉降而与水分离；由于微波加热是吸波物质分子直接加热，所以废水置于微波场中，不但温升迅速，而且微波能量非常集中，并且在较低温度下就能杀灭微生物；由于微波对流体的穿透作用，置于微波场中的流体加热非常均匀；另外，由于流体中吸收微波能的物质分子可直接将微波能转化成热能，因此不会给被处理流体带入任何新的污染物，而且节省综合能耗。微波能进行废水处理，适应性强，处理率高，尤其对废水中难降解有机物的高浓度、高浊度、高色度去除率达到90%以上，高盐度、高重金属含量和石油类污染物的去除率也很高。

（2）处理流程。进水经过格栅清除砂石、木块、塑料等大块杂物，进入调节池得到水量和水质的缓冲，之后进入混合器，投加添加剂进行充分混合后进入微波反应器，在反应器中发生添加剂与污染物的物理化学反应以及微波低温催化的物化反应后，进入沉降过滤一体化设备实现固液分离，达到排放或回用目的，污泥则脱水外运或用作其他用途。

微波能污水处理技术真正实现了污水处理工程的小型分散化，尤其适应了目前企业、小区的污水处理需求。它开始摒弃我们长期以来固守的污水处理厂需要建设大量长距离排污管道网的做法，能节省大量资金。

3. 磁分离废水处理法

近年来，磁分离法作为一种水处理新技术逐渐发展起来。磁性微粒粗粒化、低磁性颗粒强磁化、非磁性颗粒磁性化是现代磁化技术发展的主要方向。磁分离法在处理给水和工业废水过程中，既能直接分离低磁性、顺磁性物质，又能分离不具磁性的物质。磁性团聚法一铁粉法一铁盐共沉淀法联用于物化处理染料废水的流程中，铁氧体法则前途无量。高梯度磁分离技术在国外实现了染料废水处理工业化。

水处理工作者致力于各种新的物理处理技术开发研究，也和其他方法协同作用，对印染废水处理后能达到国家一级排放标准，有着广泛的应用前景。

颗粒自由沉淀实验

一、实验目的

1. 通过实验加深对沉淀特点、基本概念的理解。
2. 掌握颗粒自由沉淀的实验方法，能对实验数据进行分析。
3. 掌握自由沉淀的规律，根据实验结果绘制沉淀率一时间（$E-t$）、沉淀率一沉速（$E-u$）和未沉淀率一沉速（$P-u$）的关系曲线。

二、实验原理

沉淀是借助重力作用从液体中去除固体颗粒的一种过程。根据液体中固体物质的浓度和性质，可将沉淀过程分为自由沉淀、絮凝沉淀、成层沉淀和压缩沉淀四类。浓度较低、粒状颗粒的沉淀属于自由沉淀，其特点是沉淀过程中颗粒互不干扰、等速下降。但是由于水中颗粒的复杂性，颗粒粒径、颗粒相对密度很难或无法准确地测定，因而沉降效果、特性无法通过公式求得，而是通过沉淀实验确定。

本实验对废水中非絮凝性固体颗粒自由沉淀的规律进行研究探讨。实验用装置如图 6—2—15 所示，若无沉淀柱可用量筒代替。设水深为 h，在 t 时间能沉到 h 深度颗粒的沉速为 $u=\frac{h}{t}$，根据给定的时间 t_0，计算出颗粒的沉速 u_0。凡是沉淀速度等于或大于 u_0 的颗粒，在 t_0 时间内都可全部去除。

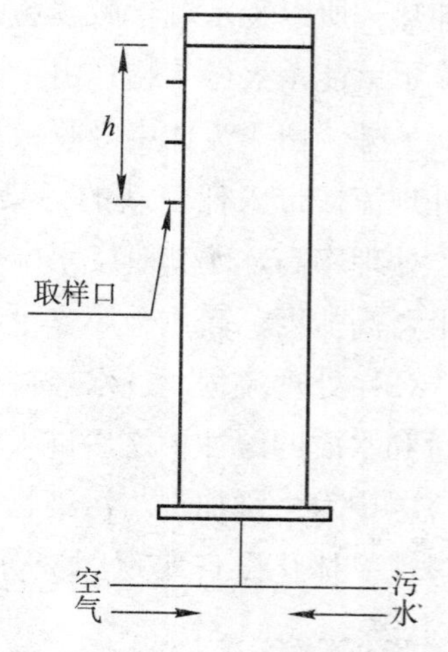

图 6—2—15　自由沉淀实验装置

设原废水悬浮物浓度为 c_0（mg/L），则与沉淀历

时 t_i 相对应的悬浮物沉淀效率为：

$$E=\frac{c_0-c_t}{c_0}\times 100\%$$

其中不同沉淀时间 t_i 时，沉淀柱未被去除的悬浮物百分比为：

$$P_i=\frac{c_t}{c_0}\times 100\%$$

沉淀试验时，可算出 h 对应的时间 t 的颗粒沉速为：

$$u_i=\frac{h_i\times 10}{t_i\times 60}\ (\text{mm/s})$$

式中　c_0——原废水中所含悬浮物浓度，mg/L；

c_t——经 t 时间后，废水中残存的悬浮物浓度，mg/L；

h_i——取样口至水面高度，cm；

t_i——取样时间，min。

从而可绘制出 $E-u$、$E-t$ 及 $P-u$ 曲线，如图 6—2—16 所示。

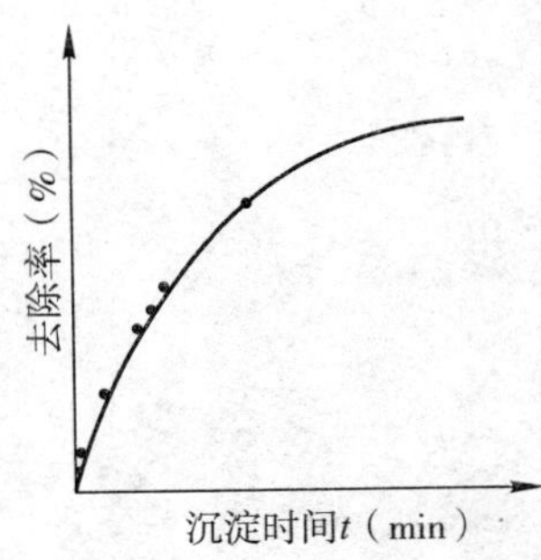

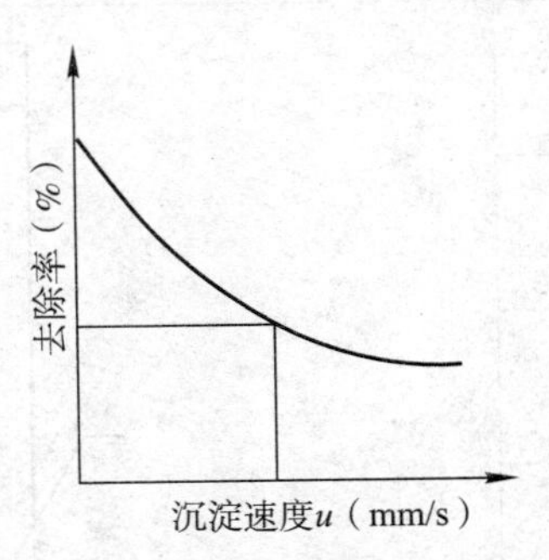

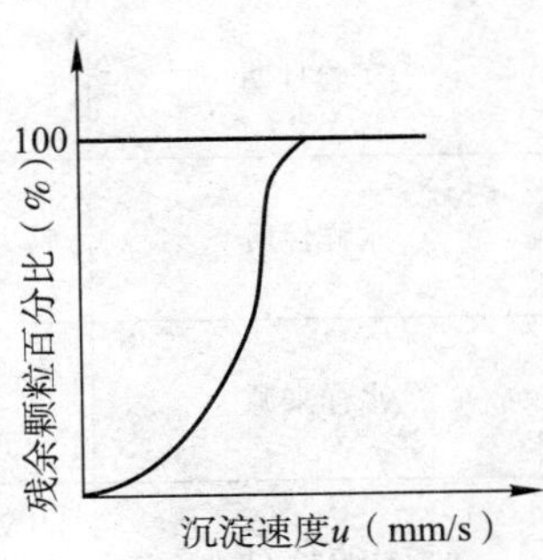

图 6—2—16　自由沉淀实验曲线

三、仪器材料

1. 沉淀柱（或直径大于 10 cm 的量筒）、储水箱、水泵、空压机、秒表、转子流量计等。

2. 测定悬浮物的设备：万分之一分析天平、具塞称量瓶、烘箱、滤纸、容量瓶等。

3. 水样：实际印染废水或粗硅藻土等配制水样。

四、实验步骤

1. 将中速定量滤纸用铅笔按 1～8 顺序标上记号，称量瓶用记号笔编号 1＊～8＊，备用。

2. 调整烘箱至（105±1）℃，叠好滤纸放入对应编号的称量瓶中，打开盖子，将称量瓶放入 105 ℃烘箱中 1 h，烘至恒重。

3. 打开沉淀柱的阀门，将废水注入沉淀柱，然后打开进气阀，曝气搅拌均匀。

4. 关闭进气阀，此时取水样 100 mL（测得悬浮物浓度 c_0），同时记下取样口高度，开启秒表记录沉淀时间。

5. 当时间为 2.5 min、5 min、10 min、20 min、30 min、40 min、50 min、60 min 时，分别取样 100 mL，测其悬浮物浓度（c_t）。

6. 每一次取样应先排出取样口中的积水（约 10 mL）以减小误差。在取样前和取样后必须测量沉淀柱中液面至取样口的高度，计算时采用二者的平均值。

7. 将已称量恒重的滤纸取出放在玻璃漏斗中，过滤水样，并用蒸馏水冲净，使滤纸上得到全部悬浮性固体，最后将带有滤渣的滤纸移入称量瓶，烘干至恒重。

五、记录分析

1. 实验基本参数整理

将原始印染废水基本参数填入表 6—2—2。

表 6—2—2　　原始印染废水基本参数

项目	记录	绘制沉淀柱管及管道连接草图
实验日期		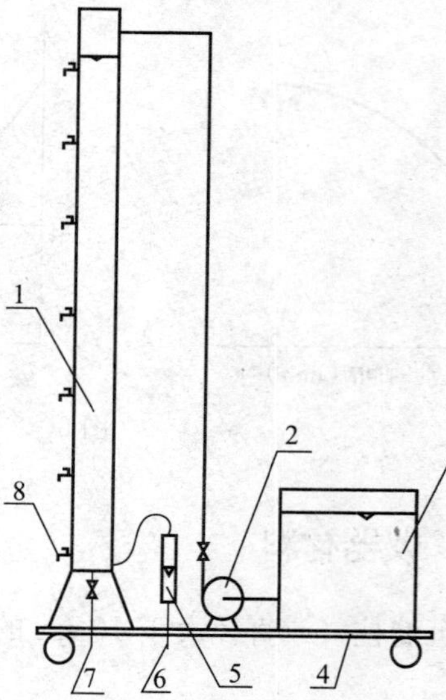 1—沉淀柱　2—水泵　3—水箱　4—支架　5—气体流量计　6—气体入口　7—排水口　8—取样口
水样性质		
水样来源		
沉淀柱直径 D(cm)		
柱高 H(cm)		
水温(℃)		
原水 SS 浓度(mg/L)		

2. 实验数据记录

悬浮性固体计算公式如下：

$$悬浮性固体浓度\ c=\frac{(m_2-m_1)\times10^3\times10^3}{V_{水样}}(mg/L)$$

式中　m_1——称量瓶+滤纸质量，g；

m_2——称量瓶+滤纸+悬浮性固体的质量，g；

$V_{水样}$——水样体积，100 mL。

将实验结果填入表 6—2—3。

表 6—2—3　　颗粒自由沉淀数据记录表

沉淀时间（min）	2.5	5	10	20	30	40	50	60
滤纸编号	1	2	3	4	5	6	7	8
称量瓶编号	1＊	2＊	3＊	4＊	5＊	6＊	7＊	8＊
称量瓶＋滤纸质量 m_1(g)								
取样体积(mL)	100	100	100	100	100	100	100	100
称量瓶＋滤纸＋SS 质量 m_2(g)								
水样 SS 质量(g)								
c_0(mg/L)								
c_t(mg/L)								
沉淀效率百分率(%)								
取样前液面至取样口的高度 h_1(cm)								
取样后液面至取样口的高度 h_2(cm)								
沉淀高度 h(cm)								
沉速 u(mm/s)								
未被去除的颗粒百分比 P_i								

3. 绘制曲线

绘制出 $E-u$、$E-t$ 及 $P-u$ 曲线。

第三节　印染废水物理化学处理法

废水物理化学处理法是运用物理和化学的综合作用使废水得到净化的方法。它是由物理方法和化学方法组成的废水处理系统，或是包括物理过程和化学过程的单项处理方法。物理化学处理法有很多，本节重点介绍应用较多的吸附法和膜分离法。

一、吸附法

1. 概述

固体表面的分子或原子因受力不均衡而具有剩余的表面能，当某些物质碰撞固体表面时，受到这些不平衡力的吸引而停留在固体表面上，这种现象称为吸附。

（1）适用范围。吸附法主要用以脱除水中的微量污染物，应用范围包括脱色、除臭味、脱除重金属、各种溶解性有机物、放射性元素等。在处理流程中，吸附法可作为离子交换、膜分离等方法的预处理，以去除难于分解的有机物、胶体物及余氯，降低 COD 值等；也可作为二级处理后的深度处理手段，以保证回用水的质量。

利用吸附法进行水处理，具有适应范围广、处理效果好、可回收应用物料、吸附剂可重复使用等优点。其缺点是对水预处理要求高，运转费用较高，系统庞大，操作较麻烦。

用吸附法处理废水时，通常所用的吸附剂有活性炭、磺化煤、硅藻土、焦炭、木炭、泥炭、白土、矾土、矿渣、炉渣、木屑以及大孔径吸附树脂等。

（2）在废水处理中的应用。在印染废水处理中，吸附法处理的主要对象是废水中用生化法难以降解的有机物或用一般氧化法难以氧化的溶解性有机物，包括木质素、氯或硝基取代的芳烃化合物、杂环化合物、洗涤剂、合成染料等。当用活性炭对这类废水进行处理时，不但能够吸附这些难分解的有机物，降低COD，还能使废水脱色、脱臭，把废水处理到可重复利用的程度。所以吸附法在印染废水的深度处理中得到了广泛的应用。

在处理流程上，吸附法可与其他物理化学方法联合，组成所谓的物化流程。如先用混凝沉淀过滤等除去悬浮物和胶体，然后用吸附法去除溶解性有机物。吸附法也可与生化法联合，如向曝气池投加粉状活性炭；利用粒状吸附剂作为微生物生长的载体，或作为生物流化床的介质；或在生物处理之后进行吸附深度处理等。这些联合工艺都在工业上得到了广泛的应用。

（3）作用原理。吸附是一种表面现象，严格地描述吸附现象是比较复杂的。就废水处理中的吸附而言，吸附均发生在液一固两相界面上，并且是由于固体的表面张力作用而产生吸附的。一般认为如果吸附剂吸附某溶质后能降低表面能，则该吸附剂便能吸附此种溶质。吸附剂和吸附质之间的作用力可分为三种，即分子引力、化学键力和静电引力。由于这三种不同的作用力，就形成三种不同类型的吸附，即物理吸附、化学吸附和交换吸附。此外，最近还有人提出生化吸附。在废水处理中多为几种吸附现象的综合作用，而其中主要是物理吸附。

物理吸附是指吸附质与吸附剂之间由于分子间力（范德华力和氢键）而产生的吸附。由于分子间力存在于任何物质之间，故吸附没有选择性。范德华力较小，其吸附的牢固程度不如化学吸附。由于吸附过程放热，高温会使吸附质克服分子间力而脱附，所以物理吸附主要发生在低温状态下，可以是中分子层或多分子层吸附。化学吸附指吸附质与吸附剂发生化学反应，形成牢固的吸附化学键和表面配合物，吸附质分子不能在表面自由移动。化学吸附时放热量较大，有选择性，一般为单分子层吸附。化学吸附通常需要一定的活化能，在低温时吸附速度较低，被吸附的物质往往需要在很高的温度下才能被解吸。交换吸附是指吸附质的离子由于静电引力作用聚集在吸附剂表面的带电点上，并置换出原先固着在这些带电点上的其他离子。

物理吸附后再生容易，且能回收吸附质。化学吸附因结合牢固，再生较困难，必须在高温下才能脱附，脱附下来的可能还是原吸附质，也可能是新物质。利用化学吸附处理毒性很强的污染物更安全。在实际的吸附过程中，物理吸附和化学吸附在一定条件下是可以相互转化的。同一物质，可能在较低温度下进行物理吸附，而在较高温度下往往是化学吸附，有时可能会同时发生两种吸附。

2. 吸附工艺

按操作方式不同，吸附分为间歇式吸附和连续式吸附两种。前者多用于实验研究或小规模的废水处理，而生产运行一般采用动态连续方式。

（1）间歇式吸附。将吸附剂投入废水中，不断进行搅拌，使吸附剂与废水充分接触，经过一定时间达到吸附平衡后，进行固液分离。这种吸附工艺主要用于间歇式排放的小量的废水处理。

（2）连续式吸附。使废水连续通过吸附床，与床层中的吸附剂接触，污染物被吸附在吸附剂上，处理后的水连续流出吸附床。根据吸附剂填充方式的不同，连续式吸附又分为固定床吸附、移动床吸附和流化床吸附。固定床吸附在废水处理中应用最普遍，移动床吸附和流化床吸附因操作复杂而较少使用。

固定床吸附是废水处理工艺中最常用的一种方式。由于吸附剂固定填充在吸附柱（或塔）中，所以叫固定床。固定床吸附装置（见图 6—3—1）中，吸附剂填充在吸附设备中固定不动，废水连续进入吸附剂床层并连续排出，当出水的水质不符合水质要求时停止进水，对吸附剂进行再生。固定床的运行比较稳定，操作管理比较方便，且出水水质良好。但吸附剂在固定床中的利用率比较低，基建、设备投资较高，占地面积较大。

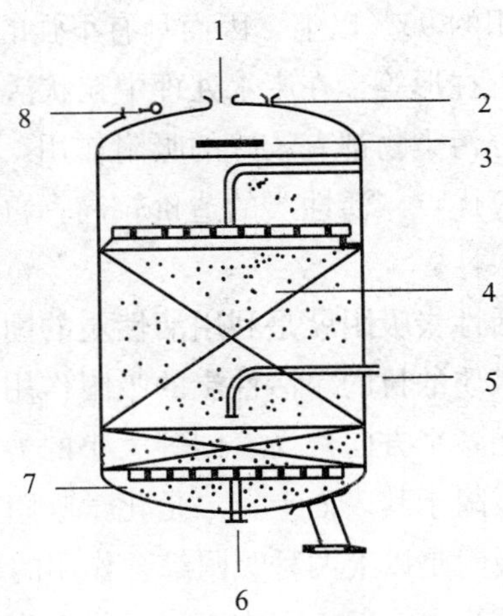

图 6—3—1　固定床吸附装置

1—原水进口（逆洗水出口）　2—空气孔　3—整流板　4—吸附剂
5—饱和吸附剂出口　6—处理水出口（逆洗水进口）　7—垫层　8—检查孔

根据水流方向不同，固定床分为降流式和升流式两种。降流式吸附床，废水自上而下流过吸附床，处理效果好，出水水质稳定，但水头损失较大，易堵塞，需定期冲洗，故适用于含悬浮物较少的废水处理。升流式吸附床，又称膨胀式吸附床，废水自下而上流过吸附床，水头损失增加较慢，运行时间较长，但冲洗效果比降流式差，若水量波动大或操作不当，则会造成吸附剂流失，并影响出水水质。

3. 影响吸附过程的主要因素

（1）吸附剂和吸附质的物理化学性质。溶质的溶解度越大，则向表面运动的可能性越小；相反，溶质的憎水性越强，向吸附接口移动的可能性越大。

（2）废水 pH 值。溶液的 pH 值影响到溶质的存在状态（分子、离子、配合物），也影响到吸附剂表面的电荷特性和化学特性，进而影响到吸附效果。在 pH 值为 7.5～9.5 范围内，吸附去除率较高。

(3) 废水的温度。吸附是放热过程，低温有利于吸附，升温有利于脱附。

(4) 接触时间。在吸附操作中，应保证吸附剂与吸附质有足够的接触时间。流速过大，吸附未达平衡，饱和吸附量小；流速过小，虽能提高一些处理效果，但设备的生产能力减小。一般接触时间为 0.5～1.0 h。

(5) 吸附剂的脱附再生，溶液的组成和浓度及其他因素也影响吸附效果。

4. 活性炭吸附

(1) 活性炭吸附的特点。用吸附法处理废水时，最常用的吸附剂是活性炭。这是由于它具有较好的吸附性能、机械性能和化学稳定性，再生后性能恢复较好，价格便宜，来源广泛。活性炭是一种非极性疏水性吸附剂，外观为暗黑色，是用含碳为主的物质，如果（谷）壳、骨头、木屑、石油焦炭、煤等为原料，经过高温碳化、活化及后处理等工艺过程制得的一种多孔性物质。活性炭晶格间空隙形成各种形状和大小不同的细孔和微孔，孔隙表面积占总表面积的 95%以上，因而具有很强的吸附力。活性炭通常有粒状和粉状两种，其形状有球形、柱形等，在废水处理中粒状活性炭使用较多。

由于活性炭对水中大部分污染物都有较好的吸附作用，因此活性炭吸附应用于水处理时往往具有出水水质稳定等优点。活性炭的造价较高，再生过程较复杂，所以活性炭吸附的应用尚具有一定的局限性。

(2) 活性炭吸附原理。活性炭吸附就是利用活性炭的固体表面对水中一种或多种物质的吸附作用，以达到净化水质的目的。活性炭的吸附作用产生于两个方面：一是物理吸附，由于活性炭内部分子在各个方向都受着同等大小的力，而在表面的分子则受到不平衡的力，这就使其他分子吸附于其表面上；二是化学吸附，是由于活性炭与被吸附物质之间的化学作用。活性炭吸附是以上两种吸附综合作用的结果。

活性炭的吸附以物理吸附为主，但出于表面氧化物存在，也进行一些化学选择性吸附。活性炭吸附废水中污染物，是利用其所具有的松散多孔结构和极大比表面积（单位质量吸附剂的表面积称为比表面积）的性能。在活性炭的表面粒子上存在着剩余的吸引力，而废水中的溶质也存在力场，溶质分子在表面力场作用下从废水转移到活性炭表面，这种转移将取决于溶质分子与水分子的作用力和溶质分子与活性炭表面原子之间的作用力的相互竞争。当废水中的溶质是疏水性时，则易被活性炭吸附；反之，亲水性杂质则难以被吸附。而且对活性炭亲和力大的溶质还可以从活性炭表面将对活性炭亲和力小的杂质取代下来。活性炭表面就是按上述规律不断地吸附杂质，直至表面力场全部被抵消为止。

另外，吸附剂的颗粒直径越小，或微孔越发达，其比表面积越大，则吸附能越强。吸附是放热过程，低温有利于吸附，升温有利于脱附。溶液的 pH 值影响吸附质的存在方式，有机物在等电点附近时主要以分子形式存在，故溶解度低，吸附去除率增高。吸附剂与吸附质的接触时间、吸附剂的组成和浓度及其他因素也影响着吸附效果。

(3) 活性炭的再生。活性炭作为使用广泛的一种吸附剂，各类行业年使用量相当可观，再生饱和活性炭再利用具有很高的经济、环境效益，受到国家政策支持和鼓励。活性炭吸附达到饱和后需要通过一定条件处理后再次活化，进行再生。所谓再生，就是在活性炭本身结构不发生或极少发生变化的情况下，用特殊的方法将被吸附的物质从活性炭的孔隙中除去，以便使活性炭恢复活性，重复使用。活性炭的再生很重要，它直接涉及废水吸附处理的成本。活性炭再生的方法有以下几种。

1) 水蒸气吹脱法。水蒸气吹脱法是目前废水处理中最常用的活性炭再生方法。对于吸附了高浓度的小分子碳氢化合物和芳香族化合物等低沸点有机物的饱和吸附剂可采用低温加热再生，直接在含饱和吸附剂的吸附装置中通入水蒸气，将温度控制在100～200 ℃，吸附质因挥发而脱附，随水蒸气带出，经冷却后回收利用。

2) 溶剂再生法。选择适当的有机溶剂，使吸附质在溶剂中的溶解能力超过吸附剂对吸附质的亲和力，从而使吸附质溶解进入溶剂中。常用的溶剂有苯、丙酮、甲醇、乙醇等。溶剂再生可直接在原来的吸附装置中进行，不必另设再生设备，并能回收利用吸附质。溶剂再生法比较适用于那些可逆吸附，如对高浓度、低沸点有机废水的吸附。它的针对性较强，往往一种溶剂只能脱附某些污染物，而水处理过程中的污染物种类繁多，变化不定，因此一种特定溶剂的应用范围较窄。而且此方法的再生效率低，再生不完全。

3) 酸碱洗涤法。采用酸、碱溶液使吸附质强离子化或形成盐类物质而脱附。如吸附了苯酚的活性炭，可用 NaOH 溶液再生，生成酚钠盐而回收利用。

4) 加热再生法。若废水中的污染物与吸附剂结合比较牢固则需采用加热再生法，也叫焙烧法。加热再生法是应用最多、工业上最成熟的活性炭再生方法。处理有机废水后的活性炭在再生过程中，根据加热到不同温度时有机物的变化，一般分为干燥、高温炭化及活化三个阶段。先将饱和吸附剂加热至100～150 ℃，使吸附剂内部孔隙中的水分蒸发进行干燥；再将干燥后的吸附剂加热至700 ℃，使低沸点有机物挥发，高沸点有机物分解为低分子有机物而脱附，部分高沸点有机物经炭化后残留在吸附剂微孔中；最后加热至900 ℃，在吸附剂中通入水蒸气、二氧化碳等活化气体，使残留在吸附剂微孔中的碳化物分解为 CO、CO_2、H_2等，以便重新造孔。

5) 其他方法。包括臭氧氧化、湿式氧化、电解氧化和微生物分解等方法，但这些方法仍处于研究阶段。

臭氧氧化再生是在常温下用臭氧氧化分解吸附在吸附剂上的有机物，从而使活性炭恢复吸附能力。有研究表明，可在同一设备中进行活性炭吸附－臭氧氧化再生操作。湿式氧化再生是在高温加压条件下，利用空气中的氧将吸附在吸附剂上的有机物氧化分解，活性炭得到再生。电解氧化再生是用饱和活性炭作阳极，对水进行电解，在活性炭表面产生的氧，可将吸附在活性炭上的吸附质氧化分解。生物氧化再生是利用微生物将被活性炭吸附的有机物氧化分解。微生物分解法是利用经驯化过的细菌解析活性炭上吸附的有机物，并进一步消化分解成 H_2O 和 CO_2的过程。

再生后的吸附剂往往吸附性能降低，其主要原因是再生后的吸附剂表面仍有吸附质的残余存在，它们阻塞孔隙，妨碍吸附剂的完全再生。残余吸附质与废水的组成、吸附质的成分、所用活性炭的性质以及所伴随的化学吸附等因素有关。此外，再生次数也影响活性炭的吸附效能。随着再生次数的增加，活性炭的吸附活性逐渐降低，这主要是由于再生后活性炭的网状孔隙与原来不完全一致所造成的，其降低程度一般与再生方法和吸附的污染物成分有关。

5. 吸附法的应用

目前，国外主要采用活性炭吸附法（多半用于三级处理），该方法对去除水中溶解性有机物非常有效，但不能去除水中的胶体和疏水性染料，并且只对阳离子染料、直接染料、酸性染料、活性染料等水溶性染料具有较好的吸附作用。研究表明，活性炭的吸附率、BOD 去除率、COD 去除率分别达 93%、92%和 63%，1 g 活性炭的吸附能力可使 COD 减小到 500 mg/L，污水如先曝气，则会加快吸附速率。但若废水的 $BOD_5>200$ mg/L，则采用这种方法是不经济的。

吸附处理使用的吸附剂多种多样，工程中需考虑吸附剂对染料的选择性，应根据废水水质来选择吸附剂。研究表明，在 pH=12 的印染废水中，用硅聚物（甲基氧）作吸附剂，阴离子染料去除率可达 95%～100%。

高岭土也是一种吸附剂，研究表明经长链有机阳离子处理，高岭土能有效地吸附废水中的黄色直接染料。此外，国内也应用活性硅藻土和煤渣处理传统印染工艺废水，费用较低，脱色效果较好；其缺点是泥渣产生量大，且进一步处理难度大。

二、膜分离法

在溶液中，凡是一种或几种成分不能透过，而其他成分能透过的膜，都称为半透膜。膜分离法是用一种特殊的半透膜将溶液隔开，使溶液中的某种溶质或溶剂（水）渗透出来，从而达到分离溶质的目的。根据膜的不同种类及不同推动力，膜分离法可分为扩散渗析、电渗析、反渗透和超过滤。

1. 扩散渗析法

(1) 作用原理。扩散渗析也称透析，是最早被发现和研究的膜现象。扩散渗析是利用一种渗透膜将浓度不同的溶液隔开，在膜两侧浓度梯度的推动下，溶质即从浓度高的一侧透过膜而扩散到浓度低的一侧，当膜两侧的浓度达到平衡时，渗析过程即停止进行。

扩散渗析中，采用阳离子交换膜，其固定基团带负电荷，只允许阳离子透过，而阻挡阴离子；采用阴离子交换膜则相反。虽然阳离子交换膜有阻止阴离子通过的选择性，但是氢氧离子（OH^-）却能通过；而氢离子（H^+）同样也能通过阴离子交换膜。酸根离子和 H^+ 分别通过阴离子交换膜后结合为酸；金属离子和 OH^- 分别通过阳离子交换膜后结合为碱。利用离子交换膜的这种选择透过作用，可以分离有机胶质、无机电解质，回收酸和碱。

扩散渗析法回收硫酸和铁的工作原理如图 6—3—2 所示，整个装置是由一定数量的膜组成的一系列结构单元，其中每一个单元由一张阴离子均相膜隔开，形成渗析室和扩散室。采用逆流操作，在阴离子均相膜的两侧分别通入废酸液及接受液（自来水）时，废酸液侧的酸及其盐的浓度远高于水的一侧，根据扩散渗析原理，由于浓度梯度的存在，废酸及其盐类有向扩散室渗透的趋势，但膜对阴离子具有选择透过性，故在浓度的作用下，废酸侧的阴离子 SO_4^{2-} 被吸引而顺利地透过膜孔道进入水的一侧。同时根据电中性要求，也会夹带阳离子，由于 H^+ 水化半径比较小、电荷较少，而金属盐的水化半径较大、电荷较多，因此 H^+ 会有限通过膜，这样废液中的酸就会被分离出来。扩散渗析主要用于酸碱的回收，但不能将它们浓缩。

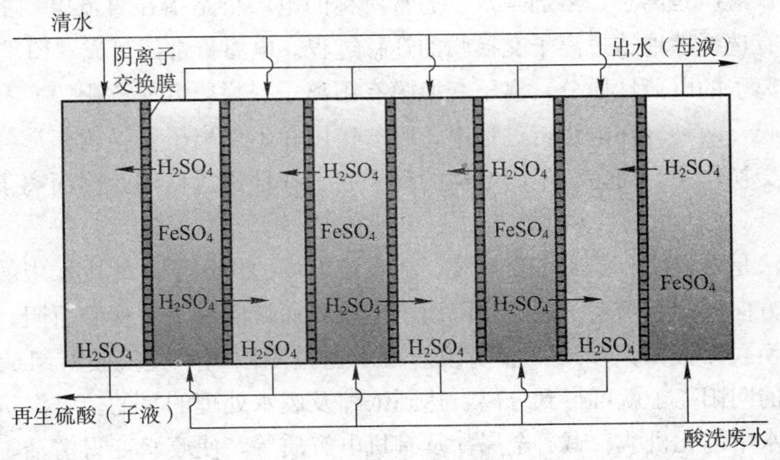

图 6—3—2　扩散渗析法回收硫酸和铁的工作原理

（2）扩散渗析设备。扩散渗析的装置是离子交换膜扩散渗析器，由离子交换膜、隔板和夹紧装置组成，如图 6—3—3 所示。离子交换膜是渗析器的关键部件，可根据不同用途选用不同的型号。隔板是膜的支撑体和水流通道，隔板材料有聚氯乙烯、聚乙烯、聚丙烯塑料和橡胶等。夹紧装置常采用铁板、螺栓或液压部件，将膜和隔板组成一个整体。

图 6—3—3　扩散渗析的装置

1—隔板　2—夹紧装置　3—离子交换膜

由于渗析过程的传质推动力是膜两侧物料中组分的浓度差，受体系本身条件的限制，传质速度慢，且膜的选择性低，在工业生产上的应用并不多，曾用于从冶金工业的金属处理废液中回收硫酸或盐酸，从粘胶纤维工业的碎木浆料处理液中回收氢氧化钠，从离子交换树脂装置的再生废液中回收酸、碱等。近年来，由于超滤技术的发展，渗析法逐渐被其取代；但对高浓度蛋白溶液的脱盐，使用超滤有困难，渗析仍是一种合适的手段。

2. 电渗析法

(1) 作用原理。在物理化学中，将溶质透过膜的现象称为“渗析”。对含电解质的水溶液来说，溶质是离子，溶剂是水。通常所称的电渗析是指在直流电场的作用下，溶液中的离子有选择性地透过离子交换膜的迁移过程。电渗析常简写成“ED”。

按解离离子的电荷性质分，离子交换膜有阳离子交换膜（简称阳膜）和阴离子交换膜（简称阴膜）两种。在电渗析过程中，膜的作用并不像离子交换树脂那样与溶液中的某种离子起交换作用，而是对不同电性的离子起选择性透过作用，因而离子交换膜无须再生。

电渗析法是通过阴、阳离子交换膜，在直流电场的作用下，使废水中的离子朝相反电荷的极板方向迁移，阳离子能穿透阳离子交换膜而被阴离子交换膜所阻，阴离子能穿透阴离子交换膜而被阳离子交换膜所阻。废水通过阴阳离子交换膜所组成的电渗析器时，废水中的阴阳离子就可得到分离，达到浓缩及废水处理的目的。电渗析法能有效地浓缩工业废水中的无机酸、碱、金属盐及有机电解质等，使废水变得清洁，同时又可回收有用物质。所以，它在废水处理中的应用也日益得到人们的重视。电渗析器工作原理如图 6—3—4 所示。

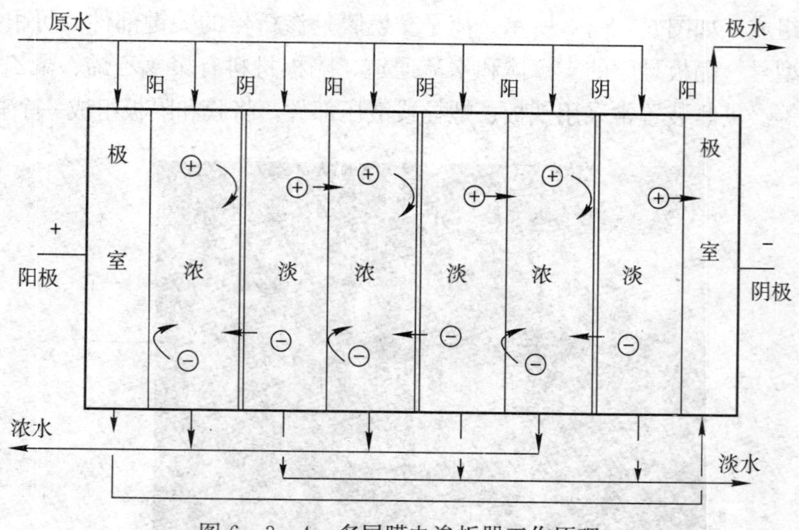

图 6—3—4　多层膜电渗析器工作原理

以 NaCl 水溶液的淡化为例说明电渗析的工作原理，如图 6—3—5 所示。在阳电极和阴电极之间，阳膜与阴膜交替排列，在相邻的阳膜与阴膜之间形成隔室，其中充满浓度相同的 NaCl 水溶液。通直流电后，水溶液中的离子定向迁移，Na^+ 透过阳膜向阴极移动，Cl^- 透过阴膜向阳极移动，于是淡水室隔室中的离子数量显著减少，而浓水室隔室中的离子数量显著增多。在 Cl^- 和 Na^+ 分别向阳极和阴极迁移的过程中，水溶液中的 OH^- 和 H^+ 也分别移向阳极和阴极，进入极水室。

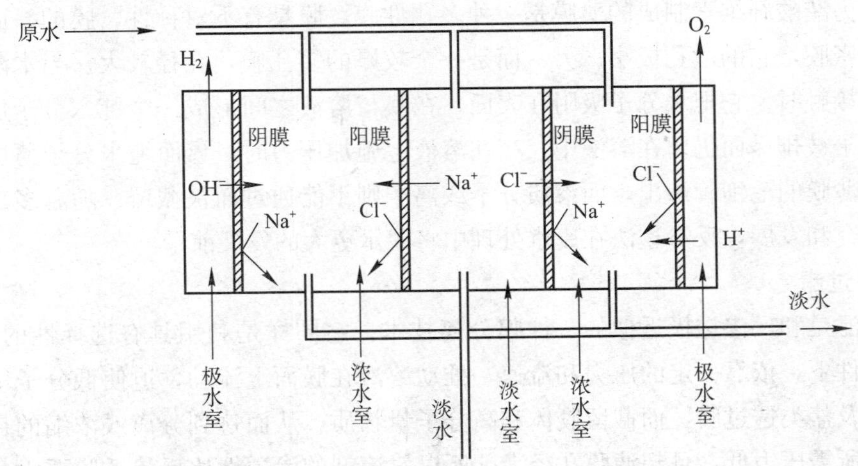

图 6—3—5　NaCl 水溶液淡化工作原理

（2）电渗析设备。电渗析器由离子交换膜、隔板、电极、板框和压紧装置等部件组成，如图 6—3—6 所示。离子交换膜被称为电渗析器的心脏，其选择透过性是电渗析淡化与浓缩过程的关键。离子交换膜的选择透过性主要是由膜的结构所决定的。隔板置于阴、阳膜之间，其作用有两个：一是作为膜的支撑体，将阴阳膜隔开并保持一定距离；二是作为水流通道，使阴阳膜之间的流体均匀分布。电极置于电渗析器的两端，连接直流电源，作为电渗析的推动力。常用石墨、铅板作阳极，不锈钢板作阴极。极框使极水单独成一系统，不断将电极反应产物或沉淀物分离、带走，要求水流通畅。压紧装置将电渗析器的各部件用铁夹板、螺杆、螺母等夹紧，使整个电渗析装置密封，避免漏水。

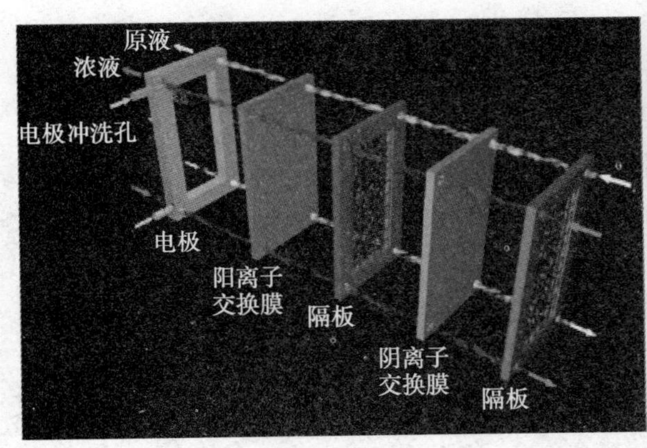

图 6—3—6　电渗析设备

3. 反渗透法

反渗透法是通过一种反渗透膜，在一定的压力下，将水分子压过去，而溶质则被膜所截留，废水得到浓缩，而压过膜的水就是处理过的水。关于反渗透的机理，有各种不同的见解。以常用的醋酸纤维膜为例，为多数人所能接受的是选择性吸附一毛细管流机理，即认为醋酸纤维素制成的薄膜是一种多孔性膜，膜具有不对称性，膜的一面是一个很薄的致密膜，它的微孔极小；另一面是一个较厚的多孔膜，孔径较大。当水溶液与薄膜致密层接触时，它把水分子吸附在表面，在膜与溶液之间形成一个纯水分子层，溶质分子或离子被排斥而仍留在溶液中。当在溶液上施加压力时，界面纯水分子薄层的纯水就能通过薄膜的毛细管渗出，而溶质分子或离子则不能通过而被截留。随着多功能反渗透膜的研究和发展，反渗透法在废水处理中将展示更大的发展前景。

4. 超过滤

超过滤是和反渗透极近似的一种膜分离技术。它同样是利用具有选择性的半透膜，在常温条件下，依靠一定的压力和流速，推动溶液在膜面上流动，迫使低分子量物质如水、溶剂及盐类透过膜，而截留胶体和高分子量物质，从而达到分离或浓缩的目的。由于超过滤所需压力低，且超滤膜孔径大，所以对溶剂的渗透性比反渗透膜要大，阻滞盐的能力低，只能阻滞大分子。超过滤用途很广，但对处理含溶质较多、分子量不同的废水时，需将超过滤法与反渗透法联用，或根据处理的要求与其他方法联用。

超过滤用于含油废水、含聚乙烯醇废水、纸浆废水、颜料和染色废水、放射性废水等的处理以及食品工业废水中回收蛋白质、淀粉等都十分有效，国外早已大规模用于实际生产中。近十年来，国内外已将超滤用于生活饮用水制备，推出了多种模式家用净水器。

活性炭吸附实验

一、实验目的

1. 加深理解吸附的基本原理，进一步了解活性炭的吸附工艺及性能。
2. 掌握用间歇式静态吸附法确定活性炭等温吸附的方法。
3. 能够确定活性炭处理印染废水的设计参数。
4. 利用绘制的吸附等温曲线确定吸附系数 K、$1/n$。

二、实验原理

活性炭吸附是目前国内外应用较多的一种水处理工艺。由于活性炭种类多、可去除物质复杂，因此掌握间歇法、连续法确定活性炭吸附工艺设计参数的方法，对印染水处理工程技术人员至关重要。

当活性炭在溶液中的吸附速度和解吸速度相等时，即单位时间内活性炭吸附的数量等于解吸的数量时，被吸附物质在溶液中的浓度和在活性炭表面的浓度均不再变化而达到了平衡，此时的动平衡称为活性炭吸附平衡，而此时被吸附物质在溶液中的浓度称为平衡浓度。活性炭的吸附能力以吸附量 q 表示，吸附量表示单位质量的吸附剂所吸附的物质重量。

$$q=\frac{V(c_0-c)}{M}=\frac{X}{M}$$

式中　q——活性炭吸附量，mg/g；

V——废水的体积，L；

c_0、c——分别为吸附前原水及吸附平衡时废水中的物质浓度，mg/L；

X——被吸附物质重量，mg；

M——活性炭投加量，g。

在温度一定的条件下，活性炭的吸附量随被吸附物质平衡浓度的提高而提高，两者之间的变化曲线称为吸附等温线，通常用弗兰德里希（Freundlich）经验式表达。

$$q=Kc^{\frac{1}{n}}$$

式中　q——活性炭吸附量，mg/g；

c——被吸附物质平衡浓度，mg/L；

K、n——与溶液的温度、pH 值及吸附剂和被吸附物质的性质有关的常数。

通过间歇式活性炭吸附实验测试 q、c 相应值，取对数后变换为下式：

$$\lg q=\lg K+\frac{1}{n}\lg c$$

将 q、c 相应值点绘在双对数坐标纸上，所得直线的斜率为$\frac{1}{n}$，截距则为 K。$\frac{1}{n}$值越小，活性炭吸附性能越好。一般认为当$\frac{1}{n}$为 0.1～0.5 时，水中欲去除杂质易被吸附；$\frac{1}{n}>2$ 时难于吸附。当$\frac{1}{n}$较小时多采用间歇式活性炭吸附操低；当$\frac{1}{n}$较大时，最好采用连续式活性炭吸附操作。

三、仪器材料

振荡器 1 台，500 mL 三角烧瓶 6 个，烘箱，酸度计，COD 测定装置，玻璃器皿、滤纸等。活性炭间歇吸附实验装置：有机玻璃柱 $d=20$～30 mm，$H=1.0$ m，活性炭、配水及投配系统。

四、实验步骤

1. 将印染废水用滤布过滤，去除水中小悬浮物（或自配废水），测定废水的 COD、水温、pH 等值。

2. 将活性炭放在蒸馏水中浸 24 h，然后放在 105 ℃烘箱内烘至恒重。将烘干后的活性炭压碎，使其成为能通过 200 目以下筛孔的粉状炭。

3. 在 6 个 500 mL 三角烧瓶中分别投加 0 mg、100 mg、200 mg、300 mg、400 mg、500 mg 粉状活性炭。

4. 在每个三角烧瓶中投加同体积的过滤后的废水，使每个烧瓶中的 COD 浓度与活性炭浓度的比值在 0.05～5.0 之间，没有投加活性炭的烧瓶除外。

5. 测定水温，将三角烧瓶放在振荡器上振荡，当达到吸附平衡即 COD 值不再改变时，可停止振荡，静置 10 min。

6. 过滤每个三角烧瓶中的废水，测定其剩余 COD 值，求出吸附量 q。

五、记录分析

1. 活性炭间歇吸附实验记录

将实验结果填入表 6—3—1。

表 6—3—1　活性炭用量、出水 COD 浓度及 COD 去除率数据表

序号		1	2	3	4	5	6
原印染废水	pH 值						
	水温（℃）						
	COD(mg/L)						
废水体积（mL）							
活性炭投加量(mg)		0	100	200	300	400	500
出水 COD(mg/L)							
COD 去除率(%)							

2. 按表记录的原始数计算

（1）计算吸附量 q。

（2）将 $q-c$ 数据代入相关公式，经回归公式分析求出 K、n；或利用作图法，利用 c 和相应的 q 值在双对数坐标纸上绘制出吸附等温线，直线斜率为$\frac{1}{n}$，截距为 K。说明此活性炭吸附性能，将吸附等温线数据分析填入表 6—3—2。

表 6—3—2　吸附等温线数据分析

序号	1	2	3	4	5	6
吸附量 q(mg/g)						
$\lg q$						
$\lg c$						
吸附等温线公式						
活性炭吸附性能						

六、注意事项

1. 因为粒状活性炭要达到吸附平衡耗时太长，往往需数日或数周，为了使实验能在短时间内结束，所以多用粉状活性炭。

2. 吸附平衡即至滤出液的有机物浓度COD值不再改变时，振荡时间一般为30 min以上。

3. 实验所得的q若为负值，则说明活性炭明显地吸附了溶剂，此时应调换活性炭或调换水样。

4. 进入活性炭柱的水浑浊度较高时，应进行过滤去除杂质。

第四节　印染废水化学处理法

废水的化学处理法是指利用污染物的化学特性来处理废水中的溶解性物质或者胶体物质的方法。化学处理法主要包括混凝法、离子交换法、电化学法、中和法和化学氧化还原法等。在印染废水处理中混凝法、化学氧化法和中和法应用较多，本节重点介绍。

一、混凝法

混凝法是工业废水处理中的一种常用方法，它的处理对象主要是利用自然沉淀法难以沉淀除去的细小悬浮物及胶体微粒，可用来降低废水的浊度和色度，去除多种高分子有机物、某些重金属和放射性物质，此外，还能改善污泥脱水的性能。混凝法即可作为独立的处理方法，也可与其他方法联用，作为预处理、中间处理或最终处理。混凝法是处理印染废水中胶体物质的一种有效的化学方法。

混凝法与其他废水处理法相比较，其优点是设备简单，操作易于掌握，处理效果好，间歇或连续运行均可；缺点是运行费用高，沉渣量大，且脱水较困难。近几年在印染废水的处理中，混凝法是常用的方法之一。

1. 作用原理

混凝法就是在废水中预先投加化学药剂，使水中难以沉淀的细小颗粒及胶体颗粒失去稳定性，形成聚集或具有可分离性的絮凝体，再加以分离除去，从而使废水得到净化的过程。

废水中的胶体微粒具有稳定性。废水中的细小悬浮颗粒和胶体微粒很轻，尤其是胶体微粒其直径为10^{-8}～10^{-3}mm，这些微粒在水中受水分子热运动的碰撞而作无规则的布朗运动。同时，废水中的胶体微粒与其他电解质溶液中的胶体微粒一样，其表面有吸附层和扩散层组成的双电层，同种胶体微粒带有相同的电荷，彼此之间存在斥力，因此不能相互靠近结成较大的颗粒而下沉。另外，许多水分子被吸引在胶体微粒周围形成水化膜，阻止胶体微粒与带相反电荷的离子中和，妨碍颗粒之间接触并凝聚下沉。因此，废水中的细小悬浮颗粒和胶体微粒不易沉降，总保持分散和稳定状态。

对混凝过程中的作用原理有两种说法，一种是双电层作用，另一种是化学架桥作用。

（1）双电层作用原理。这一原理着重考虑低分子电解质对胶体微粒产生电中和作用，引起胶体微粒凝聚。以下以废水中的胶体微粒带有负电荷，投加低分子电解质硫酸铝［$Al_2(SO_4)_3$］作混凝剂进行混凝为例说明。

1）硫酸铝 $Al_2(SO_4)_3$ 投入废水中，首先在水中电离成阳离子和阴离子。

$$Al_2(SO_4)_3 \longrightarrow 2Al^{3+} + 3SO_4^{2-}$$

Al^{3+} 是高价阳离子，它大大增加了废水中的阳离子浓度。在带负电的胶体微粒吸引下，Al^{3+} 由扩散层进入吸附层，使带电胶体微粒趋向中和，当胶体微粒再次相互碰撞时，即相互凝结为较大的颗粒沉淀。

2）Al^{3+} 在水中水解后最终生成 $Al(OH)_3$ 胶体。

$$Al^{3+} + 3H_2O \longrightarrow Al(OH)_3(\text{胶体}) + 3H^+$$

$Al(OH)_3$ 是带电胶体，当 $pH < 8.2$ 时，带正电。它与废水中带负电的胶体微粒互相吸引，中和其电荷，使胶体凝结成较大的颗粒而沉淀。

3）$Al(OH)_3$ 胶体具有长的条形结构，表面积很大，活性较高，可以吸附废水中的悬浮颗粒，使呈分散状态的颗粒形成网状结构，成为更粗大的絮凝体（矾花）而沉淀。

混凝处理的对象主要是水中悬浮物和胶体杂质。混凝效果对后续处理，如沉淀、过滤影响很大。天然水中存在着大量悬浮物，而且形态各不相同。大颗粒悬浮物可在自身重力作用下沉降；而较小悬浮物和胶体颗粒，依靠自然沉降是不能除去的，这是水产生浑浊的重要原因。水中的胶体颗粒主要是带负电的黏土颗粒，胶粒间存在的静电斥力、胶粒的布朗运动、胶粒表面的水化作用等，使胶粒具有分散稳定性，其中以静电斥力影响最大。若向水中投加混凝剂（提供大量带正电离子），能加速胶体的凝结和沉降。压缩胶团的扩散层，使电位转变为不稳定因素，也有利于胶粒的吸附凝聚。水化膜中的水分子阻碍胶粒直接接触，若投加混凝剂降低 ξ 电位，有可能使水化作用减弱。混凝剂水解后形成的高分子物质（直接加入水中的高分子物质一般具有链状结构），在胶粒与胶粒之间起着吸附架桥的作用，即使 ξ 电位没有降低或降低不多，胶粒不能相互接触，通过高分子链状物吸附胶粒，也能形成絮凝体。

（2）化学架桥作用原理。这一原理是考虑到胶体微粒对高分子物质具有强烈的吸附作用而提出来的。当废水中投入少量聚合物时，聚合物分子即被废水中的胶体微粒迅速吸附结合在胶体微粒表面上，首先是聚合物的链节占据胶体微粒表面的一个或数个吸附位，而分子的其余部位伸展到溶液中去，这些伸展出来的分子链节又结合到另一胶体微粒的空白吸附位上，结果就形成颗粒间的化学架桥，发生絮凝作用。化学架桥作用原理如图 6—4—1 所示。

上述两种作用反映了凝集和絮凝两种作用。实际上，在废水混凝处理过程中，两者不是截然分开的。低分子电解质以基于双电层作用原理产生凝集为主，高分子聚合物则以架桥联结产生絮凝为主。通常把低分子电解质和无机、有机的高分子聚合物统称为混凝剂，有时把高分子聚合物单独称为絮凝剂。因此，向废水中投加药剂，进行水和药剂的混合，从而使水中的胶体物质产生凝聚和絮凝这一综合过程就称为混凝过程。

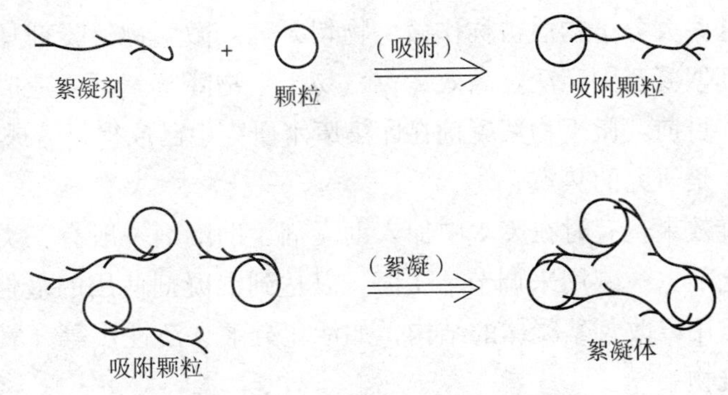

图 6—4—1　化学架桥作用原理

2. 常用混凝剂

在水处理中，对混凝剂的要求是：混凝效果好，对人类健康无害，价廉易得，使用方便。混凝剂品种很多，按化学组成可分为无机类和有机类两种，见表 6—4—1。

表 6—4—1　　**无机和有机混凝剂**

分类			混凝剂
无机类	低分子	无机盐类	硫酸铝、硫酸铁、硫酸亚铁、铝酸钠、氯化铁、氯化铝
		酸、碱类	碳酸钠、氢氧化钠、氧化钙、硫酸、盐酸
		金属电解产物	氢氧化铝、氢氧化铁
	高分子	阳离子型	聚合硫酸铝、聚合氯化铝
		阴离子型	活性硅酸
有机类	表面活性剂	阳离子型	十二烷胺乙酸、十八烷胺乙酸、松香胺乙酸、烷基三甲基氯化铵、十八烷基二甲基二苯乙二酮
		阴离子型	月桂酸钠、硬脂酸钠、油酸钠、松香酸钠、十二烷基苯磺酸钠
	低聚合度高分子	阴离子型	藻元酸钠、羧甲基纤维素钠盐
		阳离子型	水溶性苯胺树脂盐酸盐、聚乙烯亚铵
		非离子型	淀粉、水溶性脲醛树脂
		两性型	动物胶、蛋白质
	高聚合度高分子	阴离子型	聚丙烯酸钠、聚丙烯酸酰胺、马来酸共聚物
		阳离子型	聚乙烯吡啶盐、乙烯吡啶共聚物
		非离子型	聚丙烯酰胺、聚氧化乙烯

国内采用最多的混凝剂是铝、铁盐类及丙烯酰胺类等。印染废水常用的混凝剂有硫酸铝、硫酸铁、硫酸亚铁、聚合氯化铁、聚合硫酸铁、聚丙烯酰胺等。聚丙烯酰胺（PAM）具有强烈的吸附作用，是印染废水处理中常用的有机高分子混凝剂，它既可作混凝剂，又可作助凝剂。如用聚丙烯酰胺为助凝剂，与无机铝盐或铁盐混凝剂配合使用，可获得显著的混凝效果。

微生物絮凝剂是近年来开发的绿色水处理药剂。利用絮凝剂产生菌可产生生物大分子物质，已报道的微生物产生的絮凝物质有糖蛋白、粘多糖、蛋白质、纤维素、DNA

等大分子物质，这些大分子物质被称作微生物絮凝剂。微生物絮凝剂具有使其他物质凝聚沉降的特性，其絮凝范围广泛，高效无毒，易于生物降解，不会造成二次污染，絮凝体易于过滤去除。目前，微生物絮凝剂在印染废水研究中已取得显著成效，COD和色度的去除率均较高，是研究的热点。

为了促进混凝效果，有时在废水中加入助凝剂。助凝剂一般有三类，即酸碱类、絮凝体核心类和氧化剂。酸碱用来调节 pH 值，以达到混凝剂使用的最佳 pH 值，如石灰等；絮凝体核心类用以改善絮凝体的结构，如活化硅酸、活性炭等；氧化剂用来破坏对混凝有干扰的有机物。

3. 混凝设备

废水的混凝处理设备包括混凝剂的配制与投加设备、混合设备和混凝反应设备。混凝剂的投加方式有干法投加和湿法投加两种。湿法投加是将块状或颗粒状的混凝剂溶于水中后再投加到混合池中。干法投加是将颗粒较小的固态混凝剂粉末直接投加到混合池中。干法投加难于控制投加量，混凝剂粉末在使用现场容易造成污染，因此很少应用。在我国，大多采用湿式投药法，因此需要溶解、配制药剂和投加药剂的设备。

混凝剂的溶解和配制在溶解池中进行，池中配置机械搅拌、压缩空气搅拌或水力搅拌装置，加速药剂的溶解。一般药量大时采用机械搅拌方式，药量小时采用水力搅拌方式。当使用无机盐类混凝剂时，溶解池的搅拌装置、泵和管道等配件均应采用防腐蚀材料或采取防腐措施。

因混凝剂投加量影响废水的混凝，需采用混凝剂溶液的定量、计量投加设备来控制混凝剂的投加量。向废水中投入混凝剂的方式主要有三种：泵前投药、水射器投药和计量泵投药。混凝投药系统如图 6—4—2 所示。

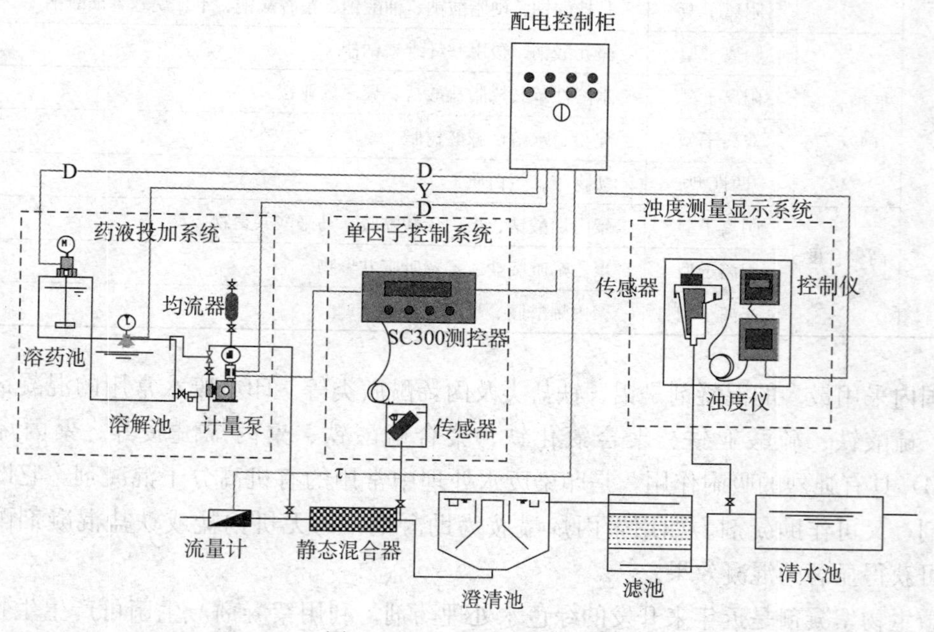

图 6—4—2　混凝投药系统

如图 6—4—3 所示，一般情况下，混凝过程分别在混合池和絮凝池两个池中完成。混合池的主要任务是快速、均匀地使混凝剂与废水充分混合，要求在混合池内形成大的涡流和较大的速度梯度，以使混凝剂形成的胶体与废水中的胶体、悬浮物等接触后形成细小的矾花。混合设备一般有机械混合设备和水力混合设备。絮凝池就是使混合后形成的微小絮粒聚结成大颗粒絮体的反应器。絮凝池的形式主要有隔板反应池和机械搅拌反应池。在我国，常用机械搅拌絮凝池。

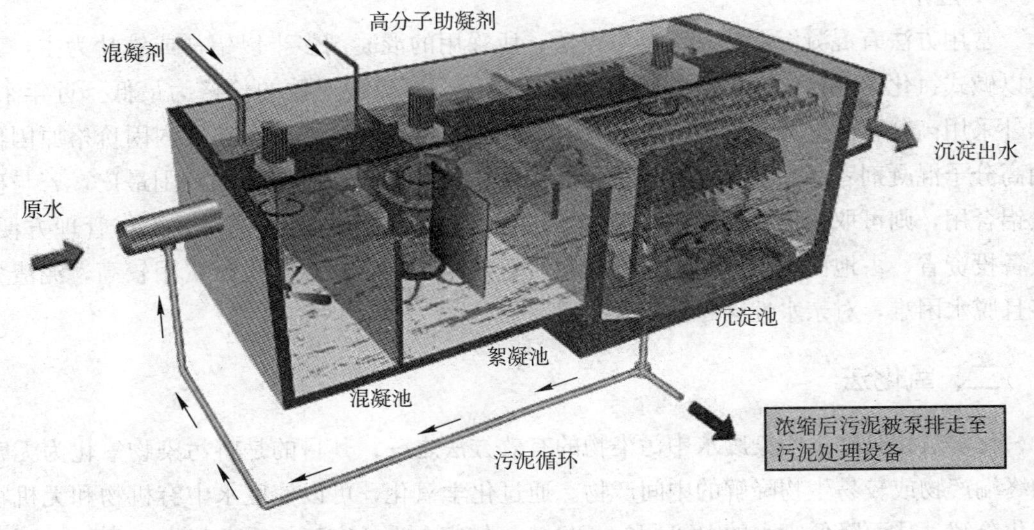

图 6—4—3　混凝处理设备

4. 混凝流程

混凝沉淀处理流程包括投药、混合、反应及沉淀分离几个部分，如图 6—4—4 所示。

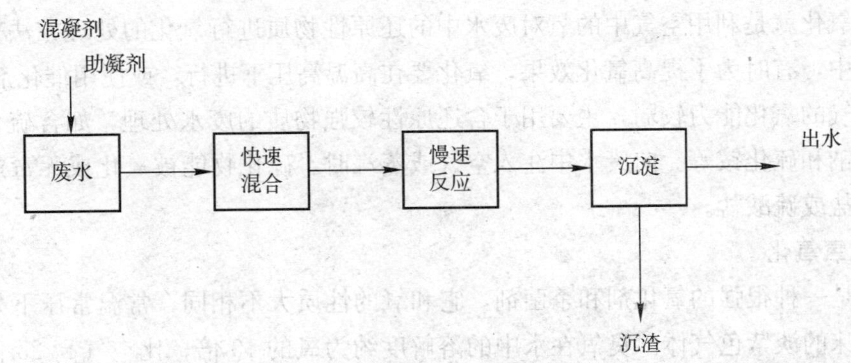

图 6—4—4　混凝沉淀处理流程

（1）混合阶段。其作用主要是将药剂迅速、均匀地投加到废水中，以压缩废水中胶体颗粒的双电层，降低或消除胶粒的稳定性，使废水中胶体互相聚集成较大的微粒—绒粒。混合阶段需要快速地进行搅拌，作用时间要短，以达到瞬时混合效果最好的状态。

(2) 反应阶段。其作用是促使失去稳定性的胶体粒子碰撞结合，成为可见的矾花绒粒，所以反应阶段需要较长的时间，而且只需缓慢地搅拌。在反应阶段，由聚集作用所产生的微粒与废水中原有的悬浮微粒之间或自身之间，由于碰撞、吸附、粘着、架桥作用生成较大的绒体，然后送入沉淀池进行分离。

在废水的混凝沉淀处理过程中，影响混凝效果的因素比较多，其中重要的是废水pH值、温度、混凝剂种类和用量及搅拌等。

5. 应用

常用方法有混凝沉淀法和混凝气浮法，所采用的混凝剂多半以铝盐或铁盐为主，其中以碱式氯化铝（PAC）的架桥吸附性能较好，而以硫酸亚铁的价格为最低。近年来，国外采用高分子混凝剂者日益增加，且有取代无机混凝剂之势，但在国内因价格原因使用高分子混凝剂者还不多见。据报道，弱阴离子性高分子混凝剂使用范围最广，若与硫酸铝合用，则可取得更好的效果。混凝法的主要优点是工艺流程简单，操作管理方便，设备投资省，占地面积少，对疏水性染料脱色效率很高；缺点是运行费用较高，泥渣量多且脱水困难，对亲水性染料处理效果差。

二、氧化法

化学氧化是除去印染废水中污染物的有效方法之一，其目的是将污染物氧化为无害的终端产物或较易生物降解的中间产物。通过化学氧化，可以使废水中有机物和无机物氧化分解，从而降低废水的BOD和COD值，使废水中的有毒物质无害化。

用于废水处理最多的氧化剂是臭氧（O_3）、次氯酸（HClO）、氯气（Cl_2）和空气，这些氧化剂可在不同情况下用于各种废水的氧化处理。当采用氯、臭氧等进行氧化时，还可以达到废水去臭、去味、脱色、消毒的目的。

1. 空气氧化

空气氧化就是利用空气中的氧对废水中的还原性物质进行氧化的处理方法。将空气吹入废水中，有时为了提高氧化效果，氧化要在高温高压下进行，或使用催化剂。

因空气的氧化能力较弱，主要用于含还原性较强物质的废水处理，如含硫化氢、硫醇、硫化钠和硫化铵等。向废水中注入空气或蒸汽时，硫化物能被氧化成无毒或微毒的硫代硫酸盐或硫酸盐。

2. 臭氧氧化

臭氧是一种很强的氧化剂和杀菌剂，它和氧的性质大不相同，常温常压下是一种具有特殊气味的淡紫色气体。臭氧在水中的溶解度约为氧的10倍，比空气高25倍。臭氧很不稳定，在常温下可逐渐自行分解，加热可促进分解，在270 ℃时立刻分解，分解时放出初生态氧，初生态氧很快就能与被氧化的物质起反应。臭氧的氧化能力仅次于氟而位居第二。在废水处理中，臭氧氧化对除臭、脱色、杀菌，除酚、氰、铁、锰，降低COD和BOD等具有显著效果；反应后剩余的臭氧很容易分解为氧，一般不产生二次污染。臭氧氧化适用于废水的一级处理。

制备臭氧的方法有化学法、紫外线法、电解法、放射线照射法和无声放电法等。一般多采用无声放电法，反应原理为：

$$O_2+e \longrightarrow O+O+e$$

$$O+O+O \longrightarrow O_3$$

$$O+O_2 \longrightarrow O_3$$

在印染废水处理中，臭氧可用于脱色。一般认为，染料显色是由其发色团引起，如乙烯基、偶氮基、羰基等，这些发色团都有不饱和键，臭氧能使染料中所含的这些基团氧化分解，生成分子量较小的有机酸和醛类，使其失去发色能力，所以，臭氧是良好的脱色剂。

臭氧与废水接触的装置有喷雾塔、填料塔、板式塔和将气体分散到液体中去的装置，其中最后一种是最普遍的臭氧接触装置。这种装置的类型有微孔扩散式反应槽、托里塞利式反应槽、搅拌式反应槽和水射器式反应槽等。

因染料的品种不同，其脱色率也有较大差异。臭氧氧化对于含水溶性染料废水如活性、直接、阳离子和酸性等染料，其脱色率很高；对含不溶性分散染料废水也有较好的脱色效果。但对于以细分散悬浮状存在于废水中的不溶性染料如还原、硫化染料和涂料，脱色效果较差。

为了提高废水中难降解有机物的去除率，可将臭氧氧化与紫外光氧化、超声波氧化或 H_2O_2 氧化技术耦合使用，也可以将 UV、O_3、H_2O_2 三种氧化技术组合使用。用臭氧处理印染废水，因所含染料品种不同，处理流程也不一样。对含水性染料多、悬浮物含量少的废水，可单独采用臭氧氧化，或臭氧氧化与其他工艺联合使用，例如臭氧与活性炭联合、混凝法与臭氧氧化法组合以及生物处理法与臭氧氧化法组合。为提高出水水质，往往在用臭氧处理后继而采用生物处理。

臭氧氧化法在国外应用较多。研究表明，在 1 g 淡褐色染料中加入 0.886 g 臭氧，淡褐色染料废水脱色率达 80%。研究还发现，连续运转所需臭氧量高于间歇运行所需臭氧量，而反应器内安装隔板可减少臭氧用量 16.7%。因此，利用臭氧氧化脱色，宜设计成间歇运行的反应器，并可考虑在其中安装隔板。

臭氧氧化法对多数染料能获得良好的脱色效果，但对硫化、还原、涂料等不溶于水的染料脱色效果较差。从国内外运行经验和结果来看，该方法脱色效果好，但耗电多，大规模推广应用有一定困难。

3. 氯氧化

氯氧化在废水处理中可用于消毒、除臭和除去一些有害的无机、有机污染物，主要用于治理含氰、酚、硫化物的废水和染料废水。如在处理含氰化钠废水时，将次氯酸钠、漂白粉或同时将氯气和氢氧化钠直接加入废水中，其反应分两段进行，首先氰化钠经碱性氯化反应生成氰酸钠（氰酸钠的毒性只为氰化钠的 1%），为了净化水质，再将氰酸钠进一步氧化为二氧化碳和氮。两段的反应式为：

$$NaCN+2NaOH+Cl_2 \longrightarrow NaCNO+2NaCl+H_2O$$

$$2NaCNO+4NaOH+3Cl_2 \longrightarrow 2CO_2+6NaCl+N_2+2H_2O$$

在反应中，为使氰化钠完全氧化，一般加入过量的氯。由于该氧化过程是在碱性条件下进行的，又称碱性氯化法。

在印染废水处理过程中，氯氧化有较好的脱色效果，它能氧化破坏废水中有机物的发色基团，不仅可去除色度，还能降低废水的CODD值。如果采用液氯，沉渣量很少，但氯的用量较大，余氯较多，反应时间也较长。一般采用次氯酸钠作氧化剂，在碱性条件下进行脱色处理，可取得令人满意的效果。为减少氧化剂用量，在废水加氯后可用紫外线照射，氯的氧化作用将得以强化。

4. 光氧化

(1) 光氧化法。光氧化法是20世纪70年代初期发展起来的污水深度处理法。它对于去除污水中的微量有机物和颜色具有较强的能力，甚至可与活性炭吸附法和臭氧氧化法相媲美。光氧化法的原理是把光的催化作用和氧化剂的氧化作用结合起来达到高效氧化分解。此方法所用的光为波长150～400 nm的紫外光，所用氧化剂主要为氯或次氯酸钠。光氧化法的特点是氧化能力强，不产生污泥，可进行深度处理，设备紧凑，但运转费用较高。此方法可用于处理印染废水、活性污泥处理水和综合排水。

光氧化可以脱去印染废水色度。光氧化法除对一小部分分散染料脱色效果较差外，其他染料的脱色率可达到90%以上。光氧化法对COD和BOD也有很高的去除率。

光化学氧化法具有较好的应用前景，一般可作为生物处理的前处理。而在其他一些工艺处理之后使用紫外线/过氧化氢（UV/H_2O_2）氧化法是一种处理高浓度废水的可能途径。如果在光化学氧化中加入适当的催化剂，就形成了光催化氧化法，它是一项具有广泛应用前景的新型水处理技术。

(2) 光催化氧化。光催化氧化法应用于废水治理始于20世纪80年代后期。它是在水中加入一定量的半导体催化剂，在紫外线辐射下产生具有强氧化能力的自由基，从而氧化水中的有机物的废水处理方法。因为光催化氧化法能有效地破坏许多结构稳定的生物难降解的有机污染物，与传统的水处理技术中以污染物的分离、浓缩以及相转移为主的物理方法相比，具有明显的节能高效、污染物降解彻底等优点，所以光催化氧化法降解染料废水是最近的一个研究热点，其研究主要集中在光催化剂上。研究表明，以TiO_2、ZnS、CdS等作为光催化剂可以有效地降解废水中的染料等有机物。其中，TiO_2化学性质稳定、难溶无毒、成本低，是理想的光催化剂。

光催化氧化法的强氧化性、对作用对象的无选择性和最终可使有机物完全矿化的特点，使光催化氧化在饮用水深度处理方面具有较好的应用前景。但是TiO_2粉末颗粒细微，不便加以回收。与传统净水工艺相比，光催化氧化处理费用较高，设备复杂，近期内推广使用受到限制。光催化氧化投入实际应用需要解决的主要问题是：确定长期运行过程中催化剂中毒情况及寻求理想的再生方法；解决催化剂的分离回收或固定化问题；反应器的设计，以及提高光能利用率等。可以预见，随着研究的不断深入，光催化氧化必将越来越得到重视。

光氧化法处理印染废水脱色效率较高，但设备投资和电耗还有待进一步降低。

三、中和法

1. 作用原理

在棉织物印染加工中，废水呈碱性；而在真丝织物印染加工中，废水呈弱酸性。总体而言，印染废水多呈碱性。酸、碱废水直接排放将会对排水管道造成腐蚀和堵塞，并污染环境和水体。酸、碱废水在排放前必须经过无害化处理。利用中和反应消除废水中过量的酸和碱，使 pH 值达到中性或接近中性的过程称为中和法。

中和法主要用于处理含酸、含碱废水。对浓度较高的酸性废水（浓度大于 4%）和碱性废水（浓度大于 2%），一般都首先考虑回收和综合利用，可制成硫酸亚铁、硫酸铵、石膏（硫酸钙）、硫化钠等各种产品。回收后的剩余废水或浓度低、不易回收的酸性废水和碱性废水就可进行中和处理，达到中性后才能排放。

（1）酸性废水处理。通常尽可能选用碱性废水或废液进行中和处理，以达到以废治废的目的。烧碱和纯碱价格很贵，故不轻易采用。选用中和药剂时，要注意废水中所含酸的种类和性质，以及中和后生成盐的溶解度，避免生成大量沉渣而影响处理效果。

（2）碱性废水处理。也应首先考虑采用酸性废水中和处理，如无酸性废水可用，则采用投药中和法，常用中和药剂为工业用硫酸。另外，也可用烟道气中和碱性废水，主要是利用烟道气中的二氧化碳和二氧化硫等酸性氧化气体进行中和，这是以废治废、综合利用的好办法，既可以降低废水 pH 值，又可以除去烟道气中的灰尘，并使烟道气中的二氧化碳和二氧化硫得到应用，防止烟道气污染大气。

2. 中和方式及其设备

酸、碱废水中和所用的设备要根据酸、碱废水排放具体情况来考虑。酸、碱废水中和常用方法有酸、碱废水互相中和、投药中和和过滤中和三种，根据废水水质情况进行选用。

如果酸、碱废水均匀排出，且其所含酸、碱量又能互相平衡时，直接在吸水井或管道内混合反应即可。若排出的酸、碱废水浓度和流量经常变化，则常设置中和池进行中和反应。投药中和就是将碱性中和药剂如石灰、石灰石、电石渣、苛性钠等投入酸性废水中，经过充分反应，使废水得到中和。投药中和可分为干投法和湿投法两种。过滤中和法也称反应器中和法，是将酸性废水通过反应器中具有中和能力的滤料层（如石灰石、大理石）进行中和反应，在过滤过程中达到除酸的目的。反应器中和法使用的中和反应器有固定床和流化床两类。

在印染废水处理中，中和法一般只能调节废水的 pH 值，起预处理作用，并不能去除废水中其他污染物质。对含有硫化染料的废水，还会释放出硫化氢有毒气体。因此中和法一般不单独采用，往往是与其他处理方法配合使用。

除上述化学处理法外，有研究表明电解法对处理含酸性染料的印染废水有较好的处理效果，脱色率为 50%～70%，但对颜色深、COD_{Cr}高的废水处理效果较差。对染料的电化学性能研究表明，各类染料在电解处理时其COD_{Cr}去除率的顺序为：硫化染料、还原染料＞酸性染料、活性染料＞中性染料、直接染料＞阳离子染料。目前电解法正在推广应用。

混凝实验

一、实验目的

1. 观察混凝现象，加深对混凝法处理废水原理的理解。
2. 确定最佳混凝处理工艺条件。
3. 了解影响混凝过程和混凝效率的相关因素。

二、实验原理

混凝过程的关键是确定最佳混凝工艺条件，包括混凝剂种类、投加量和水力条件等。因混凝剂的种类较多，如有机混凝剂、无机混凝剂、人工合成混凝剂（阴离子型、阳离子型、非离子型）、天然高分子混凝剂（淀粉、树胶、动物胶）等，所以混凝条件较难确定。pH 值对确定混凝剂及其投加量有重要影响。pH 值过低（＜4）则所投加混凝剂的水解受到限制，其主要产物中没有足够的羟基（OH^-）进行桥联作用，也就不容易生成高分子物质，絮凝作用较差；pH 值过高（＞9）时，混凝剂又会溶解生成带负电荷的配合离子而不能很好地发挥混凝作用。

投加了混凝剂的胶体颗粒，在逐步形成大的絮凝体过程中，水流速度梯度及沉淀时间起着重要作用，在实际工程中也需要考虑。本实验条件下，搅拌速度及沉淀时间对絮凝体长大的影响可不予考虑。

三、仪器材料

1. 仪器

混凝试验搅拌机 1 台；浊度仪 1 台；酸度计 1 台，或 pH 精密试纸；1 000 mL、500 mL、250 mL 烧杯各 6 个；1 mL、2 mL、5 mL、10 mL 移液管各 4 支；医用针筒（50 mL）；温度计。

2. 试剂

硫酸铝 $Al_2(SO_4)_3 \cdot 18H_2O$(5 g/L)，三氯化铁 $FeCl_3 \cdot 6H_2O$(5 g/L)，聚丙烯酰胺(0.5 g/L)，盐酸 HCl(10%)，氢氧化钠 NaOH(10%)。

四、实验步骤

1. 混凝剂种类的确定

在硫酸铝、三氯化铁、聚丙烯酰胺三种混凝剂中，确定一种最佳混凝效果的混凝剂。

(1) 确定印染废水原水基本信息，即测定印染废水原水的浊度、温度、pH 值。

(2) 用 3 只 500 mL 烧杯，分别取 200 mL 原水，将装有水样的烧杯置于混凝试验搅拌机上。分别向 3 只烧杯中加入硫酸铝、三氯化铁、聚丙烯酰胺，每次投加量为 0.5 mL，同时进行搅拌（搅拌器以 500 r/min 的速度搅拌 0.5 min，150 r/min 的速度搅拌 5 min，80 r/min 的速度搅拌 10 min），直到其中一个试样出现矾花。

(3) 搅拌过程中，注意观察并记录“矾花”形成的过程，即“矾花”形成的快慢、外观、大小、密实程度、下沉快慢等，然后记录每个试样中混凝剂的投加量，并记录在表 6—4—2 中。停止搅拌，静置沉淀 10 min。

(4) 用 50 mL 医用针筒抽取上清液，用浊度仪测出三个水样剩余的浊度，每个水样平行三次，记录在表 6—4—2 中，根据测得的浊度确定最佳混凝剂。

2. 确定混凝剂的最佳投加量

(1) 用 6 只 1 000 mL 烧杯，分别取 800 mL 印染废水原水，将装有水样的烧杯置于混凝试验搅拌机上。

(2) 采用步骤 1 中确定的最佳混凝剂，及得出的形成“矾花”最小混凝剂投加量，取其$\frac{1}{4}$作为 1 号烧杯的混凝剂投加量，取其 2 倍作为 6 号烧杯的混凝剂投加量，用依次增加混凝剂投加量相等的方法求出 2～5 号烧杯的混凝剂投加量，把混凝剂分别加入 1～6 号烧杯对应的加药管中（注意不能超过 9 mL），分别加入到 800 mL 原水样中，利用均分法确定此组实验的 6 个水样的混凝剂投加量，记录在表 6—4—3 中。

(3) 启动搅拌机，快速搅拌 0.5 min（约 500 r/min），中速搅拌 5 min（约150 r/min），慢速搅拌 10 min（约 80 r/min）。搅拌过程中注意观察“矾花”的形成过程、大小及密实程度。停止搅拌，静置沉淀 10 min。

(4) 用 50 mL 医用针筒分别抽取上清液，用浊度仪测出三个水样剩余的浊度，每个水样平行三次，记录在表 6—4—3 中。

3. 最佳 pH 值的影响

(1) 用 6 只 1 000 mL 烧杯，分别取 1 000 mL 原水，将装有水样的烧杯置于混凝试验搅拌机上。

(2) 调整原水 pH 值（用 pH 计或 pH 精密试纸）。用盐酸调整 1 号烧杯水样使其 pH 值等于 4，用氢氧化钠溶液调整 6 号烧杯水样使其 pH 值为 9，2～5 号烧杯依次增加一个 pH 值单位。快速搅拌 0.5 min（500 r/min），随后停机。pH 值记录见表 6—4—4。

(3) 用移液管依次向装有原水的烧杯中加入相同剂量的混凝剂，投加剂量按步骤 2 得出的最佳投加量确定。快速搅拌 0.5 min（约 500 r/min），中速搅拌 5 min（约 150 r/min），慢速搅拌 10 min（约 80 r/min）。停止搅拌，静置沉淀 10 min。

(4) 测定剩余浊度。用 50 mL 医用针筒抽取上清液（共抽三次约 150 mL）分别放入 200 mL 烧杯中，测定剩余浊度，每只水样测三次，记录在表 6—4—4 中。

五、记录分析

1. 混凝剂的确定

原始数据及三种混凝剂种类选择数据分析见表 6—4—2。

表 6—4—2　原始数据及三种混凝剂种类选择数据分析表

项目	原水浊度：____			原水温度：____			原水 pH 值：____		
混凝剂名称	硫酸铝			三氯化铁			聚丙烯酰胺		
“矾花”形成过程描述									
混凝剂投加量（mL）									
浊度/NTU	Ⅰ	Ⅱ	Ⅲ	Ⅰ	Ⅱ	Ⅲ	Ⅰ	Ⅱ	Ⅲ
	平均			平均			平均		
最佳混凝剂									

2. 混凝剂最佳投加量的确定

混凝剂最佳投加量数据分析见表 6—4—3。

表 6—4—3　某种混凝剂最佳投加量数据分析表

水样编号		1	2	3	4	5	6	7	8	9	10
混凝剂投加量（mL）											
浊度/NTU	Ⅰ										
	Ⅱ										
	Ⅲ										
	平均										
混凝剂最佳投加量											

3. 最佳 pH 值的确定

混凝剂最佳 pH 值选择数据分析见表 6—4—4。

表 6—4—4　某种混凝剂最佳 pH 值选择数据分析表

水样编号		1	2	3	4	5	6
pH 值		4.0	5.0	6.0	7.0	8.0	9.0
混凝剂投加量（mL）							
浊度/NTU	Ⅰ						
	Ⅱ						
	Ⅲ						
	平均						
混凝剂最佳 pH 值							

六、注意事项

1. 实验中，所取原废水样要搅拌均匀，要一次量取，以尽量减小取样浓度误差。

2. 寻找最小混凝剂投加量时，要缓慢加入混凝剂，同时密切观察烧杯内水样的变化，尽量寻找刚出现“矾花”时用的混凝剂量。

3. 换不同混凝剂进行实验时都要测试原水浊度，用蒸馏水对加药管进行清洗。加药的药液量少时，要掺点蒸馏水摇匀，以免沾在试管上的药液过多，影响投药量的精确度。

4. 移取烧杯中沉淀水上清液时，要用相同的条件取上清液，不要把沉下去的“矾花”搅起来。

第五节 印染废水生物处理法

一、概述

在自然界中，存在大量依靠有机物生活的微生物。实践表明，利用微生物氧化分解废水中的有机物是十分有效的。这种利用微生物处理废水的方法叫作生物处理法。

由于微生物生活时有的需要氧气，有的不需要氧气，所以，根据在处理过程中起作用的微生物对氧气需求的不同，废水生物处理可分为好氧生物处理和厌氧生物处理两类。好氧处理和厌氧处理的区别主要有以下几个方面：

1. 起作用的微生物群不同。好氧处理是好氧微生物起作用，而厌氧处理是厌氧微生物起作用。

2. 处理后的产物不同。在好氧生物处理中，有机物被转化为 CO_2、H_2O、NO_2^-、NO_3^-、PO_4^{3-}、SO_4^{2-} 等，且基本无害，处理后废水无异臭。在厌氧生物处理中，有机物被转化为 CH_4、NH_3、胺化物或 N_2、H_2S 等，产物复杂，出水有异臭。

3. 反应速率不同。好氧处理由于有氧作为受氢体，有机物分解比较彻底，释放的能量多，故有机物转化速率快，废水在处理设备内停留时间短，设备体积小。厌氧处理时有机物分解破坏不彻底，释放的能量少，所以有机物转化速率慢，需要时间长，设备体积庞大。

4. 对环境条件要求不同。好氧处理要求充分供氧，对环境条件要求不太严格。厌氧处理要求绝对厌氧的环境，对环境条件（如 pH 值、温度）要求甚严。

二、活性污泥法

1. 作用原理

活性污泥可分为好氧活性污泥和厌氧颗粒活性污泥，不论是哪一种，活性污泥都是由各种微生物、有机物和无机物胶体、悬浮物构成的结构复杂的肉眼可见的绒絮状微生物共生体。这样的共生体有很强的吸附能力和降解能力，可以吸附和降解很多污染物，达到处理和净化污水的目的。活性污泥法目前是有机废水生物处理的主要方法。

（1）净化原理。活性污泥在净化处理过程中，除生物降解作用外，具有较大比表面积的活性污泥絮体对水中的有机污染物具有较强的吸附作用。溶解性有机物被吸附到细胞表面后，随即透过细胞膜被降解；呈胶体态的大分子有机物被吸附后，首先在胞外水解酶的作用下分解成小分子物质，然后这些小分子物质选择性地透过细胞膜，透过细胞膜的有机物即可被微生物降解。被微生物降解的有机物或无机物（如氮和磷），一部分被微生物转化为 CO_2、H_2O 等，另一部分则被同化为新的原生质。活性污泥中的微生物，本身就是有机体，故要充分利用活性污泥的凝聚性能，在处理后的水排出之前，要通过沉降有效地进行固液分离，否则微生物聚凝体过多地进入排水系统，将影响出水水质。

（2）活性污泥净化反应过程。在活性污泥处理系统中，有机物从废水中被去除的实质就是有机物作为营养物质被活性污泥微生物摄取、代谢与利用的过程，这一过程的结果是污水得到了净化，微生物获得了能量而合成新的细胞，活性污泥得到了增长。一般将整个净化反应过程分为以下三个阶段：

1）初期吸附。通过曝气，活性污泥呈悬浮状态，并与废水充分接触，废水中的悬浮固体和胶状物质被活性污泥吸附，非溶解性有机物需先转化成溶解性有机物，而后才被代谢和利用。

2）代谢阶段。也称为微生物代谢，活性污泥吸附了废水中呈非溶解状态的大分子有机物后，被微生物的胞外酶分解成小分子的溶解性有机物，与废水中溶解性的有机物一起进入微生物细胞内被降解和转化，作为自身繁殖的营养。一部分有机物质进行分解代谢，氧化为二氧化碳和水，废水由此得到净化，并获得合成新细胞所需的能量；另一部分物质进行合成代谢，形成新的细胞物质。

3）活性污泥的凝聚、沉淀与浓缩。无论分解还是代谢，都能去除有机污染物，但是产物却不同，分解代谢的产物是二氧化碳和水，而合成代谢的产物则是新的细胞，此阶段以剩余污泥的方式排出活性污泥系统。

废水和污泥在刚开始接触的 5～10 min 内就出现了很高的 BOD 去除率，通常 30 min 内污水中的有机物被大量去除，使废水的 BOD_5（或 COD）值大幅度下降，这主要是由于活性污泥的物理吸附和生物吸附共同作用的结果。但这并不是真正的降解，此阶段被吸附的有机物没有从根本上被碳化。通过数小时曝气后，在胞外酶的作用下，这些有机物被分解为小分子有机物后才可能被微生物酶转化。随着时间的推移，混合液的 BOD_5 值会回升，再之后 BOD_5 值才会逐渐下降。活性污泥净化反应过程中 BOD_5 值的变化如图 6—5—1 所示。

沉淀是混合液中固相活性污泥颗粒与废水分离的过程。固液分离的好坏，直接影响出水水质。如果处理水挟带生物体，出水 BOD 和 SS 将增大。所以，活性污泥法的处理

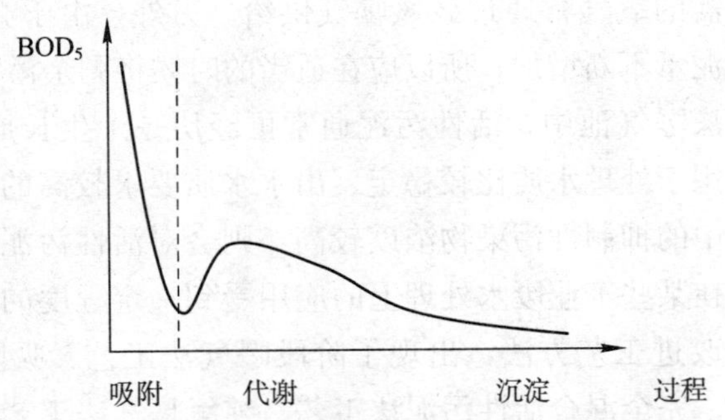

图 6—5—1 活性污泥净化反应过程中 BOD_5 值的变化

效率，与其他生物处理方法一样，应包括二次沉淀池的效率，即用曝气池及二沉池的总效率表示。除了重力沉淀外，也可用气浮法进行固液分离。

（3）影响活性污泥吸附的因素。活性污泥吸附作用的大小与很多因素有关，主要体现在以下两个方面：

1）废水的性质、特性。对于含有较高浓度呈悬浮或胶体状态的有机污染物的废水，具有较好的效果。

2）活性污泥的状态。在吸附饱和后应给以充分的再生曝气，使其吸附功能得到恢复和增强，一般应使活性污泥微生物进入内源代谢期。

（4）活性污泥处理系统有效运行的基本条件。废水中含有足够的可溶性易降解有机物，作为微生物生理活动所必需的营养物质；溶解氧充足；活性污泥能够与废水充分接触；曝气池内保持一定的污泥浓度；禁止对微生物有毒害的物质进入。

2. 工艺流程

（1）活性污泥法的基本流程。活性污泥法的基本工艺流程包括活性污泥培养、废水初沉预处理、曝气处理、二次沉淀、污泥回流及剩余污泥排放等部分，如图 6—5—2 所示。

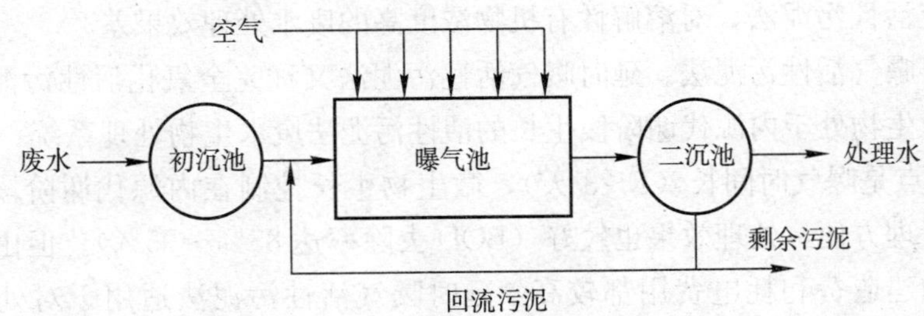

图 6—5—2 活性污泥法基本工艺流程

在开始运行时，应先在曝气池内充满水，进行曝气，培养出活性污泥。经过初沉池适当预处理的废水不断进入曝气池，在池中与活性污泥充分接触并被处理。处理后的废水和活性污泥一同流入二次沉淀池，在二次沉淀池内，活性污泥与已被净化的废水分离，处理水排放，活性污泥在污泥区内浓缩，沉淀的活性污泥部分回流入曝气池继续处理废水，上层清水则不断流出。有时污泥回流入曝气池前，先在再生池中进行再曝气。

活性污泥中微生物所需的氧气常通过鼓风曝气供给。另外，由于微生物新陈代谢作用，致使系统内的活性污泥量不断增加，所以应在适当的时候将剩余污泥排出。

在传统活性污泥法曝气池中，活性污泥通常可经历一个生长周期，处理效率较高，故传统活性污泥法适用于处理水质比较稳定、出水水质要求较高的废水。但此方法不适应负荷冲击，若进水中的抑制性污染物浓度较高，则会对活性污泥造成损害，影响处理效果，这也使该方法在某些工业废水处理上的应用受到一定程度的限制。在传统工艺流程的基础上，进一步改进工艺方法，出现了阶段曝气法工艺、吸附再生活性污泥法工艺、延时曝气法工艺、完全混合活性污泥法工艺、纯氧曝气法工艺、塔式曝气和深井曝气法工艺、吸附一生物氧化法（加法）工艺、膜分离活性污泥法工艺、氧化沟工艺等。

（2）吸附再生活性污泥法。吸附再生活性污泥法又称生物吸附法或接触稳定法。这种方法的主要特点是使活性污泥对有机污染物降解的两个过程——吸附、代谢，分别在各自的反应器内进行，如图6—5—3所示。废水在再生池里充分再生，具有很强活性的活性污泥同步进入吸附池，两者在吸附池中充分接触，废水中大部分有机物被活性污泥所吸附，废水得到净化。由二次沉淀池分离出来的污泥进入再生池，活性污泥在这里将所吸附的有机物进行代谢活动，使有机物降解，微生物增殖，微生物进入内源代谢期，污泥的活性、吸附功能得到充分恢复，然后再与废水一同进入吸附池。

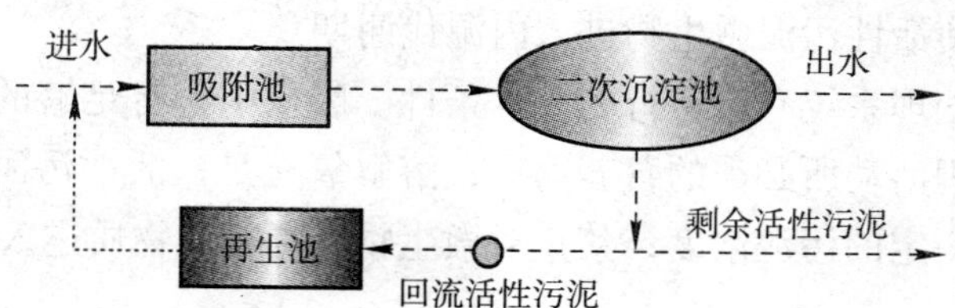

图6—5—3　吸附再生活性污泥法

此方法优点是吸附池与再生池容积之和低于传统法曝气池的容积，能承受一定的冲击负荷，当吸附池的活性污泥遭到破坏时，可由再生池内的污泥予以补救；缺点是处理效果低于传统活性污泥法，对溶解性有机物浓度高的废水处理效果差。

（3）延时曝气活性污泥法。延时曝气活性污泥法又称完全氧化活性污泥法，是指长时间曝气使微生物处于内源代谢阶段生长的活性污泥法废水生物处理系统，如图6—5—4所示。其特点是曝气时间长（1～3天），微生物生长控制在内源代谢阶段，因此，排泥量很少，管理方便，处理效果也较好（BOD去除率达85%～95%）。但由于曝气时间长，曝气池的建造费和耗电费用都较高。延时曝气活性污泥法适用于对处理水质要求高，又不宜采用单独污泥处理的小型城镇污水和工业废水。工艺采用的曝气池均为完全混合式或推流式。

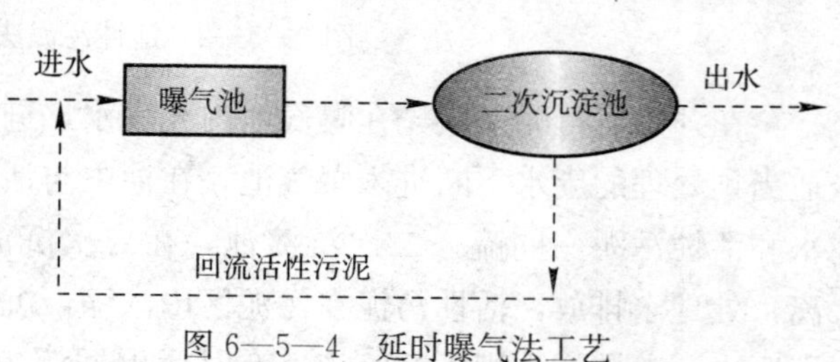

图6—5—4　延时曝气法工艺

（4）完全混合活性污泥法。废水进入曝气池后与池中原有的混合液充分混合，因此池内混合液的组成、*F*/

M值（有机负荷率也叫污泥负荷，单位重量的活性污泥在单位时间内所承受的有机物的数量，单位为 $kgBOD_5$/（kgMLSS·天）。F指的是有机物，M指的是微生物）、微生物群完全均匀一致，整个过程在污泥增长曲线上的位置仅是一个点。这意味着在曝气池中所有部位的生物反应都是同样的，氧吸收率都是相同的。完全混合活性污泥法工艺流程如图 6—5—5 所示。

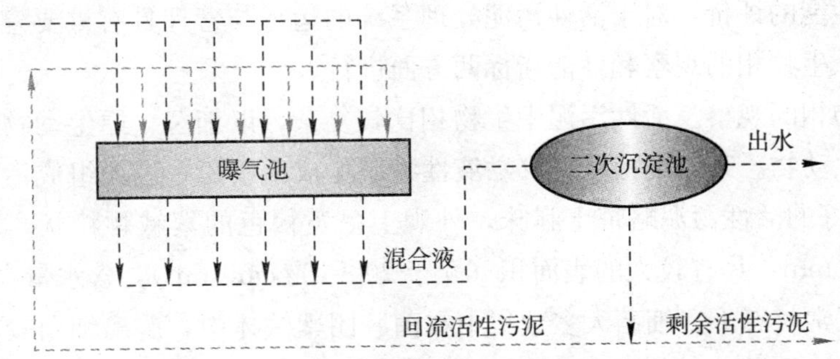

图 6—5—5　完全混合活性污泥法工艺流程

完全混合式曝气池的优点是：池内混合液能对废水起稀释作用，对高峰负荷起削弱作用；能节省动力；曝气池和沉淀池可合建，不需要单独设置污泥回流系统，便于运行管理。缺点是：连续进水、出水可能造成短路；易引起污泥膨胀。完全混合活性污泥法适于处理工业废水，特别是高浓度的有机废水。

（5）氧化沟工艺。氧化沟作为传统活性污泥法的变型工艺，其曝气池呈封闭的沟渠形，由于污水和活性污泥混合液在渠内呈循环流动，因此被称为“氧化沟”，又称“环行曝气池”。氧化沟典型布置如图 6—5—6 所示。

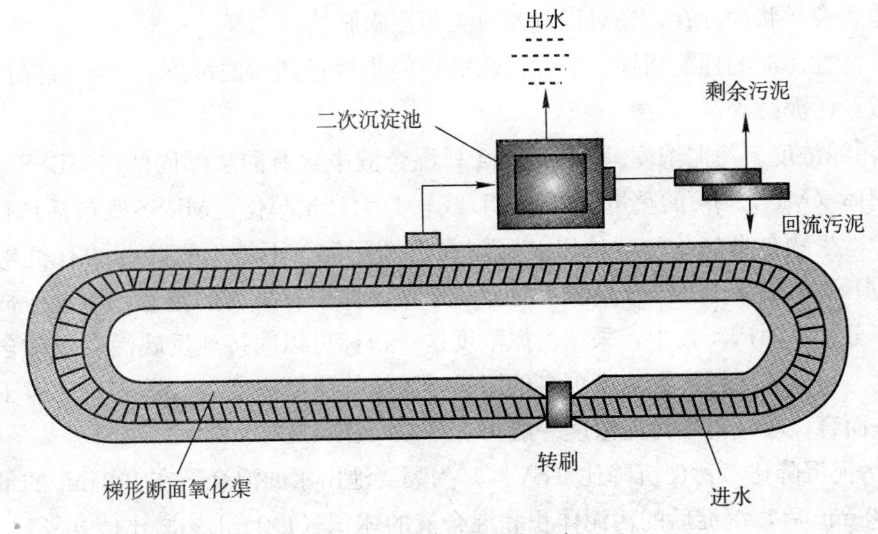

图 6—5—6　氧化沟典型布置

3. 常用活性污泥充氧方法

活性污泥的充氧方法可分为鼓风曝气法和机械曝气法两种。鼓风曝气法是利用空气压缩机将空气压入曝气池内，通过池底的空气扩散设备，使空气形成气泡与废水混合。机械曝气法是利用装在曝气池内的机械叶轮转动时激烈搅动水面，使空气中的氧溶于水中，由于水面不断更新，使它有很大的表面与空气接触吸氧。

4. 活性污泥性能评价指标

性能良好且数量足够的活性污泥是保证活性污泥法工艺有效发挥净水作用的关键。对活性污泥性能的评价，对于活性污泥处理系统的运行与管理具有重要意义。评价活性污泥，可以从生物相的观察和性能指标两方面进行。

（1）生物相的观察。活性污泥中生物相比较复杂，以细菌、原生动物为主，还有真菌、微型后生动物。某些细菌能分泌黏液性物质形成菌胶团，进而组成污泥絮绒体（绒粒）。发育良好的活性污泥略带土腥味，外观上呈黄褐色的絮绒颗粒状，其粒径一般介于0.02～0.2 mm，具有较大的表面积（介于20～100 cm^2/mL），含水量在90%以上。

在运行正常状态下，细菌大多数集中在菌胶团絮绒体中，游离细菌较少，此时污泥絮绒体具有一定形状，结构致密，折光率强，沉降性好。当固着型纤毛虫（如楯纤虫、盖纤虫、钟虫等）大量出现时，表明污泥已经培养成熟，水处理运行状况良好，出水水质好；当鞭毛虫、变形虫大量出现时，说明活性污泥还处于培养初期或恶化，工艺运行不正常，出水水质差；当游泳型纤毛虫大量出现时，说明活性污泥还未成熟或恶化，结构松散，出水水质差；若微型后生动物占绝对优势，说明污泥老化；缓慢游动或匍匐前进的生物出现时，说明污泥正在恢复正常状态；丝状菌占据优势，甚至伸出絮体外，说明污泥膨胀。

综上所述，原生动物在某种意义上可以用来指示活性污泥系统的运行状况和处理效果。原生动物通过一般的光学显微镜就可以观察到。通过观察菌胶团的形状、颜色、密度以及是否有丝状菌存在，还可以判断有无污泥膨胀的倾向等。

（2）活性污泥的性能指标。活性污泥的性能指标包括污泥浓度、污泥沉降比、污泥容积指数、污泥龄等。

1）污泥浓度。污泥浓度（X）是指1 L混合液中含有的悬浮固体（MLSS）或挥发性悬浮固体（MLVSS）的重量，以mg/L或g/L为计量单位。MLSS既包括具有活性的微生物、微生物自身氧化的残体以及吸附在活性污泥、不被生物降解的有机物和无机物。与MLSS相比，MLVSS只表示混合液悬浮固体中有机物的重量，不包括被吸附的无机物部分。在生产实践中，采用污泥浓度这一指标可以间接地反映混合液中含有的微生物浓度。目前，活性污泥浓度更多地用悬浮固体的质量浓度MLSS表示。对于普通活性污泥法而言，曝气池中污泥浓度一般为1.5～3 g/L。

2）污泥沉降比。污泥沉降比（SV%）为曝气池出水的混合液在100 mL的量筒中静置沉淀30 min后，沉淀后的污泥体积和混合液的体积（100 mL）之比值（%）。正常的活性污泥在静置沉淀30 min后，一般可接近其最大密度。故在正常运行时，SV%大致反映了反应器中的污泥量，可用于控制污泥排放。一般曝气池中SV%正常值为20%～30%。SV%的变化还可以及时反映污泥膨胀等异常情况。所以SV%是控制活性污泥法运行的重要指标。

3）污泥容积指数。曝气池出口处的混合液在静置30 min后，1 g悬浮固体所占的体积（mL）称为污泥体积指数SVI，单位为mL/g。SVI值过低，说明污泥颗粒细小紧密，无机物多，微生物数量少，此时污泥缺乏活性和吸附能力；SVI值过高则说明污泥结构松散，难于沉淀分离，即将膨胀或已经发生膨胀。正常情况下，该值一般在100左右。SVI值的计算公式为：

$$SVI=\frac{\text{混合液静沉 30 min 后污泥体积 (mL/L)}}{\text{污泥干重(g/L)}}=\frac{SV\times 10}{MLSS}(\text{mL/g})$$

式中　MLSS——悬浮固体的质量浓度，g/L。

简单地说，污泥体积指数是经30 min沉淀后的污泥密度的倒数，因此它能客观地评价活性污泥的松散程度和絮凝、沉淀性能，及时地反映出是否有污泥膨胀的倾向或已经发生污泥膨胀。SVI值越低，沉降性能越好。一般认为：

$100<SVI<200$　　污泥沉降性能一般

$200<SVI<300$　　污泥沉降性能较差

$SVI>300$　　污泥膨胀

SVI值大小还与水质有关。当工业废水中溶解性有机物含量高时，正常的SVI值偏高；而当无机物含量高时，正常的SVI值可能偏低。影响SVI值的因素还有温度、污泥负荷等。从微生物组成方面来看，活性污泥中固着型纤毛类原生动物（如钟虫、盖纤虫等）和菌胶团细菌占优势时，吸附氧化能力较强，出水有机物浓度较低，污泥比较容易凝聚，相应的SVI值也较低。

4）污泥龄。污泥龄是指污泥在反应器中的平均停留时间，其单位是天。污泥龄是反应器中工作着的污泥总量与每天排放的剩余污泥量之比。在稳定运行条件下，剩余污泥量就是新增长的污泥量。所以，污泥龄也是新增长污泥在曝气池内的平均停留时间，或曝气池工作污泥量增长1倍平均所需的时间。污泥龄和污泥负荷有关。当有机负荷低时，有机物大部分被完全氧化成CO_2和水，只有少部分用于合成微生物菌体，所以剩余污泥量小，污泥龄较长；当有机负荷高时，污泥合成较快，剩余污泥量大，污泥龄就较短。

5. 活性污泥的培养与驯化

活性污泥是通过一定的方法培养与驯化出来的。培养的目的是使微生物增殖，达到一定的污泥浓度；驯化则是对混合微生物群进行淘汰和诱导，使具有降解废水活性的微生物成为优势。培养驯化方法可归纳为异步培驯法、同步培驯法和接种培驯法。异步法即先培养后驯化。同步法是培养和驯化同时进行或交替进行。接种法则是利用其他污水处理厂的剩余污泥，再进行适当培养和驯化。在培养和驯化期间，应保证良好的微生物生长繁殖条件，如温度（15～35 ℃）、DO（0.5～3 mg/L）、pH值（6.5～7.5）、营养比等。培养周期决定于水质及培养条件。

（1）活性污泥的培养。活性污泥是降解水中污染物的工作主体，曝气池中存在足够数量性能良好的活性污泥，是活性污泥法工艺有效运行的重要前提之一。除了采用纯菌种外，活性污泥菌种大多取自粪便污水、生活污水或性质相近的工业废水处理厂二沉池剩余污泥。培养液一般由上述菌液和诱导比例的营养物如淘米水、尿素或磷酸盐等组成。

为补充营养和排除微生物的代谢产物，应当及时换水。换水方法分为间歇换水和连续换水。间歇换水是指在首次加料曝气后出现活性污泥絮体时，即停止曝气，使混合液静置沉淀 2 h，然后排放占总体积 60%左右的澄清液，再补充粪便水、生活污水或自来水，之后继续曝气，直至污泥沉降比大于 30%，停止补充粪便水。每次换水间隔时间不超过 24 h。在首次换水之后，每天进行一次换水，必要时按比例投加淘米水、尿素、磷酸盐等营养。当曝气池容积较大，可采用连续换水方法，即在首次投料后出现活性污泥絮体时，就连续地向曝气池中投加生活污水，并不断地出水和回流（回流的污泥量一般为曝气池进水量的 50%）。每天可更换一次。随着逐渐加大进水量，培养后期可以每天换水两次。在 20 ℃左右的温度下，一般经过 2 周左右时间，污泥即可培养成熟。

（2）活性污泥的驯化。为使污泥中的微生物逐渐形成具有处理特定工业废水能力的酶系统，必须对活性污泥进行必要的驯化，驯化方法是在进水中逐渐增加工业废水的比例。开始驯化时，工业废水的比例可控制在曝气池设计负荷的 20%～40%；取得较好的处理效率后，再逐步增加，直至满负荷为止。一般每次增加设计负荷的 10%～20%。每次增加负荷后，必须在微生物已经适应且系统稳定一段时间后再继续增加。在驯化过程中，对某特定工业废水有处理能力的微生物得以增殖，无处理能力的微生物逐渐被淘汰，从而使驯化后的活性污泥对该废水具有较强的处理能力。

6. 活性污泥法工艺的运行管理

为了保证系统正常运转，需要对系统的运行状态进行例行监察，对污泥性能和水质等相关指标进行日常检测。除了对动力系统、污泥处理系统、处理构筑物等进行日常管理外，尚需检测以下项目：进出水 BOD、COD、SS，每天或隔天分析 1 次；毒物含量，应不定期进行分析；污泥生物相，经常观察；污泥沉降比（SV），每班分析 1 次；混合液污泥浓度，每周测定 2 次；污泥容积指数（SVI），每周测定 2 次；氨氮每天分析 1 次，出水氨氮含量小于 1 mg/L；磷每周分析 1 次，出水含磷量小于 1 mg/L；DO 每两小时测定 1 次，控制在 1～4 mg/L 范围内；pH 值每班分析 1～2 次，控制在中性范围；水温每班测量 3～4 次，不超过 35 ℃。

活性污泥法工艺处理过程中，应注意污泥膨胀、污泥上浮、污泥解体和出现泡沫等异常现象。

活性污泥法自 20 世纪初应用以来，一直没什么进展，直到近 30 年来，由于工业的高速发展，迫切需要解决大量工业废水的处理问题，才促进了活性污泥法的发展。活性污泥法主要处理含有机物的废水，为了扩大其应用范围，使其向多功能方向进展，近年来开展大量研究工作，并取得了不同程度的进展，如脱氮、除磷以及去除某些无机物等。随着研究的深入，它的应用将日益广泛。

三、生物膜法

1. 概述

生物膜法和活性污泥法一样，同属好氧生物处理方法。但活性污泥法是依靠曝气池中悬浮流动的活性污泥来分解有机物，而生物膜法则主要依靠固着于载体表面的微生物膜来净化水中的有机物。因此，生物膜法的所有构筑物都有固定介质，或是滤料或是板材等。生物膜法常用的构筑物有生物滤池、生物转盘和生物接触氧化池等。

(1) 生物膜的形成及性质

1) 生物膜形成的前提条件

①起支撑作用、供微生物附着生长的载体物质。在生物滤池中称为滤料，在接触氧化工艺中称为填料，在好氧生物流化床中称为载体。

②供微生物生长所需的营养物质，即废水中的有机物、氮、磷以及其他营养物质。

③作为接种的微生物。

2) 生物膜的形成过程。首先是生物膜的形成，即含有营养物质和接种微生物的污水在填料的表面流动，一定时间后，微生物会附着在填料表面而增殖和生长，形成一层薄的生物膜。然后是生物膜的成熟，在生物膜上由细菌及其他各种微生物组成的生态系统以及生物膜对有机物的降解功能都达到平衡和稳定状态。生物膜从开始形成到成熟，一般需要 30 天左右（城市污水，20 ℃）。

生物膜具有高度亲水性，存在着附着水层；生物膜中微生物高度密集，各种细菌以及微型动物起着主要去除废水中的有机污染物的作用，形成了有机污染物—细菌—原生动物（后生动物）的食物链。

(2) 生物膜对水的净化作用。生物膜对废水的净化作用如图 6—5—7 所示。由于生物膜的吸附作用，在它的表面往往附着一层很薄的水层，此水层基本上是不流动的。附着的水层中，有机物绝大部分已被氧化，因此，有机物浓度很低。当废水不断沿滤料向下流动时，由于有机物浓度的差异，有机物就从运动着的废水转移到附着的水层中，并进一步被生物膜所吸附，空气中的氧气也同时经废水进入生物膜。生物膜上的微生物在氧的参与下对有机物进行氧化和分解的结果，产生了无机物和二氧化碳，它们沿着相反的方向从生

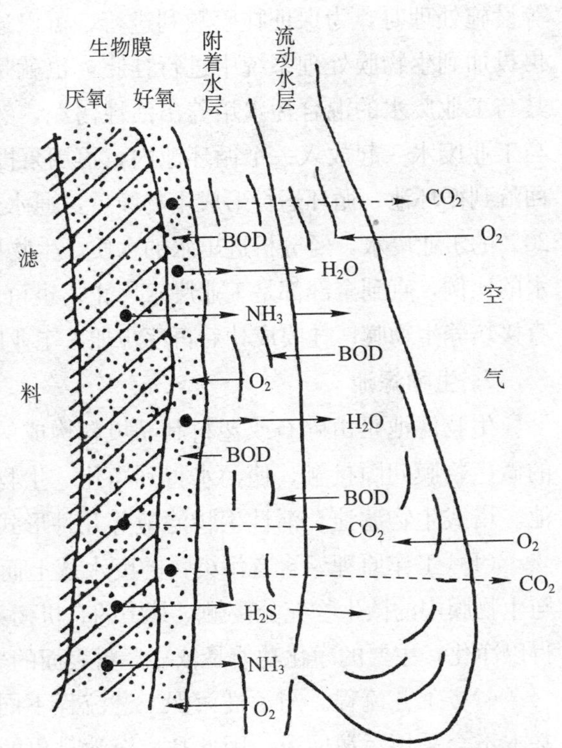

图 6—5—7 生物膜对废水中有机物的净化作用

物膜经过附着的水层排到流动着的废水及空气中去，从而使废水得到净化。

（3）生物膜的培养与驯化。生物膜中的生物相与活性污泥基本相同，只是生物相在构筑物中分层分布：上层生长的全是细菌和少量鞭毛虫；中层生物以菌胶团、球衣菌、鞭毛虫和游泳型纤毛虫为主；下层除菌胶团和球衣菌外，主要是固着型纤毛虫和少量游泳型纤毛虫以及轮虫等生物。生物膜处理系统膜状污泥的培养和驯化过程称为挂膜，是指将具有代谢活性的微生物污泥在生物处理系统中的填料上固着生长的过程。

生物膜法刚开始投运时需要有一个挂膜阶段，一方面使微生物生长繁殖直至填料表面布满生物膜，其中微生物的数量能满足污水处理的要求；另一方面还要使微生物逐渐适应所处理污水的水质，即对微生物进行驯化。挂膜过程中回流沉淀池出水和池底沉泥，可促进膜的早日完成。

挂膜方法一般分直接挂膜法和间接挂膜法两种。在各种形式的生物膜处理设施中，生物接触氧化池和塔式生物滤池由于具有曝气系统，而且填料量和填料空隙均较大，可以使用直接挂膜法；而普通生物滤池和生物转盘等设施需要使用间接挂膜法。

1）直接挂膜法。该方法是在合适的水温、溶解氧等环境条件及合适的 pH、BOD_5、C/N 等水质条件下，让处理系统连续进水正常运行。对于生活污水、城市污水或混有较大比例生活污水的工业废水可以采用直接挂膜法，一般经过 7～10 天就可以完成挂膜过程。

2）间接挂膜法。对于不易降解的工业废水，尤其是使用普通生物滤池和生物转盘等设施处理时，为保证挂膜顺利进行，可以通过预先培养和驯化相应的活性污泥，然后再投加到生物膜处理系统中进行挂膜，也就是分布挂膜。通常的做法是先将生活污水或其与工业废水的混合污水培养出活性污泥，然后将该污泥或其他类似污水处理厂的污泥与工业废水一起放入一个循环池内，再用泵投入生物膜法处理设施中，出水和沉淀污泥均回流到循环池。循环运行形成生物膜后，通水运行，并加入要处理的工业废水。可先投配 20%的工业废水，经分析进出水的水质，生物膜具有一定处理效果后，再逐步加大工业废水的比例，直到全部都是工业废水为止。也可以用掺有少量（20%）工业废水的生活污水直接培养生物膜，挂膜成功后再逐步加大工业废水的比例，直到全部都是工业废水为止。

2. 生物滤池

生物滤池是由碎石或塑料制品填料构成的生物处理构筑物，污水与填料表面上生长的微生物膜间隙接触，使污水得到净化。生物滤池主要有普通生物滤池、高负荷生物滤池、塔式生物滤池、活性生物滤池等几种形式。

（1）工作原理。含有污染物的废水从上而下从长有丰富生物膜的滤料的空隙间流过，与生物膜中的微生物充分接触，其中的有机污染物被微生物吸附并进一步降解，使得废水得以净化，主要的净化功能是依靠滤料表面的生物膜对废水中有机物的吸附氧化作用。

（2）工艺流程。与活性污泥工艺流程不同的是，在生物滤池中常采用出水回流，而基本不会采用污泥回流，因此从二沉池排出的污泥全部作为剩余污泥进入污泥处理流程进行进一步处理。生物滤池废水处理工艺流程如图 6—5—8 所示。

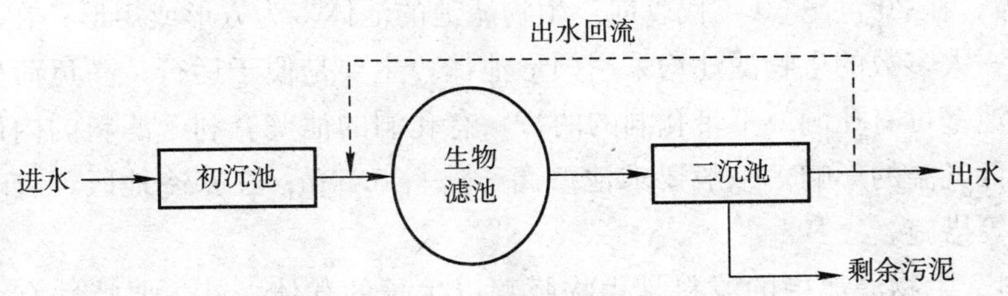

图 6—5—8 生物滤池废水处理工艺流程

(3) 生物滤池的构造与组成。生物滤池主要由滤床（池体与滤料）、布水装置和排水系统三部分组成，如图 6—5—9 和图 6—5—10 所示。

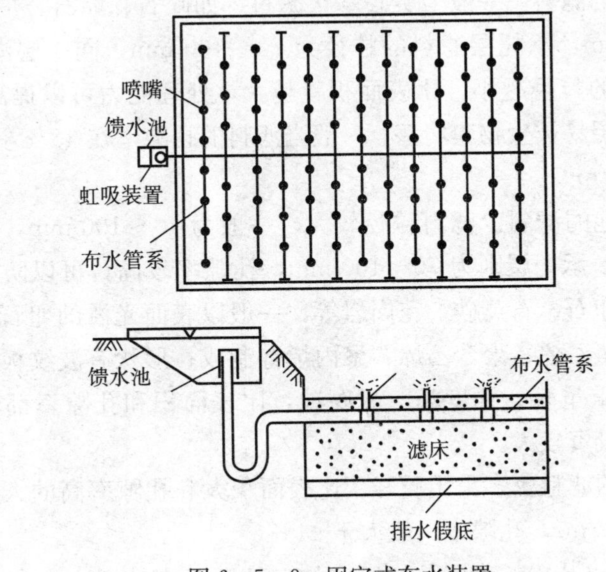

图 6—5—9 固定式布水装置

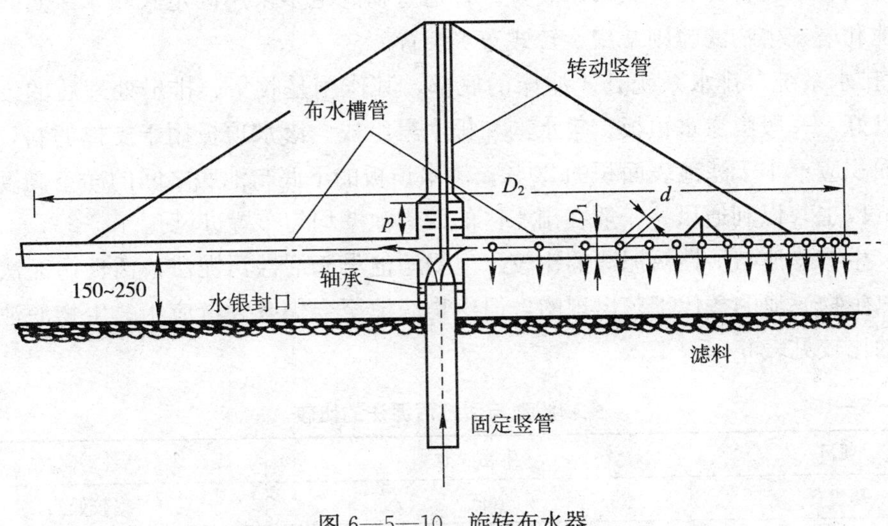

图 6—5—10 旋转布水器

1）池体。在20世纪30年代以前，生物滤池的池体多为方形或矩形；在出现了旋转布水器之后，大多数的生物滤池均采用圆形池体，主要是便于运行；高负荷生物滤池通常是圆形；池壁可有孔洞或不带孔洞的两种，有孔洞的池壁有利于滤料的内部通风，但在冬季易受低气温的影响；一般要求池壁高于滤料0.5 m；在寒冷地区，有时需要考虑防冻、采暖等措施。

2）滤料。生物滤池中的滤料是生物膜赖以生长的载体，其主要特性有：大的表面积，有利于微生物的附着；能使废水以液膜状均匀分布于表面；有足够大的孔隙率，使脱落的生物膜能随水流到池底，同时保证良好的通风；适合于生物膜的形成与黏附，且应该既不被微生物分解，又不抑制微生物的生长；有较好的机械强度，不易变形和破碎。

①普通生物滤池的滤料。一般为实心拳状滤料，如碎石、卵石、炉渣等。工作层滤料的粒径为25～40 mm，承托层滤料的粒径为70～100 mm，同一层滤料要尽量均匀，以提高孔隙率；滤料的粒径越小，比表面积就越大，处理能力可以提高；但粒径过小，孔隙率降低，则滤料层易被生物膜堵塞。一般当滤料的孔隙率在45%左右时，滤料的比表面积为65～100 m^2/m^3。

②高负荷生物滤池的滤料。滤料粒径较大，一般为40～100 mm，其中工作层滤料的粒径为40～70 mm，承托层则为70～100 mm，孔隙率较高，可以防止堵塞和提高通风能力；滤料常采用卵石、石英砂、花岗岩等，一般以表面光滑的卵石为好；目前常采用塑料滤料，多用聚氯乙烯、聚苯乙烯、聚丙烯等制成；形状有波纹板式、斜管式和蜂窝式等。其优点是：重量轻、强度高、耐腐蚀，比表面积和孔隙率都较大；主要缺点是：造价较高，初期投资较大。

③塔式生物滤池的滤料。多采用质轻、比表面积大和孔隙率高的人工合成滤料，比表面积为100～220 m^2/m^3，孔隙率一般大于94%。

3）布水装置。布水装置的作用是将废水均匀地喷洒在滤料上。布水装置主要有两种：固定式布水装置和旋转式布水装置。普通生物滤池多采用固定式布水装置，高负荷生物滤池和塔式生物滤池则常用旋转式布水装置。

4）排水系统。排水系统处于滤床的底部，其作用是收集、排出处理后的废水和保证通风良好，一般由渗水顶板、集水沟和排水渠组成。渗水顶板用于支撑滤料，其排水孔的总面积应不小于滤池表面积的20%；渗水顶板的下底与池底之间的净空高度一般应在0.6 m以上，以利通风。一般在出水区的四周池壁均匀布置进风孔。

（4）生物滤池与活性污泥法的比较。生物滤池早于活性污泥法，活性污泥法的发明之初是以生物滤池的替代工艺出现的，但生物滤池至今仍有大量应用。生物滤池与活性污泥法的比较见表6—5—1。

表6—5—1　　生物滤池与活性污泥法的比较

项目	生物滤池	活性污泥法
基建费	低	较低
运行费	低	较高

续表

项目	生物滤池	活性污泥法
气候的影响	较大	较小
技术控制	较易控制	要求较高
灰蝇和臭味	蝇多、味大	无
最后出水	负荷低时，硝化程度较高，但悬浮物较多	悬浮物较少，但硝化程度不高
剩余污泥量	少	大
泡沫问题	很少	较多

3. 生物转盘

（1）生物转盘工艺流程与原理。生物转盘处理废水的机理与生物滤池基本相同，不同的是生物转盘处理装置中生物膜附着生长在一系列转动的盘片上，而不是生长在固定的填料上。生物转盘实际上是一个装设多组盘片的废水生化处理池，盘片固定于缓慢转动的横轴上，大约一半盘片可浸没于废水水面之下。当盘片的一部分浸没在废水中时，废水中的有机物即被盘片上的生物膜吸附，微生物因此获得足够的营养；当这部分组片转出水面时，生物膜即可从空气中吸取氧气。盘片如此不断地转动，被吸附的有机物则被生物膜氧化分解。随着生化反应的进行，老化的生物膜会脱落于氧化槽内，最终流入二次沉淀池进行固液分离。生物转盘工艺流程如图 6—5—11 所示。

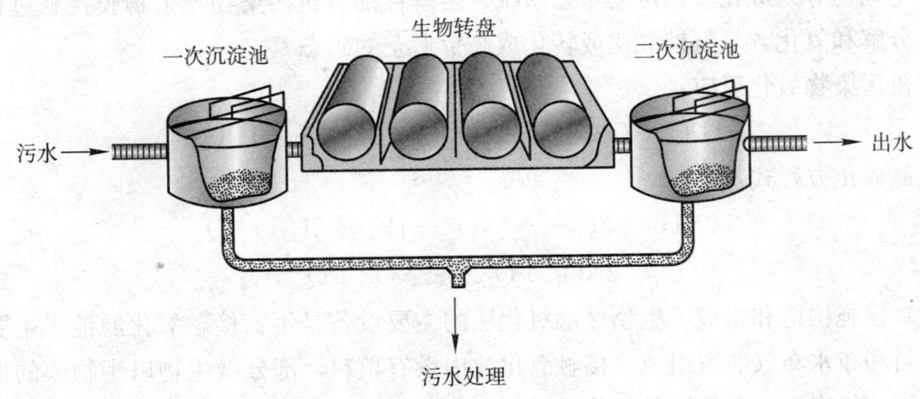

图 6—5—11　生物转盘工艺流程

（2）构造与布置方式。生物转盘主要由旋转圆盘、转动横轴、动力及减速装置和氧化槽等部分组成。旋转圆盘盘片多呈圆形，表面呈波纹状，相邻盘片的间距一般在 20～30 mm 范围内；其材质要求质轻、耐腐蚀、坚硬和不易变形，所以多采用聚乙烯硬质塑料或玻璃钢。一般采用附有减速装置的电动机作驱动装置。氧化槽的断面为半圆形，常采用砖或钢筋混凝土建造，槽壁与盘片之间的距离通常为 20～50 mm。转动横轴直径一般为 40～60 mm，钢质材料。

生物转盘的布置方式分单轴单级、单轴多级、多轴多级几种，随着级数的增多，处理效率逐渐增加，一般不超过 4 级（4 级有机物处理效率达 95%以上）。生物转盘二级处理工艺流程如图 6—5—12 所示。

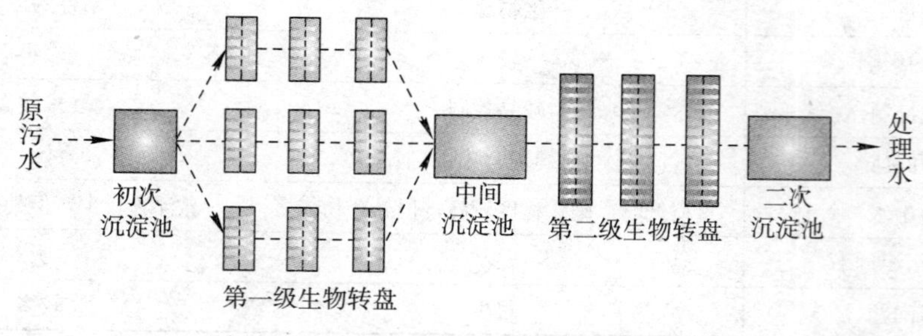

图 6—5—12 生物转盘二级处理工艺流程

生物转盘的优点是抗负荷冲击能力较强，不需要污泥回流装置，动力消耗较低，运行与管理较为方便；缺点是占地面积较大，容易造成恶臭气体污染。

4. 接触氧化法

接触氧化法是在生物滤池的基础上，从接触曝气法改良演化而来的，因此有人称为“浸没式滤池法”“接触曝气法”等。

（1）工作原理。接触氧化法是一种兼有活性污泥法和生物膜法特点的一种新的废水生化处理法。它是利用填料作为生物载体，微生物在曝气充氧的条件下生长繁殖，富集在填料表面上形成生物膜，其生物膜上的生物相丰富，有细菌、真菌、丝状菌、原生动物、后生动物等组成比较稳定的生态系统，溶解性的有机污染物与生物膜接触过程中被吸附、分解和氧化，氨氮被氧化或转化成高价形态的硝态氮。

有机污染物氧化反应：

$$4C_xH_yO_z+(4x+y-2z)O_2 \longrightarrow 4xCO_2+2yH_2O+Q$$

氨氮氧化方程式：

$$2NH_4^+ + 3O_2 \longrightarrow 2NO_2^- + 4H^+ + 2H_2O + Q$$

$$2NO_2^- + O_2 \longrightarrow 2NO_3^- + Q$$

（2）设施构造和组成。生物接触氧化法的主要设备是生物接触氧化滤池，主要由池体、填料和布水布气装置组成。接触氧化池内设有填料，部分微生物以生物膜的形式附着生长于填料表面，部分则是絮状悬浮生长于水中，因此它兼有活性污泥法与生物滤池两者的特点。由于滤料及其上的生物膜均淹没于水中，故又被称为淹没式生物滤池。

池体一般由钢筋混凝土或不锈钢制造，在池体内安装布水布气装置，在填料下方设置起支撑作用的格栅支架。填料有聚丙烯塑料、玻璃钢等制成的蜂窝状或波纹板状硬质填料，也有尼龙、腈纶、涤纶等制成的软性纤维状填料以及弹性立体填料等，如图 6—5—13 所示。

根据曝气装置的不同，生物接触氧化池的结构形式可分为鼓风曝气氧化池和表面曝气接触氧化池两种。

1）鼓风曝气氧化池。设有不透气的曝气池，池中装有焦炭、砾石、塑料蜂窝等填料，填料被水浸没，用鼓风机在填料底部曝气充氧，空气能自下而上夹带待处理的废水

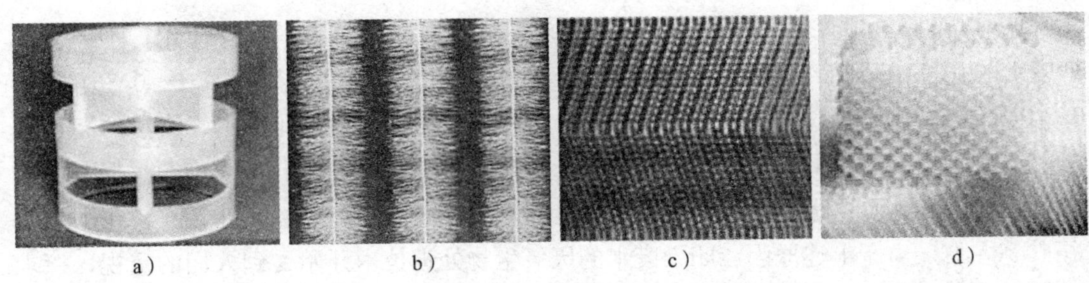

图 6—5—13　滤池填料

a）聚丙烯塑料填料　b）化学纤维填料　c）波浪式填料　d）蜂窝状填料

自由通过滤料部分到达地面，空气逸走后，废水则在滤料间格自上向下返回池底。活性污泥附在填料表面，不随水流动。因生物膜直接受到上升气流的强烈搅动，不断更新，从而提高了净化效果。

2）表面曝气接触氧化池。充氧间和填料间分隔设置，曝气装置在充氧间上部，废水在单独间隔的充氧间内充氧，废水的充氧和与生物膜的接触分别在不同的间隔内进行，在池内进行单项或双向循环，气、水和生物膜三者得到充分接触，水中溶解氧较高，处理效果较好，主要作为三级处理和给水的预处理。表面曝气接触氧化池基本构造如图 6—5—14 所示。

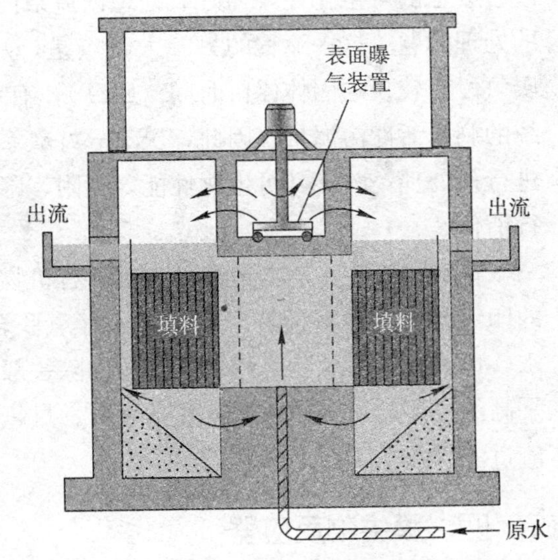

图 6—5—14　表面曝气接触氧化池基本构造

生物接触氧化法具有处理时间短、体积小、净化效果好、出水水质好而稳定、污泥不需回流也不膨胀、耗电小等优点。这种方法容积负荷高，耐冲击负荷能力强；具有膜法的优点，剩余污泥量少；具有活性污泥法的优点，辅以机械设备供氧，生物活性高，泥龄短；能分解其他生物处理法难以分解的物质；容易管理，消除了污泥上浮和膨胀等弊端。其缺点是滤料间水流缓慢，水力冲刷力小；生物膜只能自行脱落，剩余污泥不易排走，滞留在滤料之间易引起水质恶化，影响处理效果；滤料更换、构筑物维修困难。

5. 应用

20 世纪 70 年代以来，国内对印染废水以生物处理为主，占 80%以上，尤以好氧生物处理法占绝大多数。从现有情况来看，我国印染废水生物处理法中以表面加速曝气和接触氧化法占多数。此外，鼓风曝气活性污泥法、射流曝气活性污泥法、生物转盘等也有应用，生物流化床尚处于试验性应用阶段。但由于生物处理对色度去除率不高，一般在 50%左右，所以当出水色度要求较高时，需辅以物理或化学处理。

好氧生物处理对 BOD 去除效果明显，一般可达 80%，但色度和 COD 去除率不高，尤其如PVA等化学浆料、表面活性剂、溶剂及坯布碱减量技术的广泛应用，不但使印染废水的COD达到2 000～3 000 mg/L，而且BOD/COD也由原来的0.4～0.5下降到0.2以下，单纯的好氧生物处理难度越来越大，出水难以达标；此外，好氧法的高运行费用及剩余污泥处理或处置问题历来是废水处理领域没有解决好的一个难题。据资料报道，一般污泥处理或处置费用占整个污水处理厂费用的50%～70%（国外），在国内也占40%左右。由于上述原因，印染废水的厌氧生物处理技术开始受到人们的重视，探求高效、低耗、投资省的印染废水处理新技术已日显重要。

近年来在厌氧法与好氧法的结合方面进行了大量的试验研究，获得了很大的成功。而与好氧法结合的厌氧处理已不再是传统的厌氧消化，它的水力停留时间（HRT）一般为3～5 h，只发生水解和酸化作用。这一工艺流程的提出主要是针对印染废水中可生化性很差的一些高分子物质，期望它们在厌氧段发生水解、酸化，变成较小的分子，从而改善废水的可生化性，为好氧处理创造条件。采用这一流程，较好地解决了PVA、染料的处理问题。这一流程的另一大特点是，好氧段所产生的剩余污泥全部回流到厌氧段，厌氧段有较长的固体停留时间（SRT），有利于污泥厌氧消化，从而显著降低了整个系统的剩余活性污泥量。因此，厌氧—好氧系统中的厌氧段具有双重的作用：一是对废水进行预处理，改善其可生化性能，吸附、降解一部分有机物；二是对系统的剩余污泥进行消化。

在对印染废水进行最终处理时，有机物的去除一般以生物法为主。对难于生物降解的印染废水，采用厌氧（水解）—好氧联合处理较为合适；对易于生物降解的印染废水，可采用一段生物处理。色度的去除一般以物理化学方法为主。对于规模大、处理水平高的工厂，可采用电解、化学絮凝、臭氧氧化等工艺；对于小规模的工厂，可采用炉渣过滤。

四、膜生物反应器

膜生物反应器（MBR）为膜分离技术与生物处理技术有机结合的新型废水处理系统。它以膜组件取代传统生物处理技术末端二沉池，在生物反应器中保持高活性污泥浓度，提高生物处理有机负荷，从而减少污水处理设施占地面积，并通过保持低污泥负荷来减少剩余污泥量。膜生物反应器主要利用膜分离设备截留水中的活性污泥与大分子有机物。膜生物反应器系统内活性污泥（MLSS）浓度可提升至8 000～10 000 mg/L甚至更高，污泥龄可延长至30天以上。膜生物反应器因其有效的截留作用，可保留世代周期较长的微生物，实现对污水的深度净化；同时硝化菌在系统内能充分繁殖，硝化效果明显，对深度除磷脱氮提供可能。膜生物反应器技术可广泛用于污水处理和中水回用等领域。

1. 膜生物反应器工作原理

由于超滤膜能够很好地截留来自生物反应器混合液中的微生物絮体、分子量较大的有机物及其他固体悬浮物质，并使之重新返回生化反应器中，这就使反应器内的活性污泥浓度得以大大提高，从而能够有效地提高有机物的去除率。工艺流程：废水→格栅→

调节池→膜组件→生物反应器→出水（回用处理），如图 6—5—15 所示。

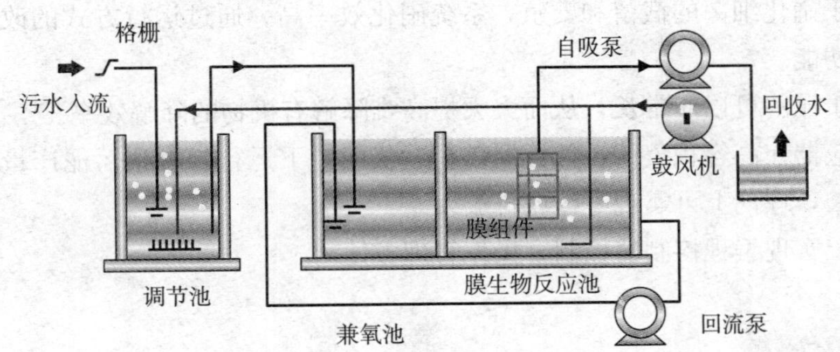

图 6—5—15　膜生物反应器（MBR）

2. 膜生物反应器分类

目前在水处理行业中，膜生物反应器投入大规模实际应用。膜生物反应器依据膜组件及原理有不同的分类。

（1）按整体结构形式分类。分为膜分离生物反应器、膜曝气生物反应器、萃取膜生物反应器。膜分离生物反应器，用于污水处理中的固液分离；膜曝气生物反应器，其中膜被用于气体质量传递，通常是为好氧工艺供氧，可以实现生物反应器的无泡曝气，大大提高反应器的传氧效率；萃取膜生物反应器，主要用于工业中优先污染物的处理，选择性透过膜被用于萃取特定的污染物。

（2）按膜组件的放置方式分类。分为分体式和一体式两种。分体式膜生物反应器把生物反应器与膜组件分开放置，生物反应器的混合液经增压后进入膜组件，在压力作用下混合液中的液体透过膜得到系统出水，活性污泥则被截留，并随浓缩液回流到生物反应器内。一体式系统则直接将膜组件置于反应器内，通过抽吸得到过滤液，膜表面清洗所需的错流由空气搅动产生，设置在膜的正下方，混合液随气流向上流动，在膜表面产生剪切力，以减少膜的污染。一体式膜生物反应器工艺是污水生物处理技术与膜分离技术的有机结合。

（3）按膜生物反应器是否需氧分类。分为好氧膜生物反应器和厌氧膜生物反应器。

3. 膜生物反应器工作特点

与传统的生化水处理技术相比，膜生物反应器具有处理效率高、出水水质好，设备紧凑、占地面积小，易实现自动控制、运行管理简单等特点。20 世纪 80 年代以来，该技术越来越受到重视，成为研究的热点之一。目前膜生物反应器已经应用于美国、德国、法国和埃及等十多个国家。这种技术不仅有效地达到了泥水分离的目的，而且具有污水三级处理传统工艺不可比拟的优点。

（1）高效地进行固液分离，其分离效果远好于传统的沉淀池，出水水质良好，出水悬浮物和浊度接近于零，可直接回用，实现了污水资源化。

（2）膜的高效截留作用，使微生物完全截留在生物反应器内，实现反应器水力停留时间和污泥龄的完全分离，运行控制灵活稳定。

（3）由于膜生物反应器将传统污水处理的曝气池与二沉池合二为一，并取代了三级处理的全部工艺设施，因此可大幅减少占地面积，节省土建投资。

（4）利于硝化细菌的截留和繁殖，系统硝化效率高。通过运行方式的改变，亦可有脱氨和除磷功能。

（5）由于泥龄可以非常长，从而大大提高难降解有机物的降解效率。

（6）反应器在高容积负荷、低污泥负荷、长泥龄下运行，剩余污泥产量极低，由于泥龄可无限长，理论上可实现零污泥排放。

（7）系统实现编程控制器控制，操作管理方便。

技能训练

污泥沉降比（SV）和污泥体积指数（SVI）的测定

一、实验目的

1. 了解表征活性污泥沉淀性能的指标。
2. 掌握污泥沉降比和污泥体积指数的测定和计算方法。
3. 明确污泥沉降比、污泥体积指数和污泥浓度三者之间的关系。
4. 加深对活性污泥的絮凝及沉淀特点和规律的认识。

二、实验原理

影响二次沉淀池沉淀效果的主要因素是混合液（活性污泥）的沉降情况，用污泥沉降比和污泥指数来表示。污泥沉降比是评价活性污泥的重要指标之一，在一定程度上反映了活性污泥的沉降性能，而且测定方法简单、快速、直观。当污泥浓度变化不大时，用污泥沉降比可快速反映出活性污泥的沉降性能以及污泥膨胀等异常情况。当处理系统水质、水量发生变化或受到有毒物质的冲击影响或环境因素发生变化时，曝气池中的混合液浓度或污泥指数都可能发生较大的变化，单纯用污泥沉降比作为沉降性能的评价指标则很不充分，因为污泥沉降比中并不包括污泥浓度的因素。这时，常采用污泥体积指数（SVI）来判定系统的运行情况。

三、仪器材料

活性污泥法处理系统；SV 及 SVI 测定装置，如图 6—5—16 所示；过滤器、烘箱、马弗炉、天平、称量瓶等；虹吸管、吸耳球等提取污泥的器具；100 mL 量筒；定时器（秒表）等。

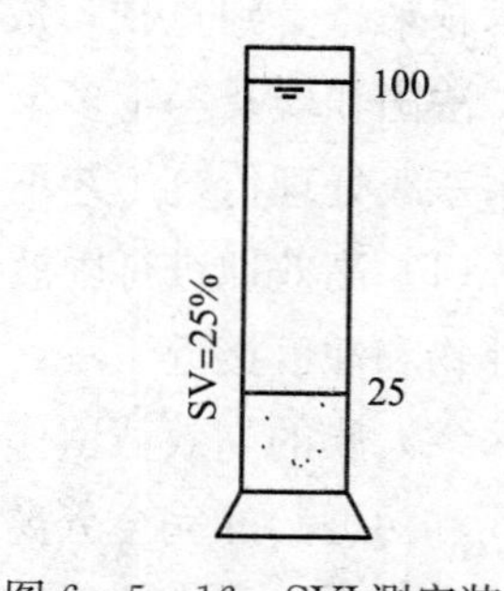

图 6—5—16　SVI 测定装置

四、实验步骤

1. 将虹吸管吸入口放入曝气池的出口处，用吸耳球将曝气池的混合液吸出，并形成虹吸。通过虹吸管将混合液置于

100 mL 量筒中，至100 mL刻度处，并从此时开始计算沉淀时间。

2. 将装有污泥的 100 mL 量筒静置，观察活性污泥絮凝和沉淀的过程和特点，在第 30 min 时记录污泥界面以下的污泥容积。将经 30 min 沉淀的污泥和上清液一同倒入过滤器中，测定其污泥固体干重。

3. 计算测定的污泥浓度。

五、记录分析

1. 根据测定污泥沉降比（SV%）和污泥浓度（MLSS），计算污泥指数（SVl）。

2. 通过所得到的污泥沉降比和污泥指数，评价该活性污泥法处理系统中活性污泥的沉降性能，是否有污泥膨胀的倾向或已经发生膨胀，并分析其原因。

活性污泥形态及生物相的观察

一、实验目的

1. 通过显微镜直接观察活性污泥菌胶团和原生动物。

2. 掌握用形态学的方法来判别菌胶团的形态、结构，并据此判别污泥的性状。

3. 掌握用原生动物来间接评定活性污泥质量和污水处理效果的方法。

二、实验原理

活性污泥是生物法处理废水的主体，污泥中微生物的生长、繁殖、代谢活动以及微生物的演替情况直接反映了处理状况，因此用显微镜观察菌胶团是监测处理系统运行的一项重要手段。本实验就是通过测定曝气池中的溶解氧浓度、pH 值、温度，通过观察菌胶团的特征，考察不同条件下活性污泥形态及生物相的变化。

三、仪器材料

活性污泥系统，普通光学显微镜，酸度计，溶解氧测定仪，量筒，滴管，载玻片，盖玻片。

四、实验步骤

1. 确认活性污泥处理系统的运行状况、污泥负荷、溶解氧、温度、pH 值等。

2. 在曝气池中取少许混合液，沉淀后取一滴加到干净的载玻片的中央，盖上盖玻片，加盖玻片时应使其中央接触到水滴后才放下，以避免在片内形成气泡，影响观察。

3. 调试显微镜。把载玻片放在显微镜的载物台上，将标本放到圆孔的正中央，转动调节器，对准焦距，进行观察。

4. 低倍镜观察。观察生物相全貌，注意污泥絮粒的大小、结构的松紧程度、菌胶团和丝状菌比例及生长情况，并加以记录和必要描述；观察微型动物种类、活动状况。

5. 高倍镜观察。进一步观察微型动物的结构特征，根据图 6—5—17 分析比较，说明存在哪些微型动物。描述如纤毛虫的运动情况、菌胶团细菌的胶原薄厚及色泽、丝状菌菌丝的生长情况等，画出所见原生动物和菌胶团等微生物形态草图，并进行记录。

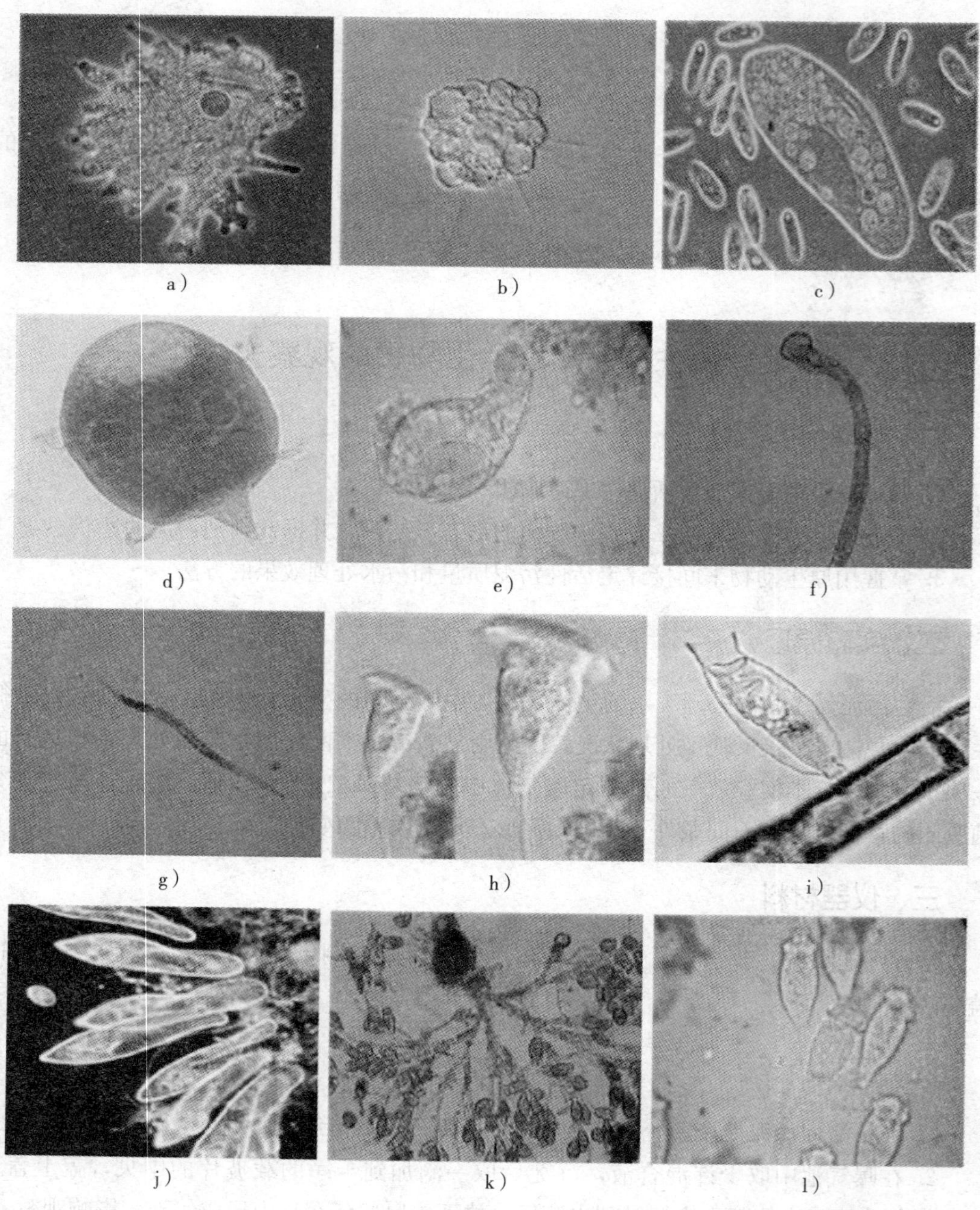

a） b） c） d） e） f） g） h） i） j） k） l）

图 6—5—17 微型动物的结构特征

a）变形虫 b）太阳虫 c）草履虫 d）节毛虫 e）轮虫 f）寡毛虫 g）线虫 h）钟形虫 i）固型纤毛虫 j）游离型纤毛虫 k）、l）原生动物

五、记录分析

1. 测定活性污泥处理系统的溶解氧、pH 值、温度，并记录。

2. 记录观察所取污泥的形状、结构，有无丝状菌、原生动物的情况。

将实验结果填入表 6—5—2。

表 6—5—2 活性污泥镜检和计数结果

项目	观察情况
絮体形状	圆形；不规则形
絮体结构	开发；封闭
絮体紧密度	紧密；疏松
丝状菌数量	0；±；+；++；+++
游离细菌	几乎不见；少；多
优势种动物名称及状态描述	
其他动物种名称	
每滴稀释液中动物数	
每毫升混合液中动物数	

第六节 印染废水处理工艺实例

一、概述

印染废水的处理大多采用以好氧生化处理为主的工艺。尤其对于纯棉印染废水，直接生化处理效果较好。但棉混及化纤织物废水生化处理效果较差，可在好氧生化处理前增加水解酸化池，在曝气池中加入适量的铝盐、$Fe(OH)_3$和粉末炭，并逐步驯化形成具有特殊结构的生物活性污泥，从而使 COD 去除率比普通活性污泥法高 10%～20%，筛选培育高效脱色菌种降解染料和 PVA，可以使脱色率达到 80%，PVA 去除率达 75%～90%。另外，采用高效曝气、高强度曝气等也可以改善处理效果。

鉴于染色废水的色度高，许多染料的可生化性较差，$BOD_5/COD \approx 0.2$，因此用物化方法进行脱色较为合适，方法有混凝、化学氧化（臭氧、光氧化、电解、H_2O_2等）、吸附等，泥水分离多数用沉淀池，少部分用气浮法。多种脱色混凝剂已在试用。传统 PAC、$FeSO_4$及阴离子型高分子絮凝剂也有较好的脱色效果。由于物化处理工艺通常成本较高，将其置于生化法后解决脱色问题比较合理。

丝及丝交织或混纺工业废水可采用生化一混凝法或单一混凝法处理，前者适用于废水排放量较大的企业，后者适用于排放量较小的企业。经生化一混凝流程处理后的废水，COD 去除率可达到 80%，BOD_5去除率可达到 90%，色度去除率可达到 87%。

二、工艺流程举例

近年来，为适应市场需求，纺织印染产品的花色品种层出不穷，合成纤维品种增加，仿真丝逐渐兴起和印染后整理技术更加进步，以及化学浆料（PVA）代替淀粉、新型助剂在印染工业中的应用等，使得印染废水水质变化无常，色深且差异大，处理更加困难。印染废水的综合治理已成为当今国内外急需解决的问题。因此，国内外越来越多的研究者致力于废水处理新技术、新方法、新工艺等方面的研究，并对其进行了深入的探索。

用于印染废水处理的方法有物化法、生化法、化学法（多功能混凝剂处理法、高压脉冲电解法）等，但多数是生化为主体的生化一物化组合法。近几年来较成熟、处理效果相对较理想的几种处理工艺流程简介如下。

1. 案例 1

厌氧一好氧一生物炭接触为主的处理工艺案例，如图 6—6—1 所示。

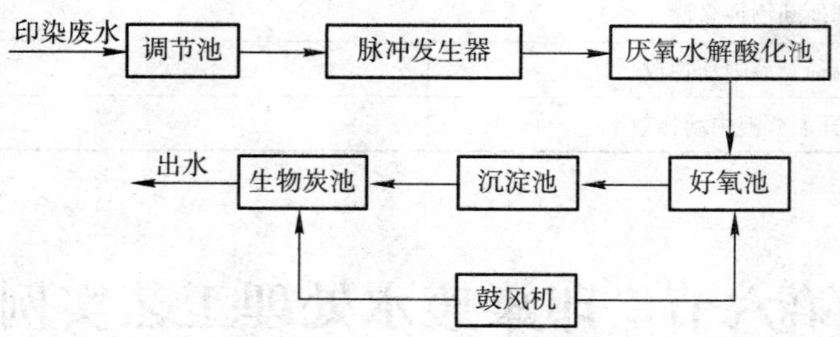

图 6—6—1　厌氧一好氧一生物炭接触为主的处理工艺流程

该处理工艺是近几年来在印染废水处理中采用较多、较成熟的工艺流程。这里的厌氧处理不是传统的厌氧硝化，而是进行水解和酸化作用。其目的是对印染废水中可生化性很差的某些高分子物质和不溶性物质通过水解酸化，降解为小分子物质和可溶性物质，提高可生化性和 BOD_5/COD_{Cr}值，为后续好氧生化处理创造条件。同时，好氧生化处理产生的剩余污泥经沉淀池全部回流到厌氧生化段，因污泥在厌氧生化段有足够的停留时间（8～10 h），能进行彻底的厌氧硝化，使整个系统没有剩余污泥排放，即达到自身的污泥平衡（注：仅有少量的无机泥渣会在厌氧段积累，但不必设专门的污泥处理装置）。

厌氧池和好氧池中均安装填料，属生物膜法处理；生物炭池装活性炭并供氧，兼有悬浮生长和固着生长法特点；脉冲进水的作用是对厌氧池进行搅拌。

2. 案例 2

以生化处理为主体，由厌氧水解酸化、接触氧化、合建式氧化沟组成的处理工艺流程案例，如图 6—6—2 所示。

该处理工艺属于二级生化处理串联工艺，合建式氧化沟内设沉淀池，内沉池中污泥回流到厌氧水解酸化池，既提高生物量，又使污泥硝化。该处理工艺用于有机物浓度高、以印染废水为主的综合工业废水处理。如某市工业区，把印染厂（两个）、织染厂、

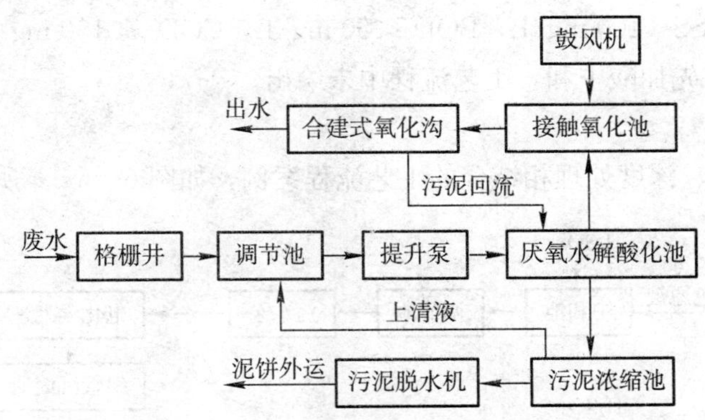

图 6—6—2　厌氧水解酸化、接触氧化、合建式氧化沟处理工艺流程

针织厂、地毯总厂、塑料厂、日化厂和啤酒厂的废水集中起来，用此工艺进行处理，既节省投资，减少了占地面积，又便于管理，降低了运行费用。

3. 案例 3

生化、物化相结合的工艺流程案例，如图 6—6—3 所示。

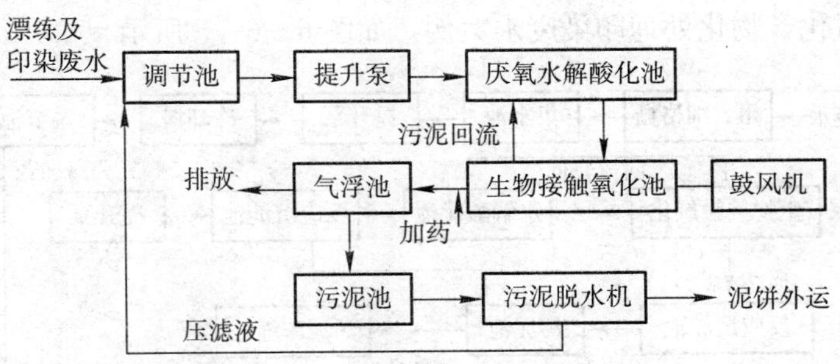

图 6—6—3　生化、物化相结合的工艺流程

该工艺处理的废水主要染料为硫化、涂料、凡士林、活性及化学助剂。处理水量为 100 m^3/天（漂练 60 m^3/天，染色 40 m^3/天）。水质为：pH 值为 10～12，COD_{Cr}＝1 000 mg/L，BOD_5＝200～300 mg/L，色度为 200～300 倍。厌氧水解酸化池内设半软性填料、生物接触氧化池内设 SNP 型新型填料。后续物化处理采用加药反应气浮池。加药反应气浮池的特点为：一是脱落的生物膜、悬浮物等去除率高，可达到 80%～90%；二是色度去除高，可达到 95%；三是气浮池水力停留时间短，约 30 min，而沉淀池水力停留时间为 1.5～2 h，故气浮池体积小，占地面积少；四是污泥含水率低，为 97%～98%，气浮排渣可直接进行脱水处理。因此，采用气浮池后工艺流程有两个明显的特点：一是只设污泥池，不设污泥浓缩池和污泥反应池，污泥直接进脱水机脱水处理；二是本来应采用活性污泥回流到厌氧水解酸化池，因加药反应后的污泥失去了活性，不能回流，故工艺中采取生物接触氧化池中以 1∶1 回流至厌氧水解酸化池，以加强水解和酸化。但采用气浮需要增设一套空压机、压力溶气罐、回流水泵等辅助系统，操作管理相对较复杂。

经该工艺处理后，COD_{Cr} 的去除率达 95%以上，实际出水水质为：pH 值为 6～9，色度小于 100 倍，SS＜100 mg/L，BOD_5＜50 mg/L，COD_{Cr}＜150 mg/L。因原水 pH 值为 10～12，故应首先加酸中和，工艺流程中未绘出。

4. 案例 4

以生化、物化、深度处理相结合的工艺流程案例，如图 6—6—4 所示。

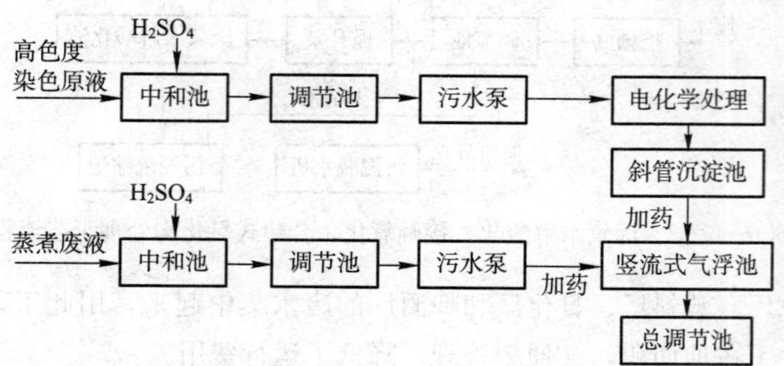

图 6—6—4　高色度高浓度染色原液与蒸煮废液预处理工艺流程

5. 案例 5

生物接触氧化一物化处理印染废水案例，如图 6—6—5 所示。

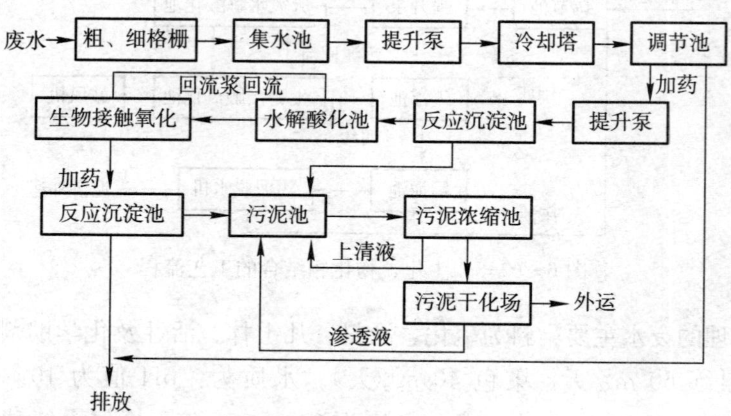

图 6—6—5　浙江省某印染厂废水处理工艺流程

生物接触氧化一物化处理工艺方案，处理水量 250 m^3/天。原水水质为：COD_{Cr}≤2 300 mg/L，BOD_5≤450 mg/L，色度小于等于 160 倍，pH 值为 7，水温为 70 ℃左右，SS＞200 mg/L。

处理后的排放要求为：pH 值为 6～9，色度小于等于 80 倍，COD_{Cr}≤150 mg/L，BOD_5≤60 mg/L，SS≤200 mg/L。

（1）本例中印染废水的特点

1）BOD_5/COD_{Cr}值很低，不到 20%，因此生化处理难度大，首先要设法提高 BOD_5/COD_{Cr}值。

2）水温很高（70 ℃），不利于物化、生化处理。因此要采取措施把水温从 70 ℃降到 40 ℃以下。

3）废水量产生较集中，而废水处理设备 24 h 运行，故调节池要大。

4）原有地下集水池和大、小两组调节池及煤渣过滤的土法处理设备，要求在新的工艺处理设计中尽可能采用。

（2）本例中废水处理工艺的特点

1）原有集水池不变，提升泵仍利用，在集水池始端设两道粗、细格栅；把原有一组容积较大的地面式调节与煤渣过滤系统全部改为调节池，并适当加高；原有一组容积较小的地面式调节池与煤渣过滤系统改为污泥池、污泥浓缩与干化系统。一、二级沉淀池中污泥均以重力流进入污泥池，省去污泥提升泵。这样原有的构筑物全部利用了。

2）为把水温降低，在调节池始端上部设置逆流式机械通风高温冷却塔。其目的：一是减少占地面积；二是冷却水直接进入调节池，省去了冷却水集水池；三是在夏季可把水温从 70 ℃降低到 40 ℃左右。再经过集水池、调节池等的传导和蒸发散热，使水进入一级沉淀池温度不高于 38 ℃，进入水解酸化池温度不高于 36 ℃。

3）为提高 BOD_5/COD_{Cr} 值，工艺采用先物化（一级沉淀池）→生化→再物化（二级沉淀池）。第一级物化处理采用加药反应沉淀池，根据试验及以往的经验与分析，COD_{Cr} 去除不低于 50%，BOD_5 去除约 20%，使 BOD_5/COD_{Cr} 值提高到 0.30 以上，有利于后续的生化处理。但加药控制要适当，以免影响后续生化处理。

4）在生化处理中，为增加微生物所需要的营养源，水在进入水解酸化池前投加适当的氮和磷；为增加生物量，促使大分子有机物和不溶性有机物生物降解，把生物接触氧化池的出水（含污泥），在未加药之前用回流泵按比例回流到水解酸化池。水解酸化池和接触氧化池内均设弹性立体填料，以利挂膜和脱膜。

5）一、二级沉淀池均采用竖流式沉淀池，中间设导流筒，沉淀效果好，排泥畅通，管理操作简便。该工艺目前在小水量污、废水处理中采用较普遍。

6. 案例 6

水解酸化一接触氧化一物化处理印染废水案例，如图 6—6—6 所示。

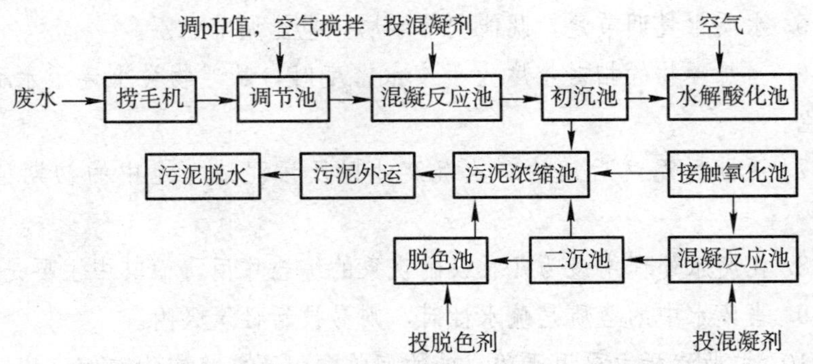

图 6—6—6　水解酸化一接触氧化一物化处理工艺流程

该处理工艺为避免废水中可能存在的纤维杂质物体进入后续处理和管道系统，防止后续处理单元的沉积和堵塞，在废水进口处设置捞毛机。废水经过捞毛机后进入曝气调节池，进行水质、水量的调节，同时可去除部分硫化染料。经调节后的废水进入一级物化处理系统，主要去除废水中的悬浮物和部分有机污染物。废水经一级物化处理后进入生化处理系统，废水生物处理采用厌氧水解酸化与生物接触氧化法相结合的工艺形式。通过厌氧水解酸化阶段可以使部分难降解和高分子的有机物水解酸化，分解成可降解及小分子物质，提高废水的可生化性；好氧生物处理主要去除废水中可以降解的有机物以及部分色度。生化系统出水再进入二级物化处理，主要去除色度以及剩余难降解的有机物，该级物化采用混凝沉淀工艺。由于印染废水中的色度很难处理，因此在二级物化处理后再加一道脱色处理，以保证最终出水达到排放标准的要求。

总之，对于不同水质的印染废水有不同的组合处理工艺，有可能以物化为主，也有可能以生化为主，虽然基本方法及原理大致是相同的，但优化组合很重要。在达到设计所要求排放标准的前提下，工艺处理流程尽可能简化，进行最佳的优化组合，以节省投资，减少占地面积，降低处理成本，便于管理操作。

随着印染行业废水处理难度增加和排放标准的日益严格，人们更加关注印染废水处理的方法、工艺研究，具有代表性的研究是新的生物处理工艺和高效专门细菌以及新型化学氧化法、化学药剂的探索和应用研究。相信随着科学技术的不断进步，印染废水的处理一定朝着工艺完善、投资成本省、运行费用低、操作更加简单的方向发展。

思考与练习

一、判断题

（　　）1. 一般地说，废水经过一级理后，可以达到规定的排放标准。

（　　）2. 三级处理主要是去除废水中呈胶体和溶解状态的有机污染物。

（　　）3. 二级处理主要采用生物处理法。

（　　）4. 推流反应器在反应阶段既不进水也不排水，废水中的所有污染物反应时间完全相同。

（　　）5. 水质水量调节池，既能调节水质，也能调节水温。

（　　）6. 当悬浮物的相对密度大于废水密度时，悬浮物会上浮于水面，通过刮除使水得到净化。

（　　）7. 活性污泥法后期的二次沉淀池以及污泥浓缩池中的初期情况均属絮凝沉淀。

（　　）8. 在废水处理中多为几种吸附现象的综合作用，而其中主要是化学吸附。

（　　）9. 当废水中的溶质是疏水性时，则易被活性炭吸附。

（　　）10. 扩散渗析主要用于酸、碱的回收，但不能将它们浓缩。

二、简述题

1. 如何按原理对废水处理方法进行分类？按处理程度划分，废水处理可分为几级，每级主要处理哪些污染物？废水处理的原则是什么？

2. 废水的物理处理法有哪些？简述重力分离法、气浮分离法的作用及原理。

3. 简述活性炭的再生方法、原理及影响再生效果的因素。

4. 废水的化学处理法主要有哪些？简述混凝法的原理、混凝流程各阶段的作用及操作要求。

5. 简述活性污泥法的反应机理及生物膜对水的净化作用，以及生物滤池的基本原理、构造与组成。